ちくま学芸文庫

陸軍将校の教育社会史 上

立身出世と天皇制

広田照幸

筑摩書房

文庫版のためのまえがき

私の博士論文をもとにした本書が世織書房から世に出たのが一九九七年だったから、あれからもう二四年が経った。私が本書のスタートになった修士論文を書いて提出したのは一九八五年の一月だったから、そこから数えると三六年目になる。月日の経つのは早いものだ。本書を刊行した頃にはまだ「若手」を自認していた私は、もうあと数年で定年を迎える年齢になった。

「若手研究者」とも呼べないようなかけ出しの時期、東京大学大学院教育学研究科の修士課程の学生として、ひたすら軍隊関係の史料を渉猟していた頃のことを思い出そうとすると、まるで夢のようだ。というか、朝、目が覚めてから夢の中の情景を思い出そうとしているときのような感じだ。「ああ、いい夢だった」ともう一度夢の中に戻りたい気持ちもあり、「ああ、いやな夢だった」と目が覚めてほっとしているような気持ちでもある。

本書のもとになる研究を始めた頃は、気分的にはアップダウンを毎日のように繰り返していた。当時市ヶ谷にあった偕行社や、恵比寿の防衛庁防衛研修所戦史室図書館（当時）

の史料、桜上水にある日本大学文理学部の木下秀明先生（体育史）の研究室に保管されていた東幼会の史料などを、辛抱強く無我夢中で渉猟していた頃の私は、高揚感と自信のなさとを往復するような毎日だった。

史料探しに関していうと、「これは」という史料に出会って、ワクワクしながらコピーやメモをとった日もあったけれども、一日じゅう作業をして何も思わしいものに出会わなかったことも多かった。研究構想に関しては、研究のアイデアが湧いてきて、急いで京大式カードにメモを書き付けて、「ああ、ここの部分が書けそうだ」と満足した気分になった日もあったけれども、何の着想も出てこなくて苦しんだ日も多かった。あの頃の私は、「これまでの研究にない何かを明らかにできそうな自分」と、「新しさや面白みのないものしか書けそうにない自分」との間を、行ったり来たりしていた。日替わりのように、「いい夢」の世界と「悪夢」の世界を行き来していたのである。

「よい史料」を見つけ出すというのは、社会史的な研究ではなかなか難しい。軍事史や政治史などでの研究においては、重大な出来事や重要な人物の行動などが、史料を探していく上で重要なポイントになる。何が重要な出来事か、誰が重要な人物かは自ずと明らかである。そこには、その後の事態の変化を決める決定的な瞬間がある。しかし、私がやろうとしていた教育史や社会史では、当たり前に見える日常の些細な出来事や経験こそが重要になる。その観点からは、ごく平凡な史料の中に書かれた何げない記述や些細なエピソードが、何よりも重要になる。

大学院時代に受講した近世教育史のゼミで、入江宏先生（宇都宮大学名誉教授）が「村方文書を使って研究するとき、教育史に関わる大事な史料は標準的な分類におさまらない「雑、その他」のところに隠れていることが多い」と言われて、なるほどと感じ入った思い出がある。陸軍将校の選抜や社会化を研究していく過程で味わったのは、まさにそれとよく似た感じだった。軍事史や政治史の研究者が見向きもしないような史料や文献が、私にとっては重要だった。たとえば、無名の将校生徒の作文や日記、匿名で投稿された退役将校の投書記事などは、彼らの多くが共通に経験したり直面したりしていたであろう日常生活の様子や、その中での意識や思いを示してくれるようなものだった。

ともかくたくさんの「雑」な史料や文献に目を通した。陸軍士官学校や陸軍幼年学校の受験案内書の中にあるちょっとした記述や、将校生徒が書いた作文の中のちょっとしたフレーズなどから、「面白い」と思う点を発見したときの高揚感は言葉では言い表せない。

とはいうものの、自分が史料を見ながら「面白い」と思った点が、歴史研究として本当に意味があるのかどうか、かけ出しの頃の私にはまだ確信が持てなかった。粗削りの修士論文を書いてから九四年三月に博士論文を書き上げて提出するまでに、一〇年近くの時間が必要だった理由の一つはそこにあった。

「戦前期日本の陸軍将校」に関する通俗的なイメージには、一方では残虐非道なイデオロギー狂信者、もう一方では国のためにひたすら精進努力した立派な人、というものがある。左翼的な立場からの大衆的な著作や映画などには前者のイメージに基づく陸軍将校が登場してくるし、右翼的な立場からの著作や映画は後者のイメージを伝えることが多い。いわば、ステレオタイプ的に悪魔化されたりロマン化されたりした像が描かれがちなのである。しかし、人間というものはもっと複雑で微妙なものだ。

学術的な著作物の大半ではさすがにそうしたステレオタイプは慎重に避けられている。だが、軍事史や政治史の研究に登場する陸軍将校は、「彼らは何をしたのか」にもっぱら関心が払われていて、「彼らはどういう存在だったのか」といった視点では、十分に考察されていなかった。本書が試みたのは、将校生徒の選抜と社会化(=教育)、そして、大正・昭和初期に一つの社会集団として陸軍将校が置かれていた状況とを明らかにすることで、「等身大の陸軍将校」を描くことだった。

本書を刊行してしばらく後に、ある軍隊経験者の高齢の読者の方から読後感を書いた葉書をいただいた。そこには、「私が軍隊生活で経験したものは一体何だったのかをずっと考え続けてきましたが、この本を読んで五〇年間の霧が晴れました」と書いてあった。とても嬉しかった。

本書の中ではあまり明示的に論じてはいなかったけれども、今読み直してみると、社会学や教育社会学の理論や枠組みの影響が、考察に強く反映していたことがわかる。そもそも「選抜と社会化」という柱立て自体が教育社会学の枠組みに沿ったものだし、第Ⅰ部「進路としての軍人」では、社会学の社会階層論・社会移動論が下敷きになっている。第Ⅱ部「陸士・陸幼の教育」では、生徒文化論や教師のストラテジー論など、当時の学校社会学の影響を読み取ることができる。加熱・冷却論や言説分析や社会的構築主義の視点も活かされていたように思われる。本書を書き上げる最後の段階ではE・ゴッフマンの著作から多くを学んだが、途中の分析の章には、P・ブルデューやM・フーコーの影響もある。

ごく平凡な史料の中に書かれた記述や些細なエピソードに目を付ける際、また、それを大きな議論の文脈に活用していく際、学部や大学院で勉強していたさまざまな社会学的な理論や枠組みが大いに役立った。その意味でも教育社会学という分野で学問研究のトレーニングを受けてきて、本当によかったと思っている。社会学や教育社会学の知識がある読者の方は、「どこでどういうふうに社会学・教育社会学の理論や枠組みが使われているかを探してみる」というふうな、マニアックな読み方ができるかもしれない。

一九九七年に本書が世に出たころは、私自身がまだ教育社会学の分野の外では無名の存在だった。しかし、本書は、望外なことに、サントリー文化財団から第一九回サントリー学芸賞（思想・歴史部門）をいただく栄誉を得ることができた。私も嬉しかったけれども、何よりも出版社の世織書房の伊藤晶宣社長がものすごく喜んでくれた。授賞式の挨拶はものすごく緊張したが、私は「一発屋に終わらないように、今後も精進していきたい」というふうなことをしゃべったような気がする。今後もしっかり研究します、ということだ。

とはいえ、「一発屋に終わらない」ために何を研究していくのかについては、ちょうどその時期に私は大きな分かれ道に立っていた。私の研究のよき理解者であった（故）園田英弘先生（国際日本文化研究センター教授）には、本書が出版される少し前の時期に、「おまえは、軍事史研究をさらに進めるのか、社会史を深めていくのか、教育学者をやるのか」と問いただされたことがあった。園田先生と一緒に明治期の士族についての本を出したころだった（園田他 一九九五）。私はいろいろ考えた末、教育学者の道を選んだ。

それゆえ、その後は情けないことに、軍隊関係については短いものを二本書いただけである（広田 二〇〇〇、二〇〇三）。実は、サントリー学芸賞受賞直後には、某有名出版社から「この本をベースにしながら新書を書きませんか」というオファーもあった。しかし、「すでにまとめ終わった研究をベースにして新書を書く時間があるなら、その時間を新しい主題の研究に使いたい」と、このテーマで新書を書くのを断った。後から考えたら、幅広い読者を得る機会をみすみす放棄してしまったようなものだった。また、本書で書き残したことのメモやノート、本書を起点にして陸海軍についてさらなる研究をすすめる構想メモなども、当時の私の手元にはいろいろあったのだが、その後の私は教育学の研究に関心を切り替えていったため、それは発展しないままになってしまった。時間が有限な研究者人生なので、まあ仕方がない。

本書が一九九七年に刊行されて以降、私よりも若い世代の研究者などによって、戦前期の陸軍や陸軍将校についての研究がさまざまに出されてきた。デジタル化史料の公開も進み、追加しようと思えばできる史料もたくさんある状況になった。今回の文庫版の刊行に際して、それらの研究成果や史料を反映させる加筆修正を行うことも考えた。また、若い頃の著作の通例で、読み返してみると、未熟で稚拙な記述も散見され、実証的な考察が不十分で甘いままになっている点もあり、それらを洗い出して加筆修正することも考えた。しかし、中途半端な加筆修正はかえって私自身に悔いが残るものになってしまうと考えて、ばらつきがあった表現の統一や誤記の修正など、最小限の加筆にとどめることにした。

この文庫版の刊行に関しては、筑摩書房編集部の柴山浩紀さんに深甚なる感謝の意を表したい。私が研究代表者になってこの一〇年近く手がけてきた研究プロジェクトの成果として出した、日本教職員組合（日教組）の歴史を考察した本（広田編　二〇二〇）を、柴山さんが目にとめてくださったのがきっかけだった。その本で私の研究に興味を持っていただき、一九九七年に刊行された本書をわざわざ入手して読んで、文庫版での出版のオファーをくださった。大学図書館などにひっそりと蔵書として置かれるだけになっていた本書が、再び文庫本として日の目を見ることになったのは、ひとえに柴山さんのおかげである。心よりお礼を申し上げる。

広田照幸

〔文献〕

園田英弘・濱名篤・廣田照幸『士族の歴史社会学的研究――武士の近代』名古屋大学出版会、一九九五年。

広田照幸「戦前期陸軍将校における昇進競争」『国際交流』第八六号、国際交流基金、二〇〇〇年。

広田照幸「軍隊の世界」安田常雄他編『近代日本社会を生きる』吉川弘文館、二〇〇三年。

広田照幸編『歴史としての日教組　上・下』名古屋大学出版会、二〇二〇年。

陸軍将校の教育社会史（上）・目次

〈第Ⅱ部〉陸士・陸幼の教育

下巻目次

陸軍将校の教育社会史　立身出世と天皇制

凡例

一、引用文中、特に断りのない傍点は著者が付したものである。又、括弧で括りポイントを落とした箇所は著者が補ったものである。

二、本書で繰り返し用いる用語については略記している。例えば、陸軍中央幼年学校予科→中幼予科、陸軍幼年学校→陸幼、陸軍士官学校→〈一八八六年士官候補生制度発足以前〉士官学校、〈以後〉陸士、海軍兵学校→海兵、等。

三、註は巻末に一括して掲げた。

〈序論〉 課題と枠組み

第一節　問題意識

1　はじめに

意識するにせよしないにせよ、歴史を研究しようと思う者は、何らかの研究視角を採用して史料と向かいあう。素朴実証主義者は史料を集めて山積みしていけば、歴史的に生起してきたものすべてを網羅できるはずだという妄想を抱くかもしれないが、実際には、無限に存在する歴史的な事象の中から「意味あるもの」を拾いだす際に、認識主体（研究者）の側の研究関心というフィルターが常に働いているからである。それゆえ、ある特定の研究視角が研究者集団に共有され、実証研究が蓄積していったとしても、実はそれは全体としてみれば、歴史に関するある特定の論理の平面の中で知見が累積していっているにとどまらざるをえない。研究される生産物の量が増えていったとしても、歴史の総体が余すところなく明らかになることはないわけである。

あるいは次のように言い換えてもよいだろう。ある研究視角を採用して歴史を記述・分析することは、多次元的で多様な現実を、ある一つの平面に沿って切り取り、〈歴史的現実〉として整序する作業を意味している。その結果、採用された特定の研究視角が、見えないもの、考えられないもの、を必然的に生みだすことになる。つまり、ある研究視点に沿った〈歴史的現実〉の整序作業は、必然的に、さまざまなその他の要素を視野から排除したり、軽視したりすることになるのである。歴史叙述にあたって研究者が行なわざるをえないことは、無限にある事象の中から特定の事象を選びだすことで、ある重要性の尺度でウエイトづけたり、その選びだした特定の事象群の間に、因果関係や機能関係を想定したりすることである。最も恣意性を逃れているかに見える制度史や政治過程史の領域においても、それらが全体社会の動きに対して持っていた重要性に関して、ある種の暗黙の仮説を最初から内蔵している。

本書の目的は、戦前期の陸軍将校の選抜と社会化のさまざまな側面を社会学的に分析することを通して、次の決して目新しいものではない二つの問題を、従来とは異なった研究視角から考察すべきことを問題提起することにある。その二つの問題とは、一つは、近代日本社会における天皇制と教育との関わりをどう考えるかという問題であり、もう一つは、満州事変から太平洋戦争に至る、戦時体制の積極的な担い手たちはいったいいかなる存在であったのかという問題である。

私が本書で試みようとしているのは、陸軍将校の選抜と社会化という具体的な事例やその周辺のトピックの分析を通して、〈天皇制と教育〉という問題や戦時期の人々の思想や行動に関して、これまで見落とされてきたり十分に考察されてこなかった点が何であるか、それがどう考えられるべきか、を明らかにすることである。もちろん、歴史の総体を明らかにしようと考えているわけではないし、ネジ一本、釘一本まで拾いあげて、歴史のある部分に関してかつてあった全体像（たとえば陸軍将校養成教育の全体像）をもう一度復元してみようと考えているわけでもない。従来とは異なったある角度で、歴史の大木に切り込みを入れた時、従来の研究の平面に何が見落とされていたのかが明らかになってくる。そういう作業を行なってみたい。それがどれほど成功しているかについては、読者に判断してもらうしかないが、この序論では、前述した二つの問題について、従来の研究視角では何が不十分か、また、本研究において、それらをどのように考察していこうとするのかを論じておきたい。また、具体的にどういう枠組みで分析を進めるのかについて、本書の構造を明示しておくことにする。

2　学校の二つの機能：民衆意識の二重性

戦後日本の教育史学は、戦前期の学校を、主としてイデオロギー教化の装置として研究してきた[1]。この、天皇制イデオロギーの教え込みの部分に注目すれば、学校という装置は天皇への忠誠や国家への献身を教え込むよう機能していたことになる。多くの教育史研究が描く「忠良なる臣民」といった像は、学校教育（や社会教育、軍隊教育など）を通して、政治的イデオロギーにからめとられてしまったものとして、戦前期・戦時期の民衆意識を描いている。その場合、戦時期の民衆は、家族国家観や皇国史観を教え込まれた結果、天皇に忠誠を誓い、国家のために〈滅私奉公〉する民衆という姿で描かれることになる。教育史家や政治思想史研究者が描くのは、しばしばこのような民衆意識像である。

しかしながら、学校は、戦前期の社会において、単に天皇制イデオロギーを教え込む機能のみを果たしていたわけではない。このことは、一般に近代社会において学校教育が果たしている社会的機能は何であるかを考えてみればすぐにわかる。被教育者に価値や知識を伝達したり、態度や関心を形成することを、社会学の用語を用いて「社会化」と呼ぶならば、天皇制イデオロギーの教え込みは、学校教育が果たした社会化機能の中の一つの側面にすぎない。というのも、村や町の子供たちはまず何よりも、有用な知識や技術を学校で学んだにちがいないからである。

さらに、学校が果たす機能は、社会化機能に限定されるわけではない。とりあえず労働可能な年齢に達するまでの「居場所」を提供する機能を果たしたともいえる（学校の青少年収容機能）[2]。もっと重要なのは、学校が社会のさまざまな人員を選抜しさまざまなポストに配分していく装置でもあるという側面である。学校は「何かを教える」という機能のほかに、社会の人員の選抜・配分機能を同時に併せ持っているのである。これは、個人の側からいうと、学校は社会的上昇移動(「立身出世」)の手段であるということを意味している。福沢諭吉の『学問のすゝめ』や、学制序文の「学問ハ身ヲ立ルノ財本」という句の例を持ちだすまでもなく、戦前期の社会において、学校教育は立身出世のための手段でありつづけた。そこには、戦前期の民衆意識のもう一つの側面が存在している。狭い共同体の中から出て(「世に出る」)、身を立て名をあげようとする意識。立身出世をめざす者にとって、学校は社会的上昇のための重要な手段でもあった。教育社会学においては、戦前期を対象にした研究の多くが、学校教育が果たしたこの側面——社会移動や社会移動意識——を焦点に据えて分析してきた。[3]

この、教育史学と教育社会学の二つの研究領域の関心の違いは、近代日本において学校教育が果たした機能のどの側面に注目するかの違いであるといってもよい。

実際、これまでの研究を見ていくと、イデオロギーの教え込みに注目するか、社会移動に注目するかという二つの研究の中では、戦前期の人々の意識がまったく対照的に描かれてきていることがわかる。一方には天皇を崇拝し、共同体的な幻想にとらわれ、他者との一体感を持った民衆像が、他方では、私的目標(立身出世)の達成に向けて他者を押しのけようと競争していく民衆像が、描かれてきているのである。

しかし、単純に考えれば、共同体への個の埋没——無私の献身と立身出世に示される私的目標の達成とは、矛盾しているように見える。一方は公への献身――私的欲求の抑圧であり、他方は私的欲求の実現というものであるから。一方では「滅私奉公」を教えた教育と「滅私奉公の時代」としての戦時期、もう一方では、立身出世のための装置としての学校と青年たちが立身出世の野心に溢れた近代日本――両方の像の関係を丹念に吟味してみることが必要である。つまり、戦前期の教育とは何であったのかを論じるためには、教育史学が精力的に進めてきた研究視角と教育社会学が進めてきた研究の視角とを架橋していく作業が必要なわけである。学校教育が果たした二つの機能の関係がどのようなものであったのか、また、その結果として形成されたとされる二つの民衆意識の関係が実際にいかなるものであったのかを問わねばならないということが、本書の直接的な問題意識である。

3 「内面化」という前提

そもそも、論理体系としてのイデオロギーと人々が実際に持つ意識構造とは、区別されるべきものである。公的に掲げられたイデオロギーと実際の人々の意識との間にはズレがある可能性があるからである。それゆえ、イデオロギーがある個人の意識構造に及ぼす具体的作用や、一人の個人の中でイデオロギーと実際の彼の行為とがどうかかわったかについては、本来綿密に検討されなければならない。

従来、〈天皇制と教育〉というテーマで論じてきたものや近代日本人の価値観を論じてきたものの多くは、このイデオロギーと意識とを「内面化」（あるいは「注入」）という概念によってつないできた。概略的に述べれば、それは次のようになる。

①　ある体系としてのまとまりをもった近代天皇制イデオロギーが、支配者集団や知識人たちによって生みだされた。それは、近代国家としての統合をねらいとしてきわめて政治的に創出されたものであったが、同時に、民衆の日常的な秩序意識を吸い上げていった部分もあった。

②　そのイデオロギーは、学校や軍隊その他の社会制度・マスメディア等を通して教え込まれていった。

③　そうした教え込みの結果、人々はそれを内面化し、彼らの意識の中核を形づくった。

④　内面化され、彼らの意識構造の中核に据えられたイデオロギーは、人々の行動の基本的な方向を規定していった。

「内面化」をイデオロギーと意識とをつなぐものと想定したこのような図式が、戦前・戦中期の人々の行動を説明するための、いわば歴史叙述の前提とされてきたということができるであろう。

かの丸山眞男は、「超国家主義の思想構造乃至心理的基盤の分析」[4]というように、イデオロギーと社会心理を区別せずに議論している部分がある。その結果であろうか、それとも彼のエリート主義的な枠組みのゆえであろうか、インテリはイデオロギーを内面化する度合いが少なかったが、一般大衆はイデオロギーをそのまま内面化した、という像を描いている。

> 国家意識の注入はひたすら第一次的グループに対する非合理的な愛着と、なかんずく伝統的な封建的乃至家父長的忠誠を大々的に動員しこれを国家的統一の具象化としての天皇に集中することによつて行われた。（中略）知識層の間ではたしかに国体イデオロギーの浸透度はそれほど徹底しなかつたであろう。ちようど帝政ロシア時代のインテリと同じく、彼等の教養は圧倒的に西欧的なそれだつた。しかし暗くよどんだ社会的底辺に息づく庶民大衆――「全人民の脳中に国の思想を抱かしめる」ことを生涯の課題とする決意を福沢に固めさせたほど、「国家観念」に無縁であつた大衆――はまさにこの「義務」国体教育によつて、国家的忠誠の精神と、最小限度に必要な産業＝軍事技術的知識とを、F・ハルスのいわゆる「魔術的実践と科学的実践」とを、兼ね備えた帝国臣民にまで成長したのである。そうしてこのようにして能率的に創り出された国家意識は相つぐ対外戦勝と帝国的膨張とによつていよいよ強化された。自我の感情的投射としての日本帝国の膨張はそのまま自我の拡大として熱狂的に支持せら

れ、市民的自由の狭隘さと、経済生活の窮迫からくる失意は国家の対外発展のうちに心理的代償を見出した[5]（傍点原文）。

丸山はこの引用部の後で、「家族＝郷党意識がすなおに国家意識に延長されないで、かえつて国民的連帯性を破壊する縄張根性を蔓延させ、家族的エゴイズムが「国策遂行」の桎梏をなす場合も少なくなかつた」[6]ことなどを挙げて、それは「日本ナショナリズムの「前期」的性格からくる」[7]と述べている。いわば、内面化が徹底しなかった部分はなかったわけではないが、それはむしろ、日本社会の前近代性によるのだというような調子である。いずれにせよ、彼は基本的には、公教育を通じて一般民衆にイデオロギーがそのまま内面化されたという像を描いているのである。

丸山眞男の高弟、石田雄の場合には、「家族国家」観の分析において、自分がイデオロギーの論理構造の分析にとどまり、人々の現実の心理構造には踏み込んでいないことを[8]明確に自覚していた。壮丁の常識調査の数字等を引きながら、「「家族国家」観が現実にどの程度浸透していたかという点ではなお多くの検討を要するものを残している。ただここでは、こうした点は除外しておいた」[9]というように。この自己限定の意味は非常に重要だった。その後の研究者は、石田が手をつけなかった「「家族国家」観が現実にどの程度浸透していたか」を検討する方向（イデオロギーの内面化の過程や実相の分析）にも研究を進めるべきであった。特に、イデオロギーの内面化の具体的な場（＝学校）を研究のフィールドとする教育史研究者は、当然この課題を探究すべきであった。しかし、実際には、その後の研究者の多くは、石田の議論の延長線上でイデオロギー分析の方向に進んでいき、「浸透＝内面化」の分析にはほとんど手がつけられることがなかった。

その後の研究は丸山や石田らの業績から大きな影響を受けたが、結局そこでは、丸山のようにイデオロギー構造と心理構造を画然と区別せずに論じたり、石田の研究方法の延長上でイデオロギーの論理構造を分析するにとどまったりしてしまう結果となってきたのである。

一方、戦前期の天皇制の権威と権力の解釈について、有名な「顕教」と「密教」という概念を用いて明快な分析を行なった久野収も、一般国民は教育を通して、絶対君主としての天皇を信奉したと論じており、基本的にはやはり、「内面化」図式が前提となっていた。「天皇は、国民にたいする「たてまえ」では、あくまで絶対君主、支配層間の「申しあわせ」としては、立憲君主、すなわち、国政の最高機関であった。小・中学および軍隊では、「たてまえ」としての天皇が、徹底的に教えこまれ、大学および高等文官試験にいたって、「申しあわせ」としての天皇がはじめて明らかにされ、「たてまえ」で教育された国民大衆が、「申しあわせ」に熟達した帝国大学卒業生たる官僚に指導されるシステムがあみ出された」[10]というのである。

あるいはまた、見田宗介の金次郎主義や、竹内洋の冷却イデオロギーの分析のような、立身出世主義と体制維持のイデオロギーとの関連を扱った一連の研究[11]は、単純に「滅私奉公」という価値観を植えつけられたのではない、したたかで生き生きとした人間像をわれわれに提出してはいるが、それらも実は社会意識というよりも、もっぱらイデオロギーの分析という次元にとどまっており（本書第Ⅲ部第二章参照）、また、学校教育の分析にまで踏み込んだものではない。

そうした中、作田啓一は、価値概念とその類型を綿密に定義したうえで、さまざまな社会学的概念を駆使しながら、戦前期の人々の内面の分析を見事にしてみせた[12]。しかしながら、彼の分析にもいくつかの問題点がはらまれている。それについては後述するが、ここで一点だけ触れておくと、彼は、「目的、価値、欲求」を「行為の第一次的な要因」とみなして、「目標達成を促進もしくは阻害する与件および知識」（その中には、「他者の存在あるいは他者との共有の規範からくる」拘束を含む！）は議論の対象から外している[13]。すなわち外部の状況（たとえば対面関係など）が人々の具体的な行為を規定する側面を、議論の枠の中から外してしまうことで、状況の如何にかかわらず、ある内面化した価値につき動かされて行為する個人、という人間像を前提としてしまっているのである。価値の内面化とある状況下での具体的な行為とは、そのように単純には結びつかないのではなかろうか。また、見田や竹内と同様、作田も学校教育の分析にまで踏み込んではいない。

では、イデオロギーの教え込み―受容の過程にもっとも関心を持つはずの研究領域である教育史研究者たちは、果たして「内面化」図式を克服しているであろうか。

4 「内面化」図式と教育史学

教育史学の研究を通覧してみるとそのほとんどは、今述べてきたような「内面化」図式を研究上の前提にしてきている。学校教育や社会教育によって教え込まれたイデオロギーの論理構造とその歴史的変容の分析（国定教科書に関する多くの研究もここに入る）や、イデオロギー教化を目標とした教育政策の形成過程や実施過程の分析、あるいはイデオロギーを教え込んだ個々の装置（学校儀式や行事の成立の研究など）や実践（特定の個人や集団の教育実践とか）の究明など、教育史研究におけるこれまでの主だった研究が明らかにしてきたのは、前述の①と②までであって、その際に「イデオロギーの注入」といった表現を用いることによって、③以降は自明のこととして前提されているのである。教育史研究者が、戦前期・戦時期の人々の行動を教育史の分析から「説明」しようとするかぎり、「内面化」はその「説明」に不可欠の要素として組み込まれているといってもよい。

たとえば堀尾輝久の『天皇制国家と教育』（青木書店、一九八七年）から何箇所か引用してみよう。まず、一八八〇～九〇年代のいわゆる教育勅語体制の確立について次のように述べている。「勅語を教育の中心として、日本人に国民としての自覚を与え、忠君愛国の精神を植えつけることは、万世一系の天皇を、天孫降臨から神武建国の神話を含めて、その始源から理解させ、それを価値体系の中心として内面化させることであった。国民教育の中心課題はここに置かれた」(同書、五〇頁)。南北朝正閏問題を契機とした「学問と教育の分離」の進展については、「学問と教育の分離は、肇国の神話と万世一系の万古不変の国体イデオロギーを、国民教育をとおして注入するための必要な手順であった」(六三頁)と論じている。もう一つ、実業補習学校、青年訓練所を中心とした社会教育の整備による、大正末の初等教育＝社会教育＝軍隊教育の接続化についての記述を引用してみよう。

まず、子どもたちは小学校で、修身教育を中心として国家観念を注入される。ついで実補(一六歳まで)では、公民教育を中心に、より合理的に編成された教材を通じて、公民的態度、国民的義務感、および職業倫理を養成される。さらに青訓(二〇歳まで)においては、公民教育によって空洞化された政治意識に軍事的価値が注入され、最後に軍隊教育でその仕上げがなされるという体制が整うのである。

かくて、大正末期から昭和初年にかけての体制の動揺と再編の過程で、教育とりわけ社会教育の領域を中心として、公民教育によって培養された大衆のナショナリズムは、軍事教練に媒介されて、ウルトラ化の第一歩をふみだす(一七一頁)。

それぞれの論述の具体的な内容はここでは問題ではない。強調したいのは、それぞれ別々の時期についての記述であるが、いずれも、イデオロギーの「注入」ないし「理解」「内面化」「培養」「養成」などの語を用いて、被教育者の側にイデオロギーが内面化されていったかのような像を描いているということである。問題なのはこの点である。

これまでの教育史研究においては「内面化」図式が前提とされてきていながら、実はイデオロギーの内面化のプロセスや実態については、あまり検討されてきていないのである。祝日大祭日儀式という、学校のミクロな教育実践の導入過程を綿密に検討した佐藤秀夫のすぐれた研究でも、導入当初に民衆が示した無関心さは克明に描きだしているものの、儀式の定着後については、「それ（民衆の無関心）が多くの旧習への沈殿（ママ）からくる無関心であって主体的な『抵抗』ではなかった限り、権力側の強力な督励と日清・日露両戦役前後からの国家主義的風潮に押し流されて、漸次適応への転化・定着せしめられざるをえなかった」[14]と、簡単に片づけられているにすぎない。学校行事にみる天皇制イデオロギーを詳細にたどった山本信良と今野敏彦の労作でも、[15]何がどう教えられたのかの究明に記述の大半が費やされ、被教育者がどう受けとめたのかについては体系的には考察していない。近年研究の進展の著しい、昭和戦時期の教育実態についての緻密な実証分析を見ても、[16]せいぜい教え込みの実態の究明の分析にとどまっており、教え込まれる側の内面についての考察はおろか、言及すらほとんどない。

教育史研究者は弁解するかもしれない。自分たちが取り組んできたのは、多様な歴史的現実を考察するための「一つの切り口」にすぎないのだ、と。たとえば、自分は何がどう教え込まれたかについて研究をしているのであって、内面化の過程についての検討が必要ならば、別の人がやればよいではないか、というふうに。

しかしながら、研究がイデオロギーの形成とその教え込み（①と②）に集中することによって、歴史像を歪めかねない二つの問題点が生じているのではないだろうか。それは一つには、イデオロギーの形成とその教え込み（①と②）によって、あたかも自動的な過程でイデオロギーが内面化された（③）かのような教育像（以下、これを「〈自動的内面化〉論」と呼ぶことにしよう）を作りだしてしまっているのではないかということである。すなわち、被教育者に焦点を当てた研究が不在であることによって、夥しい研究で描かれる、被教育者に教え込まれた内容が、彼らにそのまま内面化されたような印象を読者に与える結果になっているのではないだろうか。

ある意味でこれは大変な愚民像である。通常、何かが教えられたからといって、海綿が水を吸うようにそれが脳裏に刻みつけられたり、それのために自分の生命を賭けるほど感銘を受けたりすることは、ごくまれである。教えられたことを無視する、自分の中の適当な位置に片づける、まったく異なる意味のものとして受け取る、別の価値観との間で葛藤したり両者を適当に折り合わせたりする……等の多様な戦略が、被教育者には可能なのである。戦前・戦時期の人々は、今のわれわれがそうであるのと同様に、教育によって為政者の政治的意図のままに作りだされたロボットなのではないはずである。われわれはもっと健全な感受性を働かせて、戦前の人々の内面について洞察しなければならない。彼らは果たしてイデオロギーを抵抗なく受容していたのか、スムーズに受容されたとしたらどういう主体的条件のもとであったのか、あるいは、いろいろな別の価値も含めてどういう意識構造を形成していったのかといった問題について、きちんと考察しなければならないのである。

もう一つの問題点は、あたかも戦前・戦時期の人々がとった行動は天皇制イデオロギーが意識の中核に存在したからだ（④、以下これを「〈中核価値 - 行動〉論」と呼ぶことにしよう）という歴史像が描かれる結果になっていることである。たとえば、久木幸男は「（昭和戦時期の）妄信の鼓吹を単なる戦時下の特異性とみるか、天皇制ファシズムと規定するか、それとも極端な国家主義・軍事主義とみなすかに関しては学説が分かれるが、天皇への妄信が国民を侵略戦争に駆り立てたこと、それが天皇制教育の最後の到達点であったことは否定しがたい」[17]と述べている。しかしながら、人々が昭和期に侵略戦争に加担し、総動員体制に積極的に（あるいはいやいやながらも）コミットしていったのは、果たして天皇制イデオロギーの教義を理解し、納得し、それを中心的な価値として信奉していたからなのであろうか。戦前の社会を「滅私奉公」、戦後の社会を「滅公奉私」という語で対照的に描く（日高六郎）ような歴史像は、今なおステレオタイプ的に語られているが、果たして戦前の社会が「滅私」であったかどうかは、③や④の部分を検証して初めていえるはずのことである。それにもかかわらず、①と②の部分に研究が集中することは、意図するにせよしないにせよ、総体として、イデオロギーを「妄信」した国民や「滅私奉公」の価値観に心酔した国民という民衆像を補強・再生産し続ける機能を果たしているように思われる。

結局のところ、研究上の「一つの切り口」が、教育の果たした機能や人間像について、ある隠れた背後仮説を伴っているのである。それゆえ、単にミクロな教育過程や当事者の主観を扱っていないといった、研究領域の選択肢の問題ではなく、歴史像に関して大きな誤認を生んでいる可能性があるのである。

教育史研究がイデオロギーの形成とその教え込み（①と②）に解明の努力を集中してきたことは、史料論や方法論の面で研究し易かったことだけでなく、さまざまな理由があると思われる。たとえば、戦後すぐに体制側からだされた「一億総懺悔論」に対して、それは戦争責任者の追求の曖昧化である、と進歩的勢力が批判して以降、「教育によってだまされた民衆」像が研究の基本線となってきた。そのため、民衆がいかに教育によって洗脳されたかを描きだすことが、いわば教育史研究者の共通の課題となったという側面があるだろう。また、学校教育の果たす機能は、フォーマルなカリキュラムを通して知識や価値を伝達することであるという、教育史研究者も含めて広く一般に共有されてきた学校観も、研究者の目をフォーマルなカリキュラムのイデオロギー性や暴力性の告発に向かわせ、受容する側への関心を希薄にしてきた。

しかし、こうした観点からの研究はいかに蓄積していっても、前述した通り、善き「臣民（あるいは皇民）教育」をいかに徹底すべきかという、戦前（戦時）期の教育観を単純に裏返して、悪い「臣民（あるいは皇民）教育」が徹底されていたと、評価を反転させただけのものに過ぎず、告発以上に踏み込んだ考察はできないのである。

ここまで、これまでの教育史家が、もっぱらイデオロギーの教え込み装置として学校をとらえてきたことを強調してきた。しかしながら、教育史研究者の中にも、「学校＝政治的イデオロギー注入装置」という単純な見方に批判的な動きもあるので、それについても触れておかねばならない。

一つには、政治よりもむしろ経済（資本主義）の規定力を重視する立場である。本山幸彦や尾崎ムゲンは「絶対主義的天皇制」という見方を否定し、資本主義の展開が教育政策に対して与えていた規定力を重視する。[18] たとえば、本山は従来「教育勅語体制の確立期」とされてきた、明治中・後期の教育政策立案者たちの教育思想を分析して、「森、井上の時代にはナショナリズムが、西園寺の時代には世界主義が、樺山、菊池、久保田の時代には実業主義が、それぞれの教育政策のイデオロギーとして唱導された。森、井上らのナショナリズムは、国民各自の国家的自覚を媒介にして、彼らを国家活動、その実際は生産的活動の場に自発的に参加させるためのものだったし、西園寺、樺山らの政策は、森、井上によって決定された基本方針を、日清戦争後の資本主義の発展にふさわしく、イデオロギー的、制度的に具体化し整備しようとするものだった」[19]と主張している。そのうえで彼は、「近代日本教育にとって、さまざまな教育理念やイデオロギーの問題は必ずしも本質的なものではなく、実業主義こそが教育の実態の集約的表現であり、かつそのイデオロギーにほかならなかった」[20]と結論づけている。

私個人は「絶対主義的天皇制」論よりも彼らの見解の方に賛意を表したいが、それはともかく、そこでの対立点はあくまでも、学校の主要な規定要因を政治に求めるか、経済に求めるかのウエイトの問題にすぎない。彼らも他の教育史研究者と同様に、具体的な教授過程や個々の被教育者の意識におけるイデオロギーの位置についてはまったく分析の視角に入れていない。「何が内面化されるべきものとして最も重視されたか」についての、通説へのアンチ・テーゼではあっても、内面化（過程）の実相については、ブラック・ボックスのままなのである。

もう一つ、学校が社会移動の手段であるという側面を重視する教育史家も、近年になって登場してきた。中でも斉藤利彦や佐藤秀夫の研究[21]は、教育社会学が提出した「社会移動のための手段としての学校」という視点と、旧来の教化装置としての学校という両者を接合しようとする点で、きわめて野心的である。斉藤の場合は進学競争と生徒管理の両側面から明治中期の中学校を綿密な実証であとづけるという方向で考察を進め、佐藤の場合には、近代日本の学校の機能を体系的・総合的に素描するという方向で考察を進めている。しかし、ともにイデオロギーの内面化過程については分析が不十分なままである。

斉藤利彦は、明治後期の中学校を分析した『競争と管理の学校史』の中で、前半では進学をめざした「競争」に焦点をあて、後半では教育勅語を筆頭理念とする生徒管理の問題に焦点をあてて考察している。しかしながら、そこでは、進学競争（前半）と生徒管理（後半）という二つの視点の分析が、うまくかみあわないまま並列されているにすぎず[22]、しかも、生徒管理に関する分析では、「「学ぶ」者の側の視座」に立つ研究を志向しながら、結局のところ、生徒を管理する装置をミクロな次元で記述するにとどまっており、そうした生徒管理のシステムがどういうふうに被教育者の目に映じていたのかまでは、明らかになっていない[23]。

むしろ注目すべきは佐藤秀夫の議論である。彼は「「公」と「私」とのもたれ合い」という表現を用いて、学歴主義的な学校利用による私的利益を追求した民衆と、社会秩序の安定化をめざす国家とが、一種の共謀関係にあったことを指摘する[24]（ただし、そこでいわれている社会秩序の安定化機能は、天皇制イデオロギーや集団主義のような特殊日本的なものではなく、むしろそれは近代産業社会に共通する、社会移動の装置としての学校制度が持つ機能であると私には思われるが）。さらに佐藤は、「御真影」や教育勅語を含めた教育的な仕掛けによる、学校の「集団教育機能」[25]に関しては、民衆自身が「コンフォーミズム」への志向性を持っていたことを指摘する。子供たちは（同調主義的な学校体制によって）「抑圧されていると感じることが間々あっても、それがシステムの一結果であり、同じシステムから何らかの「利益」や「恩恵」を受けてきたと意識させられれば、抑圧感はかなりの程度相殺され、受忍限度内に落ち着くか、あるいは「自己反省」（「身から出た錆」）に丸め込まれてしまうことになりがちである。そうならないとしても、同調化しない結果とのバランス・シートを予測して耐えることの方が利口だという結論になる[26]」というのである。

教え込まれるイデオロギーをそのまま信じ込むというような愚民像はここでは克服されている。被教育者の側の主体的な行為選択が説明の中に取り込んであるからである。しかし、問題点は残っている。佐藤の議論では、学校は同調行動を引きだす仕掛けとして描かれているが、逆にそのために、被教育者たちはそうした価値観（イデオロギーを含めて）を内面化したのか、外形的な同調にとどまっていたのかという問題が不分明になってしまっているのである。ある意味では、「同調行動＝タテマエ－システムからの受益＝ホンネ」といった、平板なタテマエ－ホンネ論と近い像に陥っているといえる。

要するに、斉藤の場合、学校が果たしていたイデオロギーの教え込みの機能と、社会移動の機能とがどう関連していたのかは、学校の二つの側面として並列されるにとどまっており、その結果、社会移動の機能の部分では民衆（＝被教育者）の意識や欲求に言及しながら、イデオロギーの教え込みに関する部分では、被教育者の姿——意識や欲求——が視野から抜け落ちて、「何がどう教えられたか」の分析にとどまっている。一方佐藤は、被教育者の自発的同調を生みだす、個人—国家の互酬的な構造を明らかにしながらも、「内面化」の問題には言及していないのである。

このように、結局のところ、教育史研究者も含めて、誰もこれまで、イデオロギーの内面化過程についてはきちんと考察してきていないのである。それにもかかわらず、イデオロギーの教え込みについて語り、人々の内面について語ってきたわけである。

第二節　対象と研究枠組み

1　対象としての陸軍将校

本研究は、陸軍将校を具体的な主たる研究対象にする。陸軍将校を対象に選んだ理由は二つある。

第一に、彼らを養成するための教育が、もっとも天皇制イデオロギーを強力に教え込んだものであったからである。すでに触れた通り、久野収は「天皇を無限の権威と権力を持つ絶対君主とみる解釈のシステム」を「顕教」、「天皇の権威と権力を憲法その他によって限界づけられた制限君主とみる解釈のシステム」を「密教」と呼び、「この二様の解釈の微妙な運営的調和の上に……明治日本の国家がなりたっていた」と論じている。[27] そして、「天皇は、国民にたいする「たてまえ」では、あくまで絶対君主、支配層間の「申しあわせ」としては、立憲君主、すなわち国政の最高機関であった。小・中学および軍隊では、「たてまえ」としての天皇が徹底的に教えこまれ、大学および高等文官試験にいたって、「申しあわせ」としての天皇がはじめて明らかにされ、「たてまえ」で教育された国民大衆が、「申しあわせ」に熟達した帝国大学卒業生たる官僚に指導されるシステムがあみだされた[28]」と、述べている。

軍隊での兵卒の教育が「顕教」を教え込むものであったとしたら、その教育者たる陸軍将校も兵卒と同様に、あるいはそれ以上に徹底して「顕教」を教育された存在にほかならない。見落とされがちであるが、「顕教」を鼓吹した将校自身が「無限の権威と権力を持つ絶対君主としての天皇」というイデオロギーによる教育を、もっとも徹底して受けた人たちであったのである。

そもそも、一八八二（明治一五）年にだされた軍人勅諭の性格が、そうした点をなによりも物語っている。軍人勅諭の形成過程をつぶさに検討した梅渓昇によれば、当初西周が起草した草案では、「国法上ニ於テハ朕我カ帝国海陸軍ノ大元帥トシテ総軍人ノ首領タレバ是カ為ニ官職尊卑ノ別無ク推並ベテ服従ノ義務ヲ尽サシメン事ヲ要スルナリ」と、「西は本草案において天皇の地位および天皇への統帥権の帰属をもっぱら学理上、すなわち近代国法学における国家の元首ないし君主の地位・属性に関する規定から、近代的・合理的に基礎付けてい[29]」た。ところが山県有朋の意向のもとで加筆・修正を経てできあがった軍人勅諭は、周知の通り、「天皇の統帥大権を歴史的国体上から絶対的なものとして基礎付け、従って天皇が絶対者として軍人に臨[30]」むものとなった。そしてこの軍人勅諭が、「軍人精神」を明示した聖典とされることによって、将校養成教育においても、また任官後の将校団教育においても、陸軍大学の教育においても、常に彼らの世界観の根源となっていった。

また「国体」の性格をめぐって上杉慎吉と美濃部達吉の間で明治末年に行なわれた、「上杉・美濃部論争」の結果、「上杉は陸軍公認の憲法学者の地位を得、さらに陸軍大学校の教授になった[31]」。陸軍将校の公式機関誌である『偕行社記事』に掲載された、陸軍将校が執筆した国体論も上杉の国体論を下敷きにしたものであった[32]。そして、それらは、兵卒の精神教育を徹底するために、まず将校自身が「国体」への理解を深めるために書かれたものであった[33]。

要するに、一部のエリートのみに教えられた「密教」ではなく、国民一般が学校や社会教育や軍隊教育において、「顕教」としての天皇制イデオロギーを教え込まれた、そのもっとも徹底した例が陸軍将校の教育であったということができるのである。本研究において陸軍将校に注目するのは、「顕教」によって（しかももっとも徹底して）社会化された人々という意味で、イデオロギーの教え込みの成功が被教育者にとって何を意味していたのかという点を考察するための、もっともよい手掛りになるであろうと考えたからである。

陸軍将校を対象にするもう一つの大きな理由は、彼らが戦時体制のもっとも積極的な担い手集団の一つであったからである。一方では作戦行動に携わる者として、実際に戦闘を指揮していったことはもちろんのこと、「政治的軍人」[34]あるいは「政経将校」[35]として国策に関与していったり、戦時体制が構築されていく中で、社会のさまざまな場面に進出して発言力を行使していった。また、すでに退職した将校たちも、在郷軍人会の活動などを通して、世論の誘導や監視システムの形成に大きな影響力をもっていった。確かに、陰謀を企てたり、国政に関与したり、戦局の帰趨に決定的な重要性を持っていたりした者は、将校全体から見ればごく一部だったかもしれない。しかし、現地での作戦行動の進展が外交方針や国内世論に影響を与えていったのは事実であるし、また、総力戦体制の形成は、軍事的領域と政治や社会生活との境界を限りなく曖昧なものにした。その意味から、戦時期の陸軍将校のほとんどは、何らかの形で戦時体制の確立や維持に関与していたということができる。

本研究は特定の政治的軍人や特定の中枢的軍人に注目するのではなく、一つの社会集団としての陸軍将校に関心を寄せ、集団としての特質や彼らに比較的共通する特徴を描きだすことに関心を払うことにする。彼らがイデオロギーを妄信していたかどうかは後で検討するとして、少なくとも侵略戦争に疑問を抱かず、職務に忠実に、しかも積極的にコミットしていった人々の一つの典型的な事例として、陸軍将校という社会集団を対象に据えて考察することで、戦時体制を積極的に担っていった人たちに共通する意識構造や社会的性格を明らかにできるのではないかと考えたわけである。もちろん、陸軍将校を戦時体制の担い手の典型と単純にみなせるかどうかについては慎重でなくてはならない。それゆえ、本研究では、一通り陸軍将校についての考察を進めた後、戦時体制に積極的にコミットしていったいくつかの別の集団についても検討を加えることにする。

2　第Ⅰ部：進路としての軍人

以下、第Ⅰ部〜第Ⅲ部の具体的な課題と分析枠組みについて、順に述べていくことにする。まず第Ⅰ部では、陸軍将校をめざす競争や彼らの社会的背景の問題を扱う。イデオロギーの教え込みの分析という本研究の主たる関心からいえば、やや迂回することになるが、軍学校が戦前期の教育体系の中で重要な立身出世の階梯の一つであったことを考えれば、「誰がどのように将校への道へ進んだか」は、きちんと検討をしておくべき問題である。既に触れたように、立身出世の欲求が、「公への献身」とはある意味で対極に位置するきわめて私的な欲求であるとするならば、陸軍士官学校や幼年学校が、立身出世の進路の一つとしてどのような特徴を持っていたのかを明らかにしておく必要があるからである。

陸軍将校をめざす競争や彼らの社会的背景の検討は二つの重要な問題と関わっている。一つには、「将校になること」を進路として選択する（できる）ことの社会的評価の問題と関わっている。軍関係の学校は戦前期の社会においては重要な位置を占めていたにもかかわらず、従来、諸高等教育機関の威信構造の問題や青少年の進路選択の問題が研究される時には、もっぱら帝国大学を頂点とする文部省系の学校体系のみに関心が集中してきたように思われる。たとえば『日本近代教育百年史』（国立教育研究所、一九七四年）や学歴主義の歴史を扱った諸研究[36]を見ても、軍関係の学校はほとんど触れられないか、ごく簡単に言及されるにとどまっている。それゆえ、「軍人への道」が青年の進路選択の中でどのような位置を占め、どのような評価を与えられていたのか、また社会の変化の中でそれらはどのように変動したのかについては、これまで十分明らかにされてきたとはいえないのである。本研究は、戦前期における諸高等教育機関の威信構造の中で軍学校が占めていた位置や、青少年の進路選択の際の軍学校が占めていた位置を明らかにすることで、「陸軍将校への道を志望すること」の社会的意味を考察したいと思うわけである。

もう一つには、将校の出身背景に関する知識は、陸軍将校になった者がどういう社会的特徴を帯びていたかを明らかにするための手掛りになるということである。そもそも、社会の中で人々が抱く意識や身についた文化は、必ずしも社会全体で同一のものではない。意識や文化は社会階層や職業集団によって大きく異なっている。出身背景に由来する特有の意識や文化は、将校予備軍としての、あるいは将校としての彼らの意識や文化に何らかの特徴を刻印したにちがいない。特に他のエリート集団との出身背景上の重なりやズレは、軍人社会の特性をある程度説明するものになるかもしれないし、軍と社会の特定の階層との結びつきを説明するものになるかもしれない。将校の出身背景というテーマは、将校という社会集団の階層的特徴の問題とも関わってくるのである。また、軍隊組織からいえば、どういう基準で「未来の将校」を選択したか、そして実際にどういう特徴を持った者が採用されたかという点は、将校としての資質や能力の問題や将校集団の文化や生活様式の問題と関わってくる。

具体的に考察していくのは、戦前期の社会において「未来の将校」をめざす者たちが、どういう選抜制度やどういう競争を経て将校養成機関に入校したり、将校になっていったのか、どういう出身背景の者が多かったのか、また、社会全体や軍隊組織の変化が選抜制度や競争の在り方にどういう影響を与えたのか、といった点である。

では、陸軍将校の社会的選抜の問題を具体的にどのように分析していくか。考察していく視点としては、陸軍将校を養成する制度がどういう社会層に門戸を開いていたのかを考察する方向と、実際に将校になっていった者の社会的特徴を考察する方向とが考えられる。

前者は、受験資格や就学に必要な学資のような制度面での規定によって、どういう社会層の出身者が事実上志願不可能な層として排除されたのかについての問いである（第一・二章）。後者は、志願可能な諸階層・諸集団の中で、どういう社会的特徴を持ったグループが好んで陸軍将校への進路を選択したのかという問題である（第三・四章）。

具体的には、第一章では、この陸軍士官学校と陸軍幼年学校の召募―選抜に関わる制度的側面を検討するとともに、志願者による競争の歴史的変化を概観する。第二章では、明治前半期に存在した、下士や下士生徒から将校に進む道が閉じられていく様子をたどる。第三章では、旧制高校への進学者と比較しながら、陸軍士官学校への進学の社会的評価の問題を扱う。最後に第四章では、将校生徒の出身背景データを統計的に分析していく。特にこの第四章では、将校の出身背景に関する欧米の研究から導かれた分析枠組みを用いて、西欧の軍隊、開発途上国の軍隊と比較しながら、日本の将校の社会的背景に特徴的な点を明らかにしていくことにする。

3　第Ⅱ部：将校への社会化

第Ⅱ部では、陸軍士官学校・幼年学校に入校した生徒がどのような教育を受け、どのように日常生活を過ごし、その過程の中で、彼らの意識構造がどのように変容したのかを検討する。陸軍将校養成の過程の中での「社会化」の部分を考察するわけである。

もちろん、限られた枚数の中で建軍から敗戦までのすべての時期、彼らが実際に体験した将校生徒としての生活のすべての部分に光をあてることは不可能である。そこで、前述したような問題意識に基づいて、将校生徒の社会化のある側面にのみ注目することにする。

本研究で注目するのは、イデオロギー教育の側面である。それゆえ、旧制中学や旧制高校と基本的には同じ普通学の科目や、教練や演習、さまざまな軍事諸学の教育については、必要な範囲でしか触れないことにする。陸士や陸幼に入った将校生徒たちがイデオロギーの教え込みをどのように経験したのか、またその結果、彼らの意識構造はどのように変容したのか、それがここで検討していく課題である。

なお、ここで検討する史料は、ほとんどが一九〇〇年前後から一九三六（昭和一一）年の日中戦争直前の時期までのものであり、特に大正期から満州事変前後までのものが多い。その理由の一つは、この期間に養成された将校が昭和期陸軍の中心的な担い手として活躍した世代に属していたということである。

もう一つの理由は、この時期が将校生徒の教育や生活実態という点で、かなり一貫した恒常性を持っていたということである。一九〇〇年以前については、イデオロギー教育という点ではほとんどなされていなかったか、せいぜい試行錯誤で模索された時期にあたっていた。将校生徒の生活の実態を知りうる史料も乏しいが、建軍期はフランス式の将校養成制度のもとで、後の時期とはかなり違う雰囲気であった。「在校時代、教師の要求無理無体なるとき、または試験の採点不公平なりしときは、その非を糾弾して同盟休講せること一再ならず」[37]といった当時の士官学校の様子は、後の時代のそれとは大きく異なっていたのである。他方、日中戦争勃発以降は、教育制度も目的も戦時体制に即応したものとなり、日常生活も生徒の意識もまったくそれ以前とは異なるものとなっていった。

史料を見ていくかぎり、そうした前後の時期とは異なって、一九〇〇年頃までに作られていた教授組織や生徒文化の多くは、一九三〇年代前半頃までは基本的には変わらず維持されていた。西洋の将校養成制度の機械的な模倣の段階を脱してつくり上げられた、将校養成教育の場の独特の文化や雰囲気は、この期間中かなり安定的に続いていたのである。それゆえ、基本的にはこの期間の史料を細かい時期区分をせずに用いることにする。もちろんある程度の変化は確かにあったので、それについても部分的に触れることになるであろう。

イデオロギーの教え込みの過程を具体的に分析するにあたっては、いくつかの次元に区分して対象を見ていくことが必要である。

前節で述べたように、教育の場における天皇制イデオロギーを分析することをめざした従来の研究の多くは、教育を分析する際、教育のための制度や、制度が公的に掲げた目標、あるいはカリキュラムを分析して、それがあたかも天皇制イデオロギーの教え込みの全体像であるかのような描き方をしてきた。その結果、そこでは具体的な教授過程や教育する者とされる者との意識が、ほとんど無視されてきた。繰り返しになるので多くを語らないが、政治思想史や教育史の夥しい研究は、どこで何が教えられたかのレベルまでしか検討されてきていない。教室の内部、教師―生徒の相互作用、そこでの生徒の意識や、長期の教育による意識変容の様子にまで踏み込んで分析はしていないのである。

しかしながら、一般に教育は、教育する側があらかじめ定めたものが自動的に被教育者に習得・内面化されるというような単純な過程でないことは明らかである。特に、「ホンネかタテマエか」といった疑問がだされがちなイデオロギー教育に関しては、カリキュラムとして決められたものがそのまま内面化されていったのかどうかは、非常に微妙である。すなわち、公的に定められた目的やカリキュラムと生徒の意識との間にズレが存在する可能性があるのである。

また、公的な教育目的やカリキュラムと生徒の意識という二つの次元の間に、両者を媒介するもう一つの重要な次元が存在する。教育現場での具体的な教え込みの実態や、受容する側の生徒が集団として共有する生徒文化という次元である。公的に標榜された教育理念が、そのまま教育現場に貫かれていたと考えるのは余りに単純である。教科書の内容が生徒に効果的に教えられるか、あるいはほとんど生徒の内面に定着しないかは、教育現場での教え方や生徒の側の構えによって大きく左右される。

私はかつて、「高等女学校は良妻賢母主義が教育方針であった」といわれる通説に疑問を抱き、教育過程や生徒の意識の分析から、高女内部の日常世界は良妻賢母主義イデオロギーの教え込みとはかなり違う論理で動いていたことを明らかにしたことがある。[38] 教育の実際の場面は、固有の力学で動いているといってもよいかもしれない。公的に規定された教育目標や教育内容は、常にそうした「教育実践の場」というフィルターを介して、生徒に伝達されるわけである。

要するに、何が教えられるべきとされたかという次元と、教師と生徒の間のあるいは生徒同士の相互作用の具体的な場が、実際にどのような論理で構成されていたのかという次元、そして最後に、被教育者の側が教育内容をどういうふうに受容したのかという意識の次元との三つの次元の間には、ズレが存在する可能性があるわけである。それゆえ、それぞれの次元の実態を明らかにし、相互の関係（ズレや歪み）が何を示しているのかを考察することが必要なのである。

そこで、ここでは、今挙げた三つの次元を、(1)フォーマルな教育目標やカリキュラム（教則レベル）、(2)日常的な教育・学習行為（相互行為レベル）、(3)生徒の意識（内面レベル）という三層の分析レベルとして、順次検討していくことにする。

では、どういう視点から三つの次元を分析すべきであろうか。本書では、前に述べた問題関心に基づいて、生徒の私的欲求（野心）と教育によって要求された献身イデオロギーの内面化との関係に注目する。将校養成教育は、立身出世や栄達の主要なルートの一つであると同時に、「無私の献身」の内面化がもっとも強く要求された教育の場でもあったという、一見すると矛盾した性質を持っていた。「無私の献身」の教え込みは、果たして彼らを狂信的な天皇崇拝者に作りあげ、彼らに「無私の献身」を誓わせていったのであろうか。私的な欲求と献身イデオロギーの内面化との関係が、前述した三層の次元のそれぞれでどういう姿をとっていたのか、それが第Ⅱ部の主要な検討課題である。

まず第一章では、教育綱領やカリキュラムのレベルの問題を扱う。陸軍士官学校・幼年学校において、どういうイデオロギーが、どういうカリキュラムの形をとって教え込まれるべく定められていたのか、という問題である。続く二つの章では、相互行為レベルの問題を扱いながら、それに係わる範囲で生徒の内面レベルの問題に踏み込んでいく。第二章では、精神教育を目的とした訓示・訓話や、生徒が学校に提出した作文を手掛りに、「どのように教育がなされていたか」を検討する。第三章では、教育を受ける側にさらに接近して、生徒の自治や生徒文化の側面を検討する。第四章では、生徒の日記を主たる手掛りにして、彼らの意識の次元をより具体的に考察することにする。最後に、第五章で、将校生徒とはまったく状況や意識の点で異なる、一般兵卒の精神教育をとりあげる。イデオロギーの内面化をめざした教育がどの程度、個々の兵卒の世界観の次元に侵入することができたのか、また内面化とは別の意味で精神教育が果たしていた機能について考察する。この最後の章は、将校生徒の特殊性を浮き彫りにするとともに、「内面化」図式を越えた説明枠組みの可能性を探るという、結論部での考察のための一つの伏線にもなっている。

4 第Ⅲ部：昭和戦時体制の担い手たち

第Ⅲ部では、陸軍将校も含めて、「昭和戦時体制の担い手たちはいかなる存在であったのか」を検討する。前述した「内面化」図式の④、すなわち〈中核価値－行動〉論の見直しをしたいというのが、この第Ⅲ部の主要なねらいである。

まず第一章では、大正・昭和初期に一つの社会集団としての陸軍将校が置かれていた状況を考察する。一般に、大正・昭和初期の陸軍将校については、政治的態度や行動のレベルに研究者の関心が注がれがちであるが、むしろここでは、一般人と同じ「生活者」として陸軍将校をとらえる視点から、彼らの生活がどのような危機やジレンマの状況にあったのかを明らかにする。

そこでは、政治的イデオロギーの鼓吹者としての軍人とか軍事的価値を信奉するテクノクラートとしての軍人といった側面ではなく、昇進やそれをめざす競争の様子や俸給水準の変化、退職後の生活の様子、それらに関するさまざまな主張や訴え、それらの背後にあった構造的な要因や当時の陸軍将校の意識構造の側面に焦点をあてる。「俸給生活者としての将校」が昭和初年にどのような位置に置かれていたのか、彼らはその状況をどう受けとめていたのかを考察しようと思うのである。すなわち、第Ⅰ部でみるような受験競争を勝ち抜き、第Ⅱ部でみるような将校養成教育を受けて、晴れて任官した将校たちが、その後職業軍人としていかなる生活上の境遇に遭遇することになったのか、またそうした状況を解釈する彼らの意識構造上の特徴はどうであったかを検討しようと思うわけである。特に第Ⅱ部で明らかにする将校生徒の意識の在り方は、基本的にはその後も存続していたことが明らかになるであろう。

確かに、陸軍将校による政治的イデオロギーの鼓吹（たとえば在郷軍人会による宣伝・教化）という側面や、軍事的価値に基づく政治的画策や総力戦体制作りの準備といった側面は、昭和の戦時体制への突入を考えるうえで、何よりも注目すべき問題であることはまちがいない。しかしながら、このような視点からの夥しい研究は、「陸軍将校たちが何をしたのか」を明らかにするものであって、「彼らは一体何者であったのか」を十分に明らかにするものとはなっていないと私には思われる。「政治的イデオロギーの鼓吹者」「軍事的価値を信奉するテクノクラート」という一面的な陸軍将校像が、研究の出発点において前提となってしまうからである。

もちろん特定の陸軍将校をとりあげて、複合的で多面的な人物像を描こうとする人物研究も数多くある。しかし、その場合もほとんどは、政治や軍事のカギを握ったような人物や、青年将校運動のリーダーのような、ある意味では「特異な」人たちが研究対象となっており、彼らによって陸軍将校全体を代表させることは不適当であるともいえるのである。

石原莞爾の思想を分析して陸軍将校の一般像にしたり、二・二六事件の決起将校の心理の分析によって当時の陸軍将校の一般像を描くとしたら、それらは歪んだ将校像になるはずである。

つまり、政治や軍事のカギを握っていなかった、「その他大勢」の将校たちも含めて、当時の陸軍将校たちがどういう状況に置かれていたのかを考察する必要があり、この第Ⅲ部第一章では、将校の社会的・経済的側面に注目しつつ「彼らは一体何者であったのか」を分析しようと思うわけである。

続く第二章では、戦時体制を積極的に支えていった、別のさまざまなカテゴリーの人々を考察の対象に据える。とりあげるのは憲兵、兵士、在「満支」邦人と教員である。もちろん彼らは陸軍将校とは異なった経歴を持ち、異なった生活状況に置かれていた。しかし、私的欲求を持つ存在であると同時に学校や軍隊で〈無私の献身〉を教え込まれたという点では、陸軍将校と何ら変わるところがない。〈中核価値 - 行動〉論に基づけば、彼らはイデオロギーの教え込みによって天皇への忠誠や国家への奉公を誓い、それが戦時体制への彼らの自発的なコミットを生んでいったことになる。しかしながら、果たしてそういう〈滅私奉公〉の信奉者という像は彼らにあてはまるのか。

第Ⅱ部や第Ⅲ部第一章において、陸軍将校に関しては、必ずしも純粋な〈滅私奉公〉像とは異なる意識構造が明らかになるが、そうした陸軍将校に見られた意識構造の特徴は、戦時体制を積極的に担った別の集団でも同じように見出せるのではないか、陸軍将校が特異な存在なのではなく、彼らの意識構造の特徴は、戦時体制の担い手たちに共通していたのではないか、それが第二章での検討課題である。

5　いくつかの用語について

最後に、以下の分析に先立って、いくつかの用語について若干の説明をしておきたい。

〈天皇制イデオロギー〉――「天皇制イデオロギー」の語は、きわめて曖昧でわかりにくい語である。この語に関するさまざまな所説やそれらが依って立つ天皇制像を比較検討するだけでも、莫大な紙幅を必要とする。ここではそうした繁雑さを避けて、先行研究から二つの点のみを確認しておいて、その後に暫定的な定義を施しておきたい。

まず確認しておくべきことは、近代日本における天皇制イデオロギーは、伝統の中から任意の要素を抽出して誇張、歪曲、再構成した結果生みだされた、比較的新しい観念体系であるということである。安丸良夫によれば、近代天皇制の基本観念は、近世後期以降の社会全体の転換過程にあって、さまざまな契機の中で醸成されてきたものである[39]。それは「階統的秩序の絶対性・不変性を確保することで、内と外から押しよせる体制的危機に対処して文明化の過程を急ぐためのイデオロギー的な仕掛けであった[40]」のである。ましてや、その観念体系が民衆意識のレベルに普及・浸透していったのは、明治期のある時点になってからであるといえよう。

もう一つ確認しておくべきことは、天皇制イデオロギーは、それはある時点から論理的な体系性を帯びてきたとしても、その後一貫して同じ姿をとっていたわけではないということである。B・アンダーソンを援用すれば、天皇制イデオロギーは、他の国におけるナショナリズムの「理論」と同様に、「「政治的」影響力の大きさに対し、……哲学的に貧困で支離滅裂[41]」な論理体系であるといえるが、そのことは、内容の空疎さを常に補充する必要性に迫られてきたことを意味している。天皇制イデオロギーは、政治状況や社会状況に対応して補修を繰り返してきた、つぎはぎの体系であったわけである。それゆえ、たとえば、社会主義やデモクラシーのような別の政治的なイデオロギーに正統性をおびやかされると、それらへの対抗イデオロギーとして論理的な補強が試みられたり（明治後期の「家族国家観」の形成など）、イデオロギーの機能の変容が必要になってくると論理の再構成がなされたりした（たとえば戦死を意義づける必要が強くなると「悠久の大義」や「神国不滅」といった論点が強調されるようになったなど）。

このように、アドホックに組み立てられ、また時期的にも変容していった天皇制イデオロギーを定義することは難しいが、代わるべき適切な用語が見当たらないため、いちおう次のように定義して、本書中で用いていくことにしよう。すなわち戦前期における天皇制イデオロギーとは、天皇・皇室を頂点に据えた社会秩序を正当化するイデオロギーで、肇国の神話と万世一系の皇統とに基づく「国体」の不変性を強調し、国民を天皇の赤子と位置づけることによって、国民に臣民としての自発的な忠誠と献身とを要求するイデオロギーである。

ただし、「天皇制」の語自体が戦前期には反体制運動の運動用語であり、一般には用いられていなかったことを考え、本書では、天皇制イデオロギーの教え込みを体制側の当時の議論の文脈に沿って検討する場合には、当時の用語使用の通例に従って、たとえば「国体観念の涵養」といった表現を用いる場合もある。また、天皇制イデオロギーが、単に社会秩序を正当化するにとどまらず、個々の国民の自発的な献身を要求するという機能があり、以下の分析中でその側面を重視する場合には、「献身イデオロギー」という用語を使って表現する場合もある。

〈軍人・将校〉――近代日本の軍隊組織は、軍人と軍属との二つのカテゴリーの人員から構成されている。「軍人」を構成するのは、将校およびその相当官、准士官、下士、兵卒（雑卒・諸工を含む）、諸生徒の各グループであり、「軍属」は陸軍勤務の文官（勅任・奏任・判任）と、その下級の雇員・傭人といった人々から成り立っていた。それゆえ、一般に「軍人」とは、徴兵された一般の兵卒も含むわけであり、「軍人精神」は彼ら兵卒も身につけるべきものとされた。また、軍人は現役を退いた後も予備役・後備役に服することになっており、また、現役期間が終了した後でも彼らは「在郷軍人」というカテゴリーに入っていた。なお、将校およびその相当官は終身官であって後備役の期間が終了した後も「軍人」であった。

本書ではこうした意味で「軍人」を用いる一方で、「職業軍人」という意味においても「軍人」という語を用いる場合がある。たとえば、少年たちの将来の志望が「軍人」という時、それは徴兵検査によって選抜され一定年限入営する兵卒のことではなく、軍務に長い年月従事しそれによって生計を立てる下士官以上（特に将校）になることを意味していたであろう。どちらの「軍人」をさすかは、文脈の中で明らかになるはずであるから、本書では「軍人」の語をどちらかに限定することなく用いることにする。

また、将校とは、少尉以上の階級の軍人であり、一九三六（昭和一一）年までは大佐までの階級においては歩兵大佐、砲兵中尉など兵科を冠して呼ばれた。本書では、軍医・主計等の将校相当官については扱わず、もっぱらこの兵科に属する将校について検討する。ただし、統計資料によっては「将校及同相当官」という区分がなされ、両者を区分しがたい場合がないわけではない。

〈陸士・陸幼〉——明治初年にできた陸軍幼年学校・陸軍士官学校は、その後さまざまな制度的変化を経験した。以下でさまざまな学校名が登場してくるが、たとえば「陸軍中央幼年学校予科」といった名称は繰り返し使用するのは繁雑であるから、「中幼予科」といった略称を用いることになる。個々の略称はその都度示すことにして、ここでは基本的なものとして、「陸士」「陸幼」だけを説明しておきたい。

一八六九（明治二）年に大阪陸軍兵学寮が陸軍兵学寮と改称され、青年学舎と幼年学舎に分けて教育を行なったのが、陸軍士官学校と陸軍幼年学校の濫觴である。幼年学舎が陸軍幼年学校と改称されたのが一八七二（明治五）年、陸軍士官学校条例がだされて陸軍士官学校が発足したのが一八七四（明治七）年のことである。その後、一八八七（明治二〇）年に士官候補生制度を導入して大きく性格を変えるまでの陸軍士官学校を「士官学校」と呼び、それまでの生徒を通例にしたがって「士官生徒」と呼ぶことにする。また、同年以降の陸軍士官学校を「陸士」と呼ぶことにする。これは、陸軍での陸士〇〇期という呼び方が、一八八七年の士官候補生制度発足時の入校者を第一期として数えてきているからである。

また、陸軍幼年学校は、一八七七（明治一〇）年から一八八七（明治二〇）年の期間は士官学校に吸収され「士官学校幼年生徒」と呼ばれていたが、この時期も含めて本書は「幼年学校」または「陸幼」と呼ぶことにする。陸士〇〇期という呼び方に対して幼年学校の場合には、一八九六（明治二九）年以降の地方幼年学校制度の成立以降、たとえば

「東幼〇〇期」（東京陸軍幼年学校の第〇〇期生）といった呼び方がなされているが、地方陸軍幼年学校発足までの旧幼年学校は中央幼年学校としてそのまま存続しているので、あえて「幼年学校」と「陸幼」というふうに前後を区分して呼ぶ必要はないであろう。

なお、陸軍経理学校や海軍兵学校なども含めて、陸海軍の将校および将校相当官を養成するさまざまな学校をまとめてさす場合には、「軍学校」という名称を用いる。

〈第Ⅰ部〉　進路としての軍人

第一章　陸士・陸幼の採用制度の変遷と競争の概観

第一節　はじめに

そもそも近代日本の陸軍において将校になる機会は、どういう社会階層に開かれていたのだろうか。また、実際に社会のどういう層から陸軍将校が輩出していったのだろうか。この問題を考察するために、本章では二つのテーマを扱う。一つは陸軍士官学校・幼年学校の受験制度や納金制度の変遷である。もう一つは、それらの学校をめざす志願者の受験競争の様子の時期的変化をたどることである。一方では制度面の変遷から、どういった社会階層の子弟にとって将校養成機関への就学が可能であったのかという点を考察する（第二・三節）。もう一方では、実際に将校になっていった者の社会的特徴をより深く考察する第三章と第四章の予備的作業として、将校をめざす青少年たちの受験競争の状況——特に受験人数や競争倍率の変化——を概観する（第四節）とともに、志願・採用者の学歴の実際の様子を検討する（第五節）。

陸軍将校（少尉以上）になる経路は、明治初期から昭和初年までについては、主に三つの経路があった。一つは、下士からの昇進である。これについては第二章で詳しく述べるように、建軍当初はかなり有力であったが、まもなくそのルートは閉じられてしまった。大正中期以降このルートが復活されたものの、それは基本的には人数的に大量の需要がある尉官級の下級将校のポストを充足させることをねらいとしたものであった。もう一つは、一八八三（明治一六）年の徴兵令改正に端を発し、一八八九（明治二二）年一月に確立した一年志願兵制度である。これは、プロシアの制度に範をとり、中等教育以上の高学歴青年層を対象として、一年間原則的には自費で在営させることによって、予備役将校にするというもので、戦時の大量動員に備えた制度であったために、職業軍人＝現役将校の養成とは一線を画するものであった。それゆえ、第三のルート、ここで検討していく陸軍士官学校、そしてその予備教育的機関である陸軍幼年学校こそが、近代日本における陸軍現役将校輩出のメイン・ルートであったのである。[1]

第二節　学力と学歴

1　学力と学歴

幼年学校が発足した一八七二（明治五）年、士官学校が設立された一八七四（明治七）年から、幼年学校が独立し、士官候補生制度が発足する一八八七（明治二〇）年までの期間は、文部省管轄の学校体系もまだ十分整備されてはいない時期でもあった。それゆえ、この時期は幼年生徒も士官生徒も入校までの学習歴は多様であった。小学校や私塾や予備校であれ、「中学校」と名のつくものであれ、あるいは独学であれ、もちろん受験に先立ってそれぞれ何らかの学習の経歴はあったが、受験に関して一定の学歴――文部省系統の、ある学校段階の卒業証明――が要求されることもなかったし、試験の科目や水準にしても文部省の管轄する中等教育と対応させるような配慮はなされてはいなかった。

本節では、将校生徒の召募試験（以下「入試」と呼ぶことにする）が文部省の中学校のカリキュラムと対応するようになっていく様子、さらに文部省系の学校との接続がどのように推移していったのかをたどる。学歴の面からも、また合格に必要な諸学科の受験準備という面からも、中等教育に就学できない層には、陸士合格は難しくなっていったことがわかるであろう。

この点についての研究はすでにいろいろとなされている。特に、入試科目や文部省系教育体系との接続を概観した熊谷光久の研究[2]や、一八九六年以降の幼年学校の入試の制度や実態について整理した木下秀明のもの[3]や、士官候補生制度発足前後から一九二〇年の制度改革までを制度改革の背後の議論や思惑まで踏み込んで検討した遠藤芳信の優れた研究[4]などである。本節は、これらの研究に依拠しつつ、同時に、これらの先行研究で必ずしも十分分析されていない、士官候補生制度発足までの幼年学校・士官学校の入試の様子を検討しながら、将校のリクルートにおける学歴障壁の形成をたどっていくことにする。

2　多様な学習キャリア

初期の将校生徒は実に多様な経歴をもって集まっていた。下士養成機関である教導団に入団したり、下士に任官した後、士官学校に入校するというルートは次章で詳しく述べるので、本章では陸軍外部から幼年学校や士官学校を受験するルートについて論じていく。まず初めに、一八九〇年代までの入校者のキャリアの例を何人か見てみよう。

会津藩士生まれの柴五郎（後の陸軍大将）は、会津若松城落城後、一一歳（数え年）で俘虜となり、東京に護送され、脱走流浪、下僕生活—青森県庁の給仕—再び流浪、下僕になり、一八七三（明治六）年一五歳で陸軍幼年学校に入っている。その間、七歳から一〇歳の間に塾で素読を習った後は、給仕時代に半年ほど、夜個人に師事して習字、読書を習ったこと、三戸で一ヶ月ほど算術、読書を習ったこと、長岡重弘方へ一時身を寄せた時同郷の教官のいる塾で算術を聴講し、また同郷者の合宿所で読書を習ったこと、そして幼年学校を受けることになって、下僕となっていた安場家へ出入りしていた書生から読書、算術を学んだこと、といった具合で、組織的な教育をほとんど受けていなかった。[5]

一八七五（明治八）年幼年学校入校の上原勇作は大学南校を経て幼年学校へ入っている。上原は最初、鹿児島の藩黌造士館で学んでいたが、洋学を勉強したいと上京し、陸軍少佐

（後に大将）野津道貫の家の書生となり、開成学校を経て大学南校へ入ったが、野津の勧告に従って幼年学校へ願書を提出し、年齢をごまかして二〇歳で入校している。[6]

長崎県の武士の家に生まれた橘周太は、一八七一年七歳で漢学塾に入り、四年後小学校に入っている。その後東京遊学の志をもつに至り、叔父の家に寄寓しながら二松学舎で漢学を、他の学舎で英学、数学等を学び、一八八一（明治一四）年五月、陸軍士官学校幼年生徒の入試に合格した。[7]

熊本細川藩士の四男として生まれた石光真清（幼名正三）は、七歳で漢学塾に入り、翌年小学校へ入学、さらに県立中学校に進学して半年ほどで共立学舎に転校、一八八二（明治一五）年幼年生徒受験のため東京へ出た。そして叔父の家に寄食して旧熊本藩藩主細川公の補助で設立された有斐学舎に入学し、漢学、作文を学びながら、陸軍教授のところで算術を教わった。その後、士官学校の予備校温知塾に入学した。一時期商人にあこがれて、叔父に無断で東京商業講習所を受験し、合格したが二ヶ月ほどで発覚し、叱責されて温知塾へ帰った。そして八三年、試験を受けて合格し、幼年生徒となった。[8]

次は士官学校入校者の例である。植野徳太郎は、一八六九（明治二）年和歌山県生まれであるが、複雑な経歴をたどっている。七歳の時から友人の母のところで論語の素読の教育を受け、翌年地元の小学校に入学。七八年四月同校を退学し、五月に漢学塾（立教学校）に入った。八四年には監事になるほどの異例の上達をとげたが、さらに勉強するために大阪に出て漢学塾（泊園書院）に入り、同時に別の私塾（東雲学校）で英語を学んだ。八六年になると盈科学校で英語を学ぶ一方、愛春学校で教師として勤務し、しばらくして府の准判任官に任命された。しかし軍人を志す彼はそれを辞退し、翌年泊園書院へ戻り、北楼房長として後進の指導にあたりながら勉強し、八九年に陸士に合格した。[9]

井上幾太郎は数学研究を志し、それが挫折したため軍人の道へ進んだ。彼は一八七二（明治五）年、山口県の中層農家（田一反二町、畑二反、相当の山林を所有）の三男として生まれた。七歳で寺子屋に入学し、習字及び読書を三ヶ月ほど学んだ後、翌年小学校へ入学。八四年中等科二年を卒業した後、授業生として俸給月一円五〇銭をもらいながら学業を続けた。彼は数学が得意だったので、それを生かして八七年には村の土地調査委員に雇傭され、月給七円五〇銭を受け取ることになった。しかし彼はそういう職に甘んじず、山口に遊学することを考えていた。というのは、一三・一四歳頃に村にできた青年会の主唱者であった寺の住職に強い影響を受け、青年会の活動が彼の野心を膨らませたからであった。まもなく彼は、土地調査委員の仕事で貯えた三〇円を手にして山口へ出て、中学校程度の開導教校という僧侶養成のための学校へ入学した。月に一円五〇銭の送金を受けながら勉学を続けたが、二年後には学資が続かなくなったため、学校をやめて自分で数学塾を開いた。彼は当時、数学教員検定試験を受けて学校の教員となり、数学の研究を続けようと思っていた。ところが、その年の一一月に検定試験制度が廃止になって受験できなくなったので、失意の状態で故郷に帰った。幾太郎の兄は傷心の弟に、官報に載っていた陸軍将校生徒の採用試験を受けてみたらどうかと勧め、翌年幾太郎は陸士を受験して合格した[10]。

渡辺錠太郎は、官費制の陸士を目標にして、まったくの独学で合格した例である。彼は、小学校卒業後、養家の農業を手伝いながら、友人で中学に入った者から教科書を借りて独学自修で中学校の課程を習得していった。彼は早くから陸海軍軍人を志向したが、それは「必ずしも軍人にあこがれていたからではな」かった。というのも、養家が学費をだしてくれるあてがなかったからである。彼は、官立官費の上級学校に入るしかなく、自ずと陸軍士官学校に目標が絞られていった。余談になるが、陸軍士官学校の願書に添える戸籍証明を町役場にもらいに行った時、渡辺がわずか小学校四年間の学歴しかないのに陸士を受験するというので、係の者が驚いていろいろ協議をした。その結果、町長がじきじきに「士官学校といえば、天下の秀才の集まるところで、中学の優等卒業生でもなかなか入れやしない。そこへ百姓上がりの君が願書を出すなんて、何か勘違いをしているんじゃないか。折角出したって、無駄だ」と、彼の「不心得」を諭したが、渡辺が第三師団区のトップの成績で合格したので、再びびっくりして謝ったというエピソードが残っているという[11]。

ここで紹介したのはわずか七人にすぎないが、自伝や伝記を見るかぎり、ある時期までは、将校生徒になっていった者は実に多様な教育歴（学習歴）を経ていたことがわかる。

いくつもの私塾や私立学校を転々としながら断片的な学習を累積していったり、あるいは個人的な教授や独学によって、受験のための学力を身につけていったといえる。次章で述べるように、いったん陸軍に下士や下士生徒として入ってから、士官学校受験をめざした者もこの時期にはまだ多かったから、将校生徒になった者の学習キャリアはもっとバラエティに富んでいたといえる。確実なルートなどまだなかったのである。

とはいえ、渡辺のように農家の出身で、しかもまったく自学自習で合格できた者はごく少数の例外的な存在であった。多くの者は初歩の教育を受けた後、志を抱きながらいったん仕事に就いて、同時に塾や私立学校で漢学や外国語を学んで実力を養成した。地方の塾や私立学校で漢学や英語を勉強したり（植野や井上の例）、東京へ遊学したりして（橘や石光の例）、受験のための学力を養っていったのである。中でも東京には一八八〇年代には軍学校をめざす有名予備校が多数設立されて軍人志願者で活況を呈した。このことは、一八八六（明治一九）年の陸士受験者（陸軍部内を除く）の五〇・二％（一〇五六人中五三〇人）が、そして陸幼受験者の六一・四％（四五六人中二八〇人）が東京で受験していたことからもわかる。[12]

しかしながら、こうした各人各様の、多様な学習経歴を経て軍人になることができた時代は次第に過ぎ去り、中学校で優秀な成績の者、中等教育に投資ができる階層の子弟に限られる時代へと移っていった。陸幼に関しては、次節で述べるように学歴よりもむしろ学資の問題の方が重要であるが、陸士については組織的な学校教育を経た者が有利に、さらには正規の中学校を卒業しなければ受験できないようになっていった。

そこで次に、入試制度の変遷をたどって、陸士や陸幼が、志願者の学力や学歴の面でいつ頃、どのように文部省系の中等教育と制度的に接続していったのかを見ていくことにしよう。

3　一八八六年までの士官学校入試制度

対外的な緊張が高まった一八七四（明治七）年七月に、陸軍省は士官・下士官の不足を補うために、採用試験を行なう旨を告示した（陸軍省布第二七九号）[13]。試験は士官・下士官共通で、「試験合格中ニ就テ上等ナル者ハ士官生徒ト為シ其他ハ総テ下士生徒ト為ス」というものであった。試験の定則は四つあり、「年齢」「身長」「体格強壮」と並ぶ学力試験の内容は、「文章　日用事務ニ差支ナキ者　其一　書方　其二　読方」というものであった。ここには、外国語はおろか、数学も入っていない。伝統的な漢学的教養を身につけた若者であれば、十分士官生徒になることが可能だったわけである。

もちろんこれは、速成で士官を養成する必要があったことによる変則的な事例であった。まもなく正規に募集された士官生徒の入試では、学科試験は文学（読書、作文）、算術（整数分数、比例、代数、幾何）、外国語（希望者のみ——会話、翻訳、反訳）となった

（一八七八年陸軍省達甲第二一号）。従来の漢学的な素養に、数学（算術）が加わり、外国語は、既習得者は有利ではあったが必須ではなかった。入試科目に外国語が加わったのは、一八七五（明治八）年からであった（陸軍省達第六一号）。学科試験の採点は「各科毎ニ若干ノ点数ヲ与ヘ而シテ各人ノ点数ヲ参照シ総人員ノ優劣表ヲ作リ其上等ノ者ヨリ定員丈ケヲ採用スヘキ者トス」とされたため、外国語を学習して試験で点を稼いだ者は有利であったが、逆に読書や作文のような科目がずば抜けてできれば合格も不可能ではなかったであろう。一八七九（明治一二）年の入試からは、「但シ若シ検査目中ノ一科ニ於テ其点数合格セサルアレハ縦令総点数ニ於テ優等ナルト雖𪜈（ドモ）採用セス」という規定がつけ加わって、すべての科目で合格最低点をとらねばならなくなった（陸軍省達甲第一六号）。

一八八四（明治一七）年の入試では任意科目としての外国語が消え、二つの注目すべき点が登場してくる。一つは、従来の読書・作文・算学に加え、希望者には地学・画学・体操・乗馬の検査を行ない、若干の点数を与えると定められたこと、もう一つは、官公立師範学校・中学校の卒業者には若干の点数を与えるという規定が加わったことである（陸軍省達甲第七号）。

この普通学重視の動きは一八八五（明治一八）年一二月にだされた入試規定（陸軍省達甲第五二号）で明確になった。従来の読書・作文・算学という試験科目に代えて、和漢文・数学・代数学・平面幾何学・地理・物理・化学・図学・画学・歴史および希望者に外国語という、科目の大幅増加が打ちだされた。また、「中学初等科以上及ヒ之ニ準スル学校卒業ノ者ニシテ其証書ヲ有スル者ハ和漢文歴史算学ノミヲ検査ス」と、受験科目上の特典を正規の学校ルートを経た者に与えたのである（得点上の優遇は廃止された）。

遠藤は、一八八四年以来のこうした改革を、「中学校卒業者の普通学履習を軍事科目履習の基礎として重視したことのあらわれ」という流れで位置づけている。[14]おそらくこれは適切な把握であろう。しかしここで強調したいのは、こうした改革が多様な志願者の淘汰に果たした機能である。士族の伝統的な教養や、あるいは算学塾・漢学塾のような、専科的な教育機関で身につけうる知識で入学試験に対応することができる時代が次第に過ぎ去りつつあることを、今見てきた明治初年以来の入試の変化は示しているのである。

4　幼年学校

一八七五（明治八）年九月に定められた陸軍幼年学校条例（陸軍省布第一四三号）では同校の目的は次のようになっていた。「凡ソ此学校ハ陸軍出身志願ノ少年生徒及陸軍武官死没セシ者ノ孤子ヲ教育スル為メニ設クル学校ニシテ外国語及ヒ予科即チ普通学ヲ教授スル所ナリ」（第一条）。同校は一般から募集した者と死没武官の子弟とを対象とし、外国語と普通学を教え、「卒業ノ上陸軍士官学校ニ転入セシムル」（第六条）学校であったわけである。しかもこの時点では、一般からの募集者の教育という前者の方が臨時的で付随的な位置にあったことは、「此校ハ後来文部ノ中小校旺盛ニ及ヒ少年生徒等外国語学普通学等卒業ノ者輩出ノ日ニ至ラハ専ラ孤子教育ノミノ学校ト成ルニ至ルヘシ」（第二条）という規定を読むと明らかである。

この条例では入試は次のように定めてある。「年齢十三年以上十六年以下」[15]で、「身体強壮ニシテ身長ケ年齢相応ノ者」を対象に実施される入試科目は、「書方　書翰ノ文意了然タル者」「読方　日本外史政記等大意了解スル者」の二つのみであった。また、「学力上等ノ者ヨリ其定員ヲ採ル」とされていたものの、「但武官死没ノ孤子ハ一等之ヲ恕シ検査定格ニ合スル以上ハ之ヲ採ル」と、死没武官の子弟については一定の学力水準に達していれば入校を認める方針が打ちだされていた。

幼年学校は一八七七（明治一〇）年一月に士官学校に吸収された。一八八一（明治一四）年七月に改正された士官学校条例では、「幼年生徒ニ在テハ士官生徒タル予科ノ学術ヲ教授ス」（陸軍省達甲第一五号）という幼年生徒の位置づけになった。

一八八三年八月の入試規定を見ると（陸軍省達甲第三一号）、「読書　漢文有点ノ書（外史政記文章軌範等）」「作文　真片仮名二題（往復書）」「算術」（整数分数・比例および希望者には代数幾何等を課す）、「仏学或は英学」（既習者のみ。会話・聞書・翻訳）となっていた。一八八四年二月の入試規則（陸軍省達甲第七号）から、「官公立小学高等科以上ノ卒業証書所持ノ者ハ若干ノ点数ヲ付与スヘシ」という但し書きがつけ加わる一方で、既習者のみ受験できた外国語が試験科目から削除された。さらに翌八六年一月の入試規則（陸軍省達甲第二号）では、「検査科目中其一科ニ於テ点数合格セサルアレハ縦令総点数ニ於テ優等ナルト雖モ採用セス」という規定が新しく盛り込まれた。

同年一二月にだされた試験規則は、試験科目の面で大幅な改正がなされた。和漢文・数学・地理・図学・歴史、および希望者のみ外国語学（総点数に加算）というように、一気に多くの科目に増やされた。その一方で、八四年から数年間続いた「官公立小学高等科以上ノ卒業証書所持ノ者ハ若干ノ点数ヲ付与スヘシ」という但し書きに代わって、「小学中等科以上卒業ノ者ニシテ其証書ヲ有スル者ハ和漢文ト数学歴史トノミヲ検査ス」と、小学中等科以上を卒えた者は三科目のみを受験すればよいとしたのである。

八七年六月一六日の陸軍幼年学校条例（陸軍省令第一三号）により、陸軍幼年学校は再び士官学校から独立した。この条例では、陸軍幼年学校の目的は、「陸軍出身志願ノ者ヲ選抜シ生徒トナシ尋常中学ノ教授並ニ軍人ノ予備教育ヲ与フルヲ以テ目的トス」（第一条）とされた。また、「本校生徒ニ採用シ得ヘキ者」として規定されたのは、「其一　高等小学校卒業証書ヲ所持スル者」と「其二　其一ニ同シキ学力ヲ有スル者ニシテ入学試験ニ及第スル者」となった。これによれば、陸軍幼年学校の性格が尋常中学校の課程を教える学校となったこと、高等小学校を卒業した者は無試験で入学できるようになったことになる（ただし、実際には無試験採用はされなかったようである）[16]。

さらに、一八八七年から「物理」が、八八年から「化学」が、陸幼の入試科目に加わった。[17] また同じ八八年からは、入試で一定以上の点数をとった将校や将校相当の高等官の孤児の採点に関してそれまであった特典（「合格スル以上ハ順位ニ拘ラス之ヲ採用」）が削除された。これ以降の将校等の子弟に対する特典は、次節で触れるような、経済的な特典（納金の減免）と、身長制限の例外的扱いのみになった。学力による選抜という点では、入試の得点の高い者から順に定員まで採用するという方針に例外を一切認めないという原則が、ここで確立したわけである。

九一年の入試では数学で一元一次方程式、地理で支那・朝鮮が加えられるというように、出題の水準が高められた。翌九二年からは、一科目でも合格点に満たない場合は不合格にするという従来の規定が廃され、その一方で、外国語（仏・独・英語の内一つ）が志願者全員に課されて他の科目と同じ扱いになった（それまでは希望者のみ）。[18] こうした動きは、陸幼の入試が次第に、尋常中学校低学年のカリキュラムとの接合を強めていったことを示しているが、さらに九四年の入試から、「試験ノ程度ハ尋常中学校第二年級卒業ノ学力ニ比準」する、と明記されるに至った。[19]

一八八七（明治二〇）年の陸軍幼年学校条例で明確になった、陸軍幼年学校を尋常中学校の課程を教える学校という性格づけは、その後ずっと、陸幼の学校階梯上の位置づけとして続いていった。一八九六（明治二九）年五月には、陸軍地方幼年学校条例（勅令第二一三号）と陸軍中央幼年学校条例（同第二一二号）がだされて、旧来の陸軍幼年学校は、陸軍地方幼年学校と陸軍中央幼年学校との二種類の学校へと大きく改組された。それまで幼年学校は東京に一校のみで、中学三年修学中に採用、三年間の修学期間であった。九六年の条例で、幼年学校は地方幼年学校（三年間、中学第二学年一学期終了時に採用、九月一日入校）と、中央幼年学校（二年間、地方幼年学校から進学）に分離した。陸軍地方幼年学校は全国に六校設置され、定員各五〇人、合わせて三〇〇人を毎年採用した。

その後まもなく、東京陸軍地方幼年学校が陸軍中央幼年学校予科と改称され、陸軍中央幼年学校は陸軍中央幼年学校本科と改称されたが、一九二〇（大正九）年の制度改正により、地方幼年学校と中央幼年学校予科はともに「陸軍幼年学校」となった。また、中央幼年学校本科は「陸軍士官学校予科」になった。陸軍外部から士官候補生に採用した者も、幼年学校（旧地方陸軍幼年学校）出身者とともに、しばらくの間、普通学を中心とした教育を受け、予科卒業生が隊附期間を経て陸軍士官学校本科に入校して軍事学を専攻する、という養成制度に改められたのである。[20]

また、軍縮・軍事予算削減にともない、一九二一（大正一〇）年の大阪・名古屋両地方幼年学校の生徒募集停止を手始めに、四つの地方幼年学校が順次募集を停止し廃校になっていき、一九二八（昭和三）年には東京陸軍幼年学校一校のみが残った。満州事変後の募集生徒の増員もしばらくは東京陸軍幼年学校の定員増という形で対応していったが、一九三六（昭和一一）年からは各地に順次、再開校されていった。

しかし、そうした制度的な改廃はあったものの、一八八七（明治二〇）年の陸軍幼年学校条例以降は、基本的には陸幼は「陸軍の中学校」としての性格を維持し続けたということができる。次に述べる陸士の採用制度とは異なり、学歴による受験資格の制限は導入されず、誰でも志願できるという「開放性」を維持し続けたが、次節で述べるように、一八九六（明治二九）年以降は学資の面での障壁が作られることになった。

5　陸士受験の学歴制限

ここまで見てきたように、一八八〇年代半ばまでは、将校養成制度も模索中で制度の改廃がしばしば行なわれ、また受験資格や制限はかなり緩く、入試の学科試験も志願者の一般的な素養を試す試験という性格が強かったように思われる。ところが、文部省系の学校との対応を強めてくるにつれて科目数も増加し、断片的な学習歴ではなかなか対応することが難しくなった。継続的で組織的な学習が必要になってきたのである。一八八七年には、特定学歴の保有者の無試験採用の方針がいったんは打ちだされるまでになった。受験のための学力が、さらには学歴が必要な時代がやってきたのである。陸士の採用制度においては、次に述べるように学歴が受験資格化されるに至った。

一八八七年の制度改革により、士官学校は、学校教育だけで士官を養成するそれまでの方式を改めて、六ヶ月の隊附勤務を経験させる士官候補生制度を導入した。装いを新たにした陸士では、受験資格として尋常中学校またはこれと同等の学力を有する者、という学歴に関する要求が初めて登場した。また、入試科目も、読書（漢文）、作文、数学、博物学、地理学（日本・アジア）、物理学、化学、博物（動物、生理）、歴史、画学、外国語学（英独仏のうち一つ）に増加した。[21]中学校のカリキュラムに対応させて、科目数が増やされたのである。

これ以降は、次第に陸士志願者・採用者中の中学卒業者の比率が高まっていき（後述）、ついに、一九〇三（明治三六）年の補充条例の改正により、士官候補生になり得る者は、「一、中央幼年学校本科卒業ノ者、二、中学校又ハ之ト同等以上ノ学校ヲ卒業シ召募試験ニ及第シタル者、三、一年志願兵ニシテ隊長又ハ所属長官ノ保証ヲ得且召募試験ニ及第シタル者、四、陸軍現役各兵科下士中品行方正志操確実ナル者ニシテ隊長又ハ所属長官ノ保証ヲ得且召募試験ニ及第シタル者」[22]となった。下士からの志願と陸士に無試験で入学できる幼年学校卒業生を別にすれば、中学卒業生か、中等教育の学歴を持った一年志願兵に受験資格が限定されたわけである。独学者や、「中学校と同等」という認可を得られないような私塾や私立学校で学んだ者には、受験のチャンスが得られなくなったのである。

その後、一九二〇（大正九）年に至って、陸士受験の学歴制限が再び撤廃された。これは一九一八（大正七）年一二月の高等学校令による旧制高校の入試改革により、中学四年修了での高校進学が可能になったことに対して、陸軍でも優秀な生徒を獲得するためにとられた措置であった。そもそも、高等学校令で中学四年からの進学を許したことは、「帝国大学卒業ニ至ルマテノ教育年限ヲ短縮セムトスル」[23]ためであったが、この改革は学力優秀者を高校に独占されることを危惧した軍の対応をうながした。海軍は優秀な生徒を確保するために迅速に反応し、一九一九年一一月の省令（海軍省令第二二号）で、海軍兵学校・機関学校・経理学校の入校資格を中学四年修了程度に引き下げた。[24]陸軍でも陸士採用者の質の低下が問題になり、一九二〇年補充条例を改正して、翌二一年から試験内容を中学四年修了程度に引き下げ、同時に、学歴による受験資格を撤廃して、形式上は、学力さえあれば誰でも陸士に合格できる制度へと改めたのである。しかし、学歴による受験資格の制限の撤廃にもかかわらず、実際にはもはや志願者の圧倒的多数は中学四年修了者や卒業者が占め、それ以下の学歴しか持たない者はほとんど合格しなかった。そのことは、志願者・採用者のデータを検討した本章第四節であらためてみていくことになるだろう。

第三節　納金制の変遷

1　士官学校の納金制

当初、幼年学校も士官学校も無償制であった。一八七四年に定められた士官学校条例（陸軍省布第三九六号）では、士官生徒について、「入学初二期年間ハ修学ノ費ヨリ被服食料ニ至ル迄総テ官給トス且若干ノ日給アルへシ第三年生徒即生徒少尉ハ俸給ヲ賜フヲ以テ修学費用ノ外ハ総テ私費タルへシ」と規定されていた。

次いで、一八八一(明治一四)年七月に士官学校条例が改正された時(陸軍省達甲第一五号)には、士官生徒に官費生と自費生の二種が設けられた。官費生はそれ以前と同じく一切官給で若干の手当が支給されるが、自費生は「修学費用及ヒ寝具ヲ除クノ外被服食料等ノ費用ハ一切之ヲ上納セシムルモノト」されていた。納金額は八三年の規定では「一箇年凡百円内外」(但し年度末に過不足分を清算)、八四・八五年が「一ヶ月八円」(同[25])であった。これは当時の経済水準からいえばかなりの高額であった。

しかし、一八八七年六月に「陸軍各兵科現役士官補充条例」(勅令第二七号)がだされ、「士官候補生ハ志願兵トシテ入隊ノ日ヨリ常備兵籍ニ編入シ陸軍一定ノ規則ニヨリ服役セシム而シテ被服、装具等ハ総テ下士兵卒同様ニシテ官給トス」(第一六条)、「士官候補生ノ起居及諸給与ハ本人ノ階級ニ応スルモノトス」(第一七条)と規定されて以降は、昭和に至るまでずっと陸士はすべて官費制となった。

また、納金制の時期にも、①自費生は募集人数のごく一部を占めたに過ぎなかった。八四年二月の募集では官費生一八七人に対し自費生はわずかに一三人、八五年一月の募集では官費生二〇〇人に対し自費生二〇人、同年一二月の募集は官費生一七〇人、自費生二〇人となっていた。また、②八四年からは「但シ自費生ハ在校修学一ケ年以上ニシテ学術優等ノ者ヨリ順次官費生ニ遷スモノトス」と定められた。[26]

このように見てくると、士官学校生徒——士官候補生に関しては、納金はごく短期間に、ごく一部の採用者に要求されたにすぎなかった。

2　一八九六年までの幼年学校の納金制

設立当初の幼年学校も全額官給と若干の手当という制度になっていたようで、一八七三（明治六）年に入校した柴五郎によれば、フランス人によるフランス式の高価な教育にもかかわらず無償であり、かえって休日ごとに一〇銭、休暇には食費として三円五〇銭が支給されていた。[27]

しかし一八八〇（明治一三）年一一月に、「幼年生徒ハ当分武官戦死者ノ孤児ノ外官費生徒ノ召募ヲ止メ自費生徒ノミ召募」すると定められ、[28]その後は、一般からの採用者は「被服食料一切自弁」の自費生となることとなった。その納金額は当時の一般の物価に比べてかなり高額であり、一八八三年で月八円、八四年〜八六年の間は月七円となっていた。[29]

ところが、その結果、志願者が次第に減少し、「終ニ要員ヲ充ス能ハサルニ至」ってしまった。[30]そこで、八三年一一月に、「武官戦死者ノ孤児」ではない一般の入校者でも、入校後に成績優秀であれば、納金を半額免除、あるいは全額免除する規定が作られた。八三年の士官学校条例では、「幼年生徒給与ノ法ハ戦死セル将校並ニ同等官ノ孤子ニハ修学ノ費用及ヒ被服料等一切官給トシ且若干ノ手当金ヲ給シ其他ノ者ハ初年学期中ニ在テハ修学費用及ヒ寝具ヲ除ク外被服食料等ノ費用ハ一切之ヲ上納セシメ第二年及ヒ第三年学期中ニ在テハ被服ハ総テ官給トシ食料ハ之ヲ上納セシムルモノトス　但第二年及ヒ第三年学期中ニ在テ学術優等ノ者若干名ヲ限リ被服ノ外尚ホ食料ヲ官給トス……[31]」と、第二学年からは食費のみを支払えばよいこと、「学術優等ノ者若干名」は第二学年から食費も免除されることが定められた。

八三年九月に幼年生徒になった石光真清が描くエピソードから、この制度の実態を知ることができる。「本郷源三郎君は同郷熊本県の出身で、極貧の小作農だった。新しい時代が到来して、水呑百姓の倅が武士になれるというので、無理算段をした両親を郷里に残して上京した。優秀な成績で幼年学校に入ったことは入ったが、学費を納めることが出来なかった。当時の規則では、学術優等、品行方正な生徒は、第一学年の終りに首席から三分の一までが半官費生となり、第二学年の終りに官費生となる。また第一学年の終りに半官費生とならなかった者は、第二学年の終りに半官費生となる規則であった。いくら学術優等、品行方正でも、学費を納めなければ退校処分にしなければならない。第一学年生徒係阿部中尉も第二学年の金竹中尉も弱った[32]」。

この事件は、同郷の金竹中尉が生徒隊長に相談したがうまい方法もなく、さらに旧藩主細川家にお願いをしたが断られ、結局金竹中尉が同郷の先輩の間を駆け回って何とか一〇〇円を集めて納金することができた。本郷少年は、第一学年の終りに半官費生に、第二学年の終りに官費生となって士官学校に進み、無事任官することができた。それはともかく、全生徒の三分の一は二年生で半官費生に、三年生で官費生になれたことがわかる。[33]

一八八七（明治二〇）年六月に陸軍幼年学校が士官学校から独立するに際して作られた「陸軍幼年学校条例」（省令第一三号）では、生徒は官費生・半官費生と自費生の三種に区分された。ここで注目すべき点の一つは、存命中の将校や高等文官の子弟に対する納金の減免措置が加えられたことであった。この点は昭和期まで続いていった。もう一つの注目すべき点は、従来のような入校後の学業成績に応じてではなく、出身家庭の資産の状況を斟酌して減免対象者が決められるようになったことであった。

条文を見てみよう。まず、戦死した（あるいは公務のために死亡した）将校及びそれに相当する高等文官の孤児は官費生となる（第四条）。その他の者については、軍事参議官が裁定する（第五条）。そしてその区分は「専ラ資産ノ多少ヲ察知シ之ニ応シテ取捨アル可シ」（第六条）という。基本的には、採用者の出身家庭の資産程度を軍事参議官が判断して官費―半官費―自費の区別を決めるというのである。

軍事参議官の裁定にあたっては、現役将校で少佐以下の児子、非職将校で大佐以下の児子、これらの将校に相当する非職高等官の児子について、「特ニ顧慮セラル可」きことが定められていた。[34]

表1・1　陸軍幼年学校生徒人数納金区分別推移

年度	1890	91	92	93	94	95	96
官費生	15.8	17.1	18.9	20.5	16.3	13.0	11.5
半官費生	50.1	58.6	64.9	68.9	79.5	83.7	85.2
自費生	34.1	24.3	16.2	10.6	4.2	3.3	3.3
計(%)	100.0	100.0	100.0	100.0	100.0	100.0	100.0
人数	199.67	209.35	207.35	231.78	258.17	275.30	322.22

*『陸軍省統計年報』各年度版より算出。なお原表は、各年度中日々平均人数が学年別に小数点二桁まで計算して掲げてある。

この時期の自費生・半官費生の納金額を調べてみると、一八八八（明治二一）年から九〇（明治二三）年までは自費生月額七円五〇銭、半官費生三円七五銭であり、九一（明治二四）年から自費生が六円五〇銭、半官費生が三円二五銭に減額された代わりに、初年度被服料として入校時に自費生三二円、半官費一二円が徴収されるようになった。[35]

しかし、実際は、将校や高等官の子弟だけでなく大半の生徒が、官費生または半官費生となっていた。表1・1は一八九〇〜九六年度の陸幼生徒の納金別割合をみたものである。九〇年の在学生徒の一五・八%が官費生、五〇・一%が半官費生で、自費生は全体の三分の一しかいなかった。しかも年を経るごとに自費生の割合は減少して代わりに半官費生の割合が増加し、一八九六年には自費生はわずか三・三%しかいなくなった。一八九二〜九六年の陸幼採用者のうち、将校ないし同相当官の孤児または児子は一七・二%（五四一人中九三人）であったこと[36]を考えるならば、一般からの採用者の大半が半官費生となっていたことを示している。[37]

3　一八九六年以降の幼年学校の納金制

陸軍地方幼年学校が設立された一八九六（明治二九）年以降の幼年学校の納金制の制度そのものについては、木下秀明が詳しく説明しているので、[38]ここではそれを参照しながら、生徒の社会階層との関連にしぼって考察していくことにする。

納金額の推移を当時の物価や平均賃金等と比較してみたのが、表1・2である。一八九六年に発足した陸軍地方幼年学校制度のもとでは、生徒が納入すべき金額は月額六円、一九〇七年に七円に、一九〇九年から八円になり、さらに一九二〇年に一二円、一九二二年に二〇円にと上がっていった。

表からわかるように、一九〇〇年前後の陸幼の納金額は、職人や職工・下級官吏には支払いきれる額ではなかった。一九〇二（明治三五）年の高崎中学の場合、通学生の必要経費は一月四円四三銭、寄宿生一〇円三三銭であったから、[39]陸幼は、ちょうど中学通学生と中学寄宿生との中間程度の出費を要したことになる。一九一〇年代以降の納金額は、第一次大戦末の一時期を除いて、大工の平均賃金の約四割、下級官吏の月俸の約二〜二・三割程度を維持している。また、植字工の場合、当初はかなり低賃金であったが、次第に上昇し、昭和に入るとようやく大工の賃金を若干上まわる程度にまで上昇したが、それでも陸

表1・2　陸軍地方幼年学校納金額と米価、賃金の推移

年・改定年月日	納金額(a)	平均米価(b)	大工職平均賃金月額(c)	活版植字工賃金月額(d)	判任官平均俸給月額(e)
1896　12月19日	6.00	(8.89)	9.50	6.50	
1897	↓	(11.26)	10.93	7.08	
1898　10月 8日	6.50	(14.06)	11.70	7.68	
1899		10.44	12.65	8.70	
1900		11.43	13.50	8.75	
1901		10.79	14.75	10.00	23
1902		(12.72)	14.50	10.50	25
1903		(13.70)	14.75	10.25	26
1904		(12.56)	14.75	10.25	26
1905		(12.21)	15.00	10.50	25
1906	↓	(13.98)	16.25	11.00	27
1907　3月 6日	7.00	(15.66)	18.75	12.25	28
1908	↓	(15.14)	20.25	12.75	28
1909　3月27日	8.00	12.12	20.00	12.75	29
1910		12.68	20.00	12.75	35
1911		17.30	20.75	13.50	34
1912〈大正〉		(20.77)	21.75	14.25	35
1913		(20.73)	22.50	14.50	36
1914		(13.09)	21.50	15.00	36
1915		12.41	21.00	15.25	34
1916		14.14	21.25	15.75	35
1917		20.23	24.00	17.00	35
1918		33.34	32.50	20.50	35
1919	↓	47.54	46.00	31.75	37
1920　8月 9日	12.00	37.15	63.00 †	46.75 †	68
1921	↓	36.58			69
1922　4月 5日	20.00	26.71			71
1923	(円)	31.95			69
1924		38.73			73
1925		35.74			72
1926〈昭和〉		33.03			74
1927		28.41			78
1928		27.08			81
1929		26.16			80
1930		16.72			83
1931		16.54	53.50	56.75	80
1932		20.45	49.50	54.25	82
1933		20.24	47.00	53.50	81
1934		26.71	48.00	54.25	82
1935		28.04	48.25	55.25	82
1936		27.70	49.75	55.00	81
1937		31.24	55.00	56.00	65
↓		(円)	(円)	(円)	(円)
1944	↓				

*(a)(b)(c)(d)(e)の数値は、各々下記の資料より引用した。

(a)　『わが武寮』59頁。

(b)　全国農家庭先1石当り平均米価。(　)は推計値(『日本史辞典』角川書店、第4表1)。

(c)　平均賃金日額×25で計算した。†は上半期(『日本長期統計総攬』第4巻、表16-1および表16-5-b)。

(d)　同上。

(e)　昭和同人会編『わが国賃金構造の史的考察』368〜369頁の表より。

幼の納金額は彼らにとっては、大変な額であったことがわかる。

また、工場・鉱山労働者の四〇〜四四歳時の平均賃金は、一九二七年に一日二円八〇銭、三三年で二円七四銭であり[40]、一九二〇年に大幅増俸された小学校教員の平均月俸額が五一円一〇銭で、三九年までそのまま五〇円台にとどまっていた[41]。それゆえ、一九二二（大正一一）年に引き上げられて二〇円（月額）となった陸幼の納金額は、こうした階層にとっては決して少なくはない額であった。

とはいえ、ここで掲げた賃金や俸給の額はすべて平均値なので、実際にはバラつきがある。また、家族収入や副収入を考慮にいれていない。それを考慮するならば、おそらく下級官吏や労働者や職人のごく富裕な部分では、ある時期から――おそらく一九一〇年代ころから――子供を陸幼に入校させることは、不可能ではなくなってきていたかもしれない。しかし、それでもやはりかなりの負担であったことには違いないであろう。

陸幼入学者の社会階層を考えるうえで、納金額と並んでもう一つ重要なのは、減免措置の制度である。一八九六年以前と以後とでは、納金の減免対象に関して非常に重大な変更が加えられた。納金額自体は、一八八〇年代からすでにかなり高額であったといえるけれども、これまで見てきたように、当時は誰でも入校後の学力成績に応じて官費生・半官費生への移行が可能であったし、一八八七年からは入校時の家庭が貧しい場合、官費生・半官費生になることができた。

ところが、一八九六年以後は、納金の減免措置を受けうるのは、将校ないし同相当官（階級による制限はのちに次第に緩められていった）や高等文官の子弟に限られたのである。九六年の陸軍地方幼年学校条例（勅令第二一三号）では、「生徒中戦死者及将校同相当官ノ孤児ニ対シテハ特ニ前条ノ納金ヲ免除スルコトヲ得之ヲ特待生ト称ス」と、また「生徒中陸海軍士官ノ孤児ニ対シテハ前条ノ納金ヲ半額ニ減スルコトヲ得」（第一二条）と規定された。

中央幼年学校では、一八九八（明治三一）年の規定によれば（勅令第二二八号）、「戦死又ハ公務ノ為メ死亡シタル高等官ノ孤児」が官費生とされること以外は、官費・半官費・自費生の区分は教育総監が裁定することと定められているだけなので、あるいは一般からの採用者でも官費・半官費生になりえたかもしれない。しかしその場合でも、一般から幼年学校を経て将校をめざす者は、地方幼年学校三年間については、納金し続けて行く資力が必要であった。

一九一三（大正二）年の陸軍幼年学校校長会議では、納金できない生徒が多いことが問題になり（「生徒中往々納金滞納者アリ又入校後家庭ノ良好ナラサルモノヲ発見スルコトアリ」）、協議の結果、身元調査をより詳しくすること、やむをえない場合には退学させるしかないとの結論に達している。[42]「幼年校ハ貧民救助所ニアラサル」からである。一五年には納金の滞納が退校処分の事由の一つに加えられた（軍令第六号、第七号）。

実際、陸海軍の諸学校はすべて官費制だとの誤解がしばしばあった（受験案内書ではしばしばこの点について注意を与えている）けれども、陸幼は有償であり、その納金額を見るかぎり、一般の中学の通学生よりも多い出費が必要だった。それだけの金額を払える階層か、あるいは納金が免除または半分免除される軍人の子弟でなくては、就学できなかったわけである。

第四節　志願者数の変動

1　軍人志望者の特徴

少年たちの軍人をめざす志向性——といっても志願兵などではなく、将校をめざすもの——には、三つの顕著な特徴があった。一つには、ちょうど今の子供たちのスポーツ選手志望のように、年齢が低いほど軍人志望の者が多かったということである。

軍人を父に持ち、東京高等師範学校附属小学校、中学校を経て、一八九七（明治三〇）年に東京陸軍幼年学校に入校した永持源次の回想によれば、次のようである。「私は何時頃から陸軍将校になろうと考えたのであろうか。父親が軍人だったこと、日清戦争のあったことなどが、軍人志願の動機であったに違いはないが、はたして何時頃の決心であろうか。幼少の時、〈小学校の先生になる〉といって笑われたことを覚えているから、小学校に入ったばかりの時分にはまだ軍人志願ではなかった」。しかし、小六の時の担任の先生

表1・3　中学生の軍人志望者の学年別比率

（東京府立七中、1935年調査、単位%）

希望進路＼学年	1年	2年	3年	4年	5年
軍　　人	23.7	21.5	15.1	10.8	7.5
技　　師	17.2	9.6	31.3	25.6	26.4
教　　師	15.3	16.2	14.2	12.3	8.8
官　公　吏	3.3	7.3	10.7	9.4	10.7

＊全校生徒1148名の回答、複数回答で1人平均1.09〜1.36個回答。東京府立第七中学校調査部「中学生の職業希望調査」『中等教育』第80号、1935年、より。

の雑録によると、九六年一月二〇日のところに「〈将来如何なる人になろうと思うか？〉の質問に対する生徒一同の回答が記されている。回答者三十九人中、軍人志願者は十九名で、私もその中の一人で、しかも特に陸軍軍人と答えていた[43]」という。

小学校のクラスのほぼ半数が軍人志望という数字は、前年の日清戦争による軍人熱の高揚をうかがわせるが、キンモンスによれば、日清戦争の時には『少年世界』では陸海軍大将を目標とする作文が急増したものの、中学生を読者とする『中学世界』では、帝国主義・軍国主義的主題はまったく無視されていた[44]。

一九三五（昭和一〇）年の東京府立七中での志望調査を見ると[45]、一年生から五年生まで、軍人を志向する者の割合は、一年二三・七%、二年二一・五%、三年一五・一%、四年一〇・八%、五年七・五%であった。学年が上がるにつれて顕著に減少している（表1・3）。軍人志望者の割合は、年齢が上がると少なくなっていく傾向があったわけである。

二番目の特徴は、軍人の子弟で、親の指示により動機もないまま受験した者を除けば、志願者の目標は大将・元帥であったり、華麗な将校像への単純な憧れであったりしたのではないかということである。少なくとも、木口小平のような果敢に戦死した「英雄」が理想ではなかったようである。

明治・大正期に青少年向けに書かれた、陸海軍の将校になるための手引書――受験案内書――を丹念に見ていくとわかるのは、国家への貢献や天皇への忠誠についての記述がほとんどないということである。受験案内書の「緒言」等を読んでみると、たとえば「百折不倒万難を排して猛進せば光輝ある金モールに身を包むことが出来得るのである」[46]とか、「白馬金鞍将来三軍に将たらんとするの希望を抱くも亦男子の事業として頗る壮快の感無くんばあらず」[47]といったように、青少年の出世・栄達の野心を刺激する文章が並べられていた。あるいは、「中学を卒業したばかりで他の高等なる学問技芸を学はずに立身し得る早道は、官吏社界(ママ)では士官候補生となるのが一番上策で……」[48]というように、学資を要せず立身出世ができる点が強調されていた。軍人人気がドン底にあった一九二三年にだされた、ある陸士志願者の手引においても、国家への貢献の重要さの記述がとってつけたように述べられた後で、青少年の出世欲をかきたてる次のような文章が長々と書かれている。

> さて任官してからの陸進の道、これも亦縦横に開けて、より以上の学校へも、官相当の優遇を受けつゝ入学させられ、又は志願して入学することが出来る。こゝにかし

こに研究練磨して居るうちに、いつしか肩なる星も光を加へ数さへ増してくるのである。殊に未来の参謀官を以て任ずる者の為には陸軍大学校があつて選抜試験の結果入学を許され、その卒業のしるしたる天保銭型の徽章は、陸軍将校の誇りとする所。或は又、砲工学校成績優良で高等科を卒業した者は……未来の最高技術官たる素地を作ることも出来る。或は又、語学の堪能なるものは……外国留学までも命ぜられるといふ次第で、陸軍将校の前述の望は、実に洋々限りなき海の如くである。又、その高さから言へば、大将・元帥の地位にも上り、……（以下略[49]）

入校時の面接のように、公的な場で質問された場合には、志願者や生徒たちは「尽忠報国ノ観念溢レテ志願[50]」した、と答えたに違いない。しかし、それはそのまま信用するわけにはいかない。昭和のはじめに陸士に入校した新井勲（のち、二・二六事件の関係者の一人となった）の回想を見てみよう。[51]彼の陸士志願のきっかけは、中学二年の時にやってきた学校配属将校に好感をもったこと、人間どうせ死ぬならば立派な死に方をして「世人に褒め讃えられるような」人物になりたいと考えたことであった。しかし同時に、「陸士へ行けば経済的に親に厄介をかけぬ、ということも考えた。町の人に多い、鉄道の従業員になるよりは、出世が早いということもあった。いや心の中では、大臣大将になろうとする気持ちもあったのである」と述べている。こういう彼も、陸士の入試面接の時には、なぜ軍人を希望したか、との試験官の質問に対し「かねて準備していた通り「第一線の人となって、お役に立ちたいと思います。」と答えた」。彼の場合さまざまな動機が重なっているが、純粋に国のために貢献したいというものよりも、むしろ個人的な動機がいくつもからみ合っていたというべきであろう。

戦後の軍人の回想を見ていくと、志願動機の部分に関しては、かなり率直に述べているものが多い。

> 私が幼年学校を志願した動機は単純で、軍装をして、友人などに良い格好を見せびらかしたかったに過ぎない。（中略）また当時は坂東妻三郎などの剣劇が大流行で、毎日、暗くなるまでその真似遊びに夢中だった私達には、本物の剣が吊れるということは、身体がゾクゾクするほどの憧れであった。それに軍人社会が実力第一主義で、親の地位や財産に関係なく、ただ努力すれば大将になれるということも気にいった。
> （一九二〇年陸幼入校者）[52]

> 「少年クラブ」に「星の生徒」という小説があって、これが幼年学校生徒の愉快な面とか、いろいろ内部における状態などを載せていました。筆者は幼年学校出の人らしいですが、非常にうがって書いてあった。「星の生徒」に対する憧れが随分強かった

ですね。そういう事もありますし、シナ事変の影響、特に爆弾三勇士事件以後は、軍人というものに対して、何となく魅力を強く感じまして、入ったようなわけです。今考えてみますと、ちょうど現代の若い人が映画俳優や、少女歌劇などに憧れるのと、一つの共通点があるようですね。（一九三六年陸幼入校者[53]）

といったあたりが代表的な志願動機ではなかったであろうか。「私が小学校五年の時の陸軍記念日に学校で現役将校を招いて奉天会戦の講話があった。そのときの将校は奉天会戦の時は幼年学校の生徒であったとその服装や生活の様子などを話されたので憧れをもつようになった」（一九一八年陸幼入校者[54]）、「佐賀歩兵第五連隊が近所にあり、その上長官の息子娘連中が幼友達であったこと、百武俊吉少尉の出勤する軍服姿に魅せられて幼年学校受験……」（同前）、「私は加賀前田百万石の城下金沢に生まれ、昔から、武門、武士、明治以来軍人の多い町であった。幼にして、陸軍軍人の颯爽たる容姿を見ていて、なんとなくいいなあと思っていた……」（一九一三年陸幼入校者[55]）というように、軍人に接する機会があり姿に憧れを持ったのがきっかけであるという回想も多い。

陸軍大将は彼らの夢であり「回顧スレバ小学校卒業式ノ前日ナリ。受持訓導大西先生ハ吾等一同ヲ集メテ其志望ヲ尋ネラレタリ。皆思ヘルガ儘ヲ臆スルコトナク答ヘシガ、吾レハ「陸軍大将」ト壮語セリ」（一九三八年予科士官学校卒業生[56]）というふうに、満州事変以後の将校生徒の作文にも現れてくるし、一九四〇（昭和一五）年に予科士官学校に入校した者が「貴様ら陸軍大将になろうと考えている者があればその考えを今全部すてろ」と入校早々訓示されたというエピソード[57]は、逆にそうした大将への夢を持った入校者が、その時期にもいたことを示している。

天野隆雄は、一九四二（昭和一七）年三月に書かされた、ある師範附属小学校の六年生五〇人全員の「我が前途を語る」の作文を紹介している。そこでは陸海軍人を志望する者が一八人にのぼったが、そのうち二人が「海軍兵学校」、一二人が「陸軍大学」「海軍大学」へ進む希望を掲げ、また、二人が「陸軍大将になる」と明言している。[58]戦争が本格化し、太平洋戦争に突入した後ですら、多くの少年の夢は、木口小平や爆弾三勇士のように一兵卒として死んで英雄になることではなく、生きて組織の上位者として栄光ある地位につくことであったわけである。

そのほか、「陸軍大将」というはるかかなたの目標ではなく、安定した職業、という意味で選んだ者もいた。「以前幼年学校を受けたときも、なにしろこの試験に合格すれば、一生食いっぱぐれはない……というのが何よりの魅力であった。将校になれば、戦死をするにしても、死ぬまではなんとか食わせてくれる。戦死しないで生き残れば、恩給があって、これまた死ぬまで食うことができる」[59]といった例や、大学生が就職難に苦しんでいた昭和のはじめに、「当たりはずれのない軍人社会」をすすめる父に従って陸士、海兵を受験した例[60]は、そうした一たび入校してしまえば身分や生活が保証される、といった点が志願に影響していた。

軍人を志す動機については、時代や、周囲の環境によってさまざまで、すべての志願者が「陸軍大将」をめざして入ったわけでもないし、生活の安定のためでもないのかもしれない。しかしながら、「栄耀栄華を夢見て陸幼に入校したのではなかった。ただひたすら祖国存亡のときに幼い身体でお国のために役立つ事が出来るならばと純粋な憂国の情熱が少年を陸軍幼年学校へと駆り立てたのである」[61]といった純粋に国の為に献身しようとする動機は、太平洋戦争末期の入校者の回想録の中でしか私には見出せなかった(勿論戦前に書かれた作文や読み物の類いは、しばしばそうした「至誠純忠」的な言葉で飾られてはいたが)。

満州事変の頃に陸士や陸幼をめざしていた者は、「ひょっとしたら死ぬかもしれない」と考えることはあっても、まさか一九四五年で軍隊が崩壊することは夢にも思っていなかったであろう。太平洋戦争がほとんど行き詰まり、敗戦が明らかになってきた頃を除けば、軍人を嫌悪したり反軍的な立場を取る者以外にとっては、陸士や陸幼に進むことは、比較的安価に立身出世できるコースであった。

さて、軍人志望者の第三の特徴は、時代の変化に敏感に反応して増加・減少がきわめて激しかったということである。図1・1で陸士の志願者数・採用者数の変化を見てみると、軍備拡大・軍縮等、将校の需要の見込みに基づいて採用者数が大きく変えられていったのは当然としても、志願者数も時代の変化に敏感に反応して大きく変化していたことが、この図からよくわかる。

以下ではこの点をとりあげる。士官学校と幼年学校の志願者数、競争倍率の変動を概観し、将校生徒召募に携わった当局者の観察や、個々の志願者の事例を通して、競争の時期的な変化をたどることにしたい。

2 日清・日露戦争と志願者の激増

図1・1で明らかなように、一八八七(明治二〇)年に士官候補生制度が発足してから数年間は志願者数は減少したが、九二年頃から増加に転じ、一八九四年の日清戦争勃発を契機に激増している。日清戦争の勝利は青少年の軍事的英雄の崇拝熱を生みだした。士官学校の志願者の中には高等中学(後の旧制高校)から陸士を受験して軍人をめざす者すらあった。たとえば、県知事を志して第四高等中学校に入学した林銑十郎は、日清戦争をきっかけに、友人の説得を振り切って陸士に転じた。それは伯父の一人が陸軍少佐として出征し、戦況を詳細に報告した、その手紙に刺激されたからであった。武士の家系であった林家は、銑十郎の方針転換の考えを止めるどころか、かえってその志を壮とし、「軍人になるならば必ず大将になる覚悟でやるのだぞ」と激励したという。[62] 高等中学からのこうし

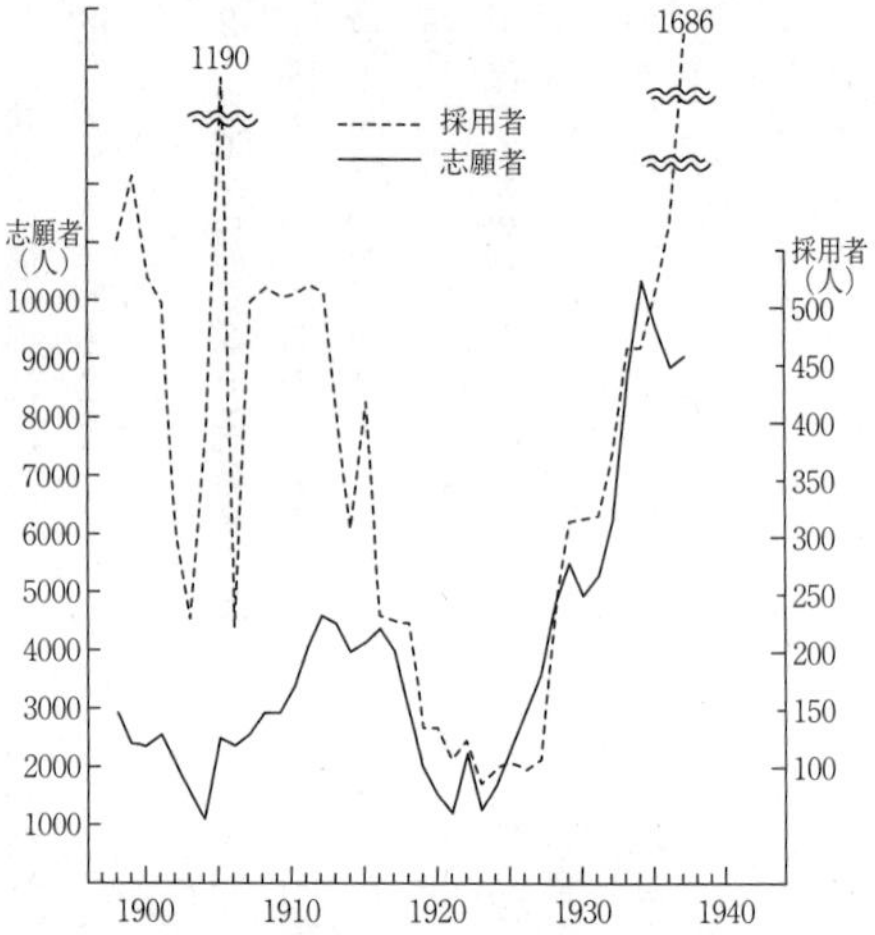

図1・1　陸士志願者・採用者数の推移
＊『陸軍省統計年報』及び『教育総監部統計年報』より作成。

た転学組は多くはなかったが、それでも阿部信行、黒沢準などの有名な人材を輩出した。

日清戦争後、陸士は一八九六年から毎年約六〇〇人という大量採用に踏み切ったし、幼年学校は九七年に根本的に再編され、それまでの東京に一校という体制から、仙台・名古屋・大阪・広島・熊本に陸軍地方幼年学校が一挙に五校も開校し、東京の陸軍中央幼年学校予科と合わせて三〇〇人（各校五〇人）を毎年採用していった。その結果、志願者総数は増加したものの、採用者数が大幅に増えたために、競争率は四倍前後と、さして高くはならなかった。しかし、高等学校の競争率が一八九九（明治三二）年に二・〇三倍（三六三五／一七九三、一高は二・二二倍）、一九〇三（明治三六）年には二・六一倍（四二一四／一六一二）であったことと比べれば高かった。また、当時競争率が高かった東京高商の四・三〜四・四倍、東京高工の三・四〜四・一倍という倍率に匹敵しており、当時としては非常に高い競争率であったことがわかる。

しかしながら、日清戦争で急増した士官学校志願者は、その後日露戦争直前まで漸減していく。仙台陸軍幼年学校の生徒監であった大越兼吉歩兵大尉は、一九〇三年に志願者の減少について次のように述べている。

> 抑々軍事志操ノ発達ハ国民士気発達ノ映像ナリトセハ軍人志願者ノ最モ多キ日清戦争後ハ国民士気ノ最モ発揮セシ時ニテ爾後漸次志願者ノ減少スルハ国民ノ軍事ニ対スル志操ノ漸次薄ラクコトヲ表白スルモノニハアラサルカ臥薪嘗胆ヲ絶叫セシ国民カ僅ニ数年ヲ経過セシ今日ニ於テ夙ク既ニ知ラサルモノノ如キ感アラシメハ此現象ヲ呈スルモ強テ起因ナシトスヘカラス果シテ然リトセバ国民ノ士気ハ遺憾ナカラ漸次銷沈シツツアリトノ忌ムヘキ評語ヲ加フルモ已ムヘカラサルカ豈浩歎ノ至リナラスヤ[63]

日清戦争直後をピークに、国民の士気が衰えてきたから、軍人志願者もそれにつれて減少してきたのだ、というわけである。この後も、陸幼・陸士の志願者数は、時代風潮に実に敏感に反応して増減していく。

日露戦争は、死者一〇万人以上といった暗い面よりも、軍人の華々しい活躍の側面のほうが、全国の多くの少年の心に強い印象を残した。当時将校生徒に志願し採用された者は、次のように回想している。

戦勝の結果、軍人株大いに上り青少年が一層軍人に憧れたのは、無理もなく、其の例に漏れず小生も亦当時仙台陸軍幼年学校に入校している先輩たちが箸箱のような小さい剣を吊り、赤い無星の肩章をつけ闊歩して居るのを眺めては、矢も楯もたまらず飛びついて仕舞い[64]……

明治三十七年、日露開戦、伯父を三人含み部落から十名が出征した。高等二年生のとき広瀬中佐の戦死に血をわかし、其頃母方の伯父が浦塩で露探として捕りセントペテルスブルグへ送られた事もあった。三十八年十月頃と思う。出征軍人は皈還し、伯父等の話を聞き自分も将来軍人になりたいと思った[65]。

日清戦争の最中に生まれ、日露戦争時代に幼年期を過し、戦勝祝の提灯行列や戦後伊勢湾の沖に姿を現わした軍艦は、子供心をゆさぶった。津中入学後益々ファイトを燃やして居たが、偶然少年世界を読んで陸軍幼年学校のことを知り、軍服短剣姿に心をひかれ、三年に進んだとき力試しに受験したが、幸か不幸か通ってしまったので明治四十二年九月一日第十三期生として大阪陸軍地方幼年学校の門をくぐった。[66]

こうした軍人人気により、陸幼や陸士をめざす志願者数は一九一〇年代半ばまで過去最高を更新し続けていった。ただし、かつて低かった軍人の人気がこの時期に上昇したというよりも、一つにはかつてはかなり地域的に偏りがあった競争が、この時期に全国化していったこと（第Ⅰ部第三章参照）、もう一つには中学校生徒や卒業生の増加によって、志願者の社会的な広がりが拡大していったというべきであろう。[67]

ともあれ、士官学校では一九一六（大正五）年に志願者四三二八人、競争率一九・二倍、幼年学校では翌一七年に志願者五七二三人、競争率一九・一倍というピークをむかえた。

3　軍人人気の低落から満州事変へ

ところが、第一次大戦末期から軍人人気は急低落し、将校生徒志願者も急減していく。士官学校志願者は、第一次大戦中の四〇〇〇人程度から急減し、わずか数年後の一九二一（大正一〇）年には、陸軍内部から八二人、外部からの受験者一〇二七人、合わせて一一〇九人にまで落ち込んだ。陸幼も、一九一七年のピークを越えると急激に志願者が減り、わずか三年後には半減、一九二三（大正一二）年には一〇〇〇人台にまで落ち込んだ。大正後半は、将校生徒の召募にとって「冬の時代」であった。

こうした志願者の減少は、召募人数、すなわち採用予定者数が減ったためであると考えられるかもしれない。つまり、「採用予定人数が少なくなったためにとても自分には合格する見込みがない」と志願しなくなったというような。しかしこれは誤りである。採用者数の変化よりも先に、志願者数の方が変化していたからである。このことは、陸幼の志願者数の変化を見ていけばはっきりとわかる。すなわち、陸幼無用論と軍事費削減とによって、六校中二校が廃止された一九二〇年（総定員数が三〇〇人から二〇〇人になった）よりも先立って志願者は半減した。また、満州事変後、既存の陸幼の定員を増加したり各地に一度廃止した陸幼を再設置するようになる以前に、すなわち一九二八（昭和三）年頃から志願者は増加に転じている。いわば制度や採用者数が変化するより先に、将来の進路をにらんだ少年たちは敏感に時代の動きを察知していたのである。

同様に、一九一八（大正七）年の高等学校令の改正や大学令の公布によって、高等教育が拡張政策へ転換したことも、陸士志願者の減少にある程度の影響を与えたかもしれないが、陸士志願者の減少は高等学校の増設以前に始まっているので、直接的な原因であったとはいえないであろう。むしろ、考えられるのは、社会全体の政治的・経済的な変化の影響が、志願者の減少につながったということである。

一九二二（大正一一）年の『偕行社記事』には、将校生徒志願者数の不振について考察した論が載っている。そこでは次の四つが原因として挙げられている。[68]

(a)　誤解している者がいる

①　幼年学校を主として軍人の子弟を教える所で他の子弟は入学できないと考える

②　試験は軍人の子弟に特典があり、他の者は「合格が至難」だと考える

③　同郷出身の先輩がいないため、将来の発展を期し難いと考える

④　小学校在学者は幼年学校生徒を、独学者は士官学校予科を受験できないと考える

⑤　「将校となるとも極少数の優秀者に非ざる限り大尉或いは少佐にて馘首せらるるを以て爾後生活の安定を失ふに至ると憶測する」

(b)　物質主義的風潮

「一般国民の風潮物質主義に傾き、職業の選択に当り、自己の適否を余り顧慮せず、主として収入の多寡を以て基準とするに至れること」

(c)　規律の厳粛な将校を希望しない

(d)　平和主義

「国際連盟を過信し、又は平和軍隊の無用論の如き妄説に迷ひ、其去就に迷ふ徒あること」

これはある意味でとても面白い「原因」の列挙である。(a)①〜③や④の小学校在学者に関しては、実際には以前からあったことで、この時期の志願者の減少の理由としては不適当である。また、(a)④の士官学校予科の受験資格としての学歴制限の撤廃は、ちょうどこの一九二一年に行なわれたものなので、それ以前から続いている志願者減少の説明にはなりえない。

将校の昇進の見通しが暗く、退役後の生活に不安があるという、(a)⑤の指摘は「誤解」ではなく「実情」であった。これについては本書第Ⅲ部で詳述するが、この時期は実際、昇進の停滞・早期の退職が構造的に深刻になっており、退職将校の生活難が問題化していたのである。その意味では進路を決める少年たちが、この点を考慮して軍人への道を避けるようになっていたとすれば、それは的確な観察であったわけである。

さて、(b)〜(d)は、軍人的な表現がなされているものの、志願者減少の原因の分析として妥当なものであるように思われる。まず、(b)について論じることにしよう。第一次大戦による好景気は、中学生の進路選択において、実業志向を強めることになった。一九一七年から一八年にかけて軍関係の学校の志願者は軒並み減少した。陸士の九五五人を筆頭に、主計候補生（一七三人減）、海軍諸学校（一六一人減）といったふうであった。[69] 一九一八年の高等学校および各種の専門学校の志願者数を前年と比較したものを見ると、商業系が最も増加しており（二二七六人増）、次いで高等学校（九八七人増）、工業系（六九二人増）、医学系（三六二人増）、外国語学校（一九二人増）の順になっており、美術・音楽系（七四人減）、農業系（三三人減）が、軍学校のほかに志願者が減少した分野であった。中学生の実業志向の強まりがわかる。『太陽』では、陸軍志望者の不人気、実業系の学校の人気ぶりを「人々の頭に、経済観念が刻々に喰込んで行きつゝある例証」と表現した[70]。

(c)と(d)とは、政治や思想の動きを反映したものである。第一次大戦の終結——国際連盟の結成——軍縮といった一連の政治的動きを背景とした平和主義的ムードや、自由主義・デモクラシーの台頭は、軍人という職業を、不必要で古めかしいものに思わせたに違いない。たとえば、一九一八年の『日本及日本人』では、将校生徒志望者の減少を論じて、「軍人の驕傲横柄と、一種の軍人的悪臭を社会に散布すると、及び軍人の生活が次第に素町人化するとは、不知不識の間、国民の尊敬心の軍人より離去する所以にして、軍人の不人気は、軍人らが招きつゝある因果応報なり」と冷たく述べられている[71]。また、ある海軍大佐は、軍人の不人気の原因を、世論が誤った軍国主義排斥論に傾いていること、物価騰貴による軍人生活の惨状が軍人軽侮の世評を生んだことに求めている[72]。

しかしながら、一九二〇年代半ばからは、軍人志願者は再び増加し始めた。陸幼は、熊本・広島両校の廃止で定員僅か五〇人になり、さらに全廃論もあったにもかかわらず、一九二八（昭和三）年以降は、次第に志願者が増加していった。満州事変後はその伸びが飛躍的になると同時に、次々と幼年学校の再設置が進み、採用者数も増加していった。陸士も一九二四（大正一三）年以降は、志願者数は増加の一途をたどった。ほぼ毎年一〇〇〇人ずつの増加で、一九三四（昭和九）年には一万人を突破し、その後もさらに増加し続けた。一九三七（昭和一二）年には士官学校に一万人、幼年学校に七八〇〇人もの志願者が殺到するようになっていた。わずか十数年前の軍人志願者の払底がうそのような急変ぶりであった。

このように、志願者の数は、時代の変化にきわめて敏感であった。

第五節　志願・採用者の学歴

前節では、士官学校・幼年学校をめざす競争を、志願者数全体の動きをみてきた。本節では、士官学校の志願者の内訳にもう少し注意して、競争の歴史的推移を検討してみる。

1　志願者の学歴制限まで

士官候補生制度が発足した一八八七（明治二〇）年頃は、周知の通り、帝国大学を頂点とした中等・高等教育機関の威信構造の確立期にあたっていた[73]。すなわち、八六年の帝国大学令と諸学校令によって、尋常中学―高等中学―帝国大学という立身出世のコースが明確な姿をあらわすこととなった。

尋常中学校についていうと、一八八六年の中学校令の制定に伴う、一県一尋常中学校政策によって、質の向上をめざして実質の伴わない中等学校が「中学校」のカテゴリーから外され、資産や設備・スタッフの面でもアカデミックな教育内容の面でも一定の水準を満たした少数の学校のみが「尋常中学校」となった。それゆえ、文官への採用や高等教育への進学の面で、尋常中学校卒業の学歴は特別な価値を帯びることとなった。

九〇年代に入ると、こうした「整理」の局面を脱して、一八九一年の中学校令の一部改正、尋常中学校設置規則によって、私立学校で尋常中学校に昇格する学校が登場し始めた。また、多くの地方社会でも中学校教育拡大の要求が強まり、一九〇〇年前後には、多くの地方で公立中学校が相次いで作られていくとともに、法的レベルでも、あるいは、中学校の役割をどう位置づけるかという「中学校観」のレベルでも、その基本的な性格は固まっていった[74]。

発足したばかりの士官候補生制度は当初、前述した通り、尋常中学卒業者を無試験で採用することになっていた（一八八七年陸軍各兵科現役士官補充条例）。しかし、監軍部がそれに反対し、結局中学卒業者にも学力試験が課されることになった[75]。

実際の様子を見ていくと、一八八七年から十数年間の間に、志願者・採用者の学歴の面で大きな変化が生じたことがわかる。一八九八年までの状況を示した表1・4を見ると、八八年には一人も含まれておらず（志願者もわずか一名）、九一・九二年の段階でもまだ一割に満たなかった九八年には採用者中で四割以上を占めるようになる尋常中学校卒業者は、八八年には一人

ったことがわかる。表に掲げたように一八九八年の志願者中に占める割合が一七・八％であった中学卒業者が、採用者の四割以上（四三％）を占めたことを考えるならば――こうした中学卒業生の合格しやすさは一九〇三（明治三六）年まで一貫しているが――一八九〇年代前半までは士官学校を志願した者の大多数は、尋常中学校卒業の学歴を持っていなかったといってよいであろう。

93	94	95	96[b]	97	98
				430[c]	447[d]
24	29	27	99		238
176	158	164	786		
330	606	301		605	
24	30	25	107	94	75
1264	1518	3033	3094	2479[c]	2517[d]
224	217	216	992	597	554

1903年5月、所収の表中の数字による。

また、この時期はまだ、陸軍内部からの志願・採用が全体の中のかなりの部分を占めていた。たとえば一八九二年には志願者全体の二九・一％、採用者の二四・一％が「陸軍下士卒及生徒」であった。まだ教導団・下士→士官学校→将校といったルートがかなりの開放性を持っていたわけである。

これは一つには、中学校卒業生の数が少なかったことが関わっているであろう。いくつかの年度を例にとると、九三年の尋常中学校卒業生数は全国でわずかに一

表1・4　士官候補生志願者・採用者の学歴

	年	1887	88	89	90	91	92
尋常中学校卒業	志願者	5	1				
	採用者	3	0	0		11	20
中学卒業と同等の学力	志願者	855	446				
	採用者	37	93	53		94	93
陸軍下士卒及び生徒	志願者	333	260	313	287		241
	採用者	3	24	51	46	42[a]	36
合計	志願者	1193	707	704	713		829
	採用者	43	117	104	164	147	149

＊注を付けた数字以外は『陸軍省統計年報』による。ただし空欄は不明。
(a)　他の数字より算出。
(b)　1895年の臨時募集の際の志願・採用人員を含む。
(c)　陸軍歩兵大尉大越兼吉「将校生徒募集ニ就テ」『偕行社記事』第314号、
(d)　『教育総監部統計年報』の数字（(c)とは若干異なる）。

二一八人、九七年になっても一八二四人にとどまっていた[76]。

　このことと並んで、士官学校をめざす者が必ずしも中学校を卒業することに拘泥せず、むしろ中学を中退して予備校で受験勉強するものが多かったことも関係していると思われる。一八九六年に監軍の発したある文書は次のように述べている。「士官候補生志願者ハ総テ試験ノ上採用セラルカ為メ該志願者ハ受験的修業ヲナサンカ為メニ二年級若クハ三年級ヲ卒レハ退校シテ陸軍予備校的ノ私立学校或ハ私塾ニ入リ士官候補生召募試験格例ニ拠リ専ラ其科目ノミヲ修ムル者多シ[77]」。

　遠藤芳信によれば、試験内容面で陸士の入試が中学の教育とすっかり接続するようになったのは一九〇〇年頃であった

表1・5　陸士志願者の学歴

年		1898	99	1900	01	02	03
尋常中学校	志願者	447	660	721	1030	1052	876
卒業（甲）	採用者	238	364	369	355	266	—
そ の 他	志願者	2070	1699	1551	1439	879	456
（乙）	採用者	316	257	178	149	49	—
合　　計	志願者	2517	2359	2272	2469	1931	1332
	採用者	554	621	547	504	315	112

＊甲は「補充条例第七条第二ニ該ル者」、乙は「補充条例第七条第三ニ該ル者」。『教育総監部統計年報』より作成。

という[78]。それゆえであろうか、一九〇〇年前後には中学を卒業した者が志願者・採用者の主流になっていった。表1・5を見ると、陸士志願者総数は一八九六（明治二九）年以降次第に減少していったけれども、中学を卒業した者の志願は一九〇二（明治三五）年まで増え続けて、学力認定の志願者を上回るまでになったことがわかる。採用者については、一八九九年に中学卒業生の数が学力認定者数を上回り、以後その差は広がっていった。一九〇二年には、中学を卒業していない者は二割にも満たなくなった。

これはおそらく、この時期の中学卒業生の急増に負うところが大きかったであろう。文部省の中学認可基準の緩和と、地方の中学校の新設ブームにより、この時期には中学卒業生の数が急増した。特に一九〇〇年から一九〇三年の間には、四二〇六人→七七八七人→九四四四人→一万一一三一人と爆発的な増加を示した[79]。

また同時に、中学校卒業生の士官学校への無試験採用を要求する中学校長らの要求が登場し、中学校と士官学校との接続をスムーズにしようという文部省と陸軍との折衝も進んでいった。そうした結果、中学卒業生の受験上の優遇措置や、中学のカリキュラムにおける陸軍への配慮（三角関数の扱いなど）等の、具体的な措置がなされていった[80]。

かくして、陸士への陸軍部外の志願者の学歴が上昇し、中学卒業生が主流となっていく中で、学力認定による採用者も、陸軍内部からの採用者も、採用者全体のごく一部を構成するにすぎなくなった。こうした変化を踏まえて、軍当局は志願者の学歴制限に踏み切り、一九〇三（明治三六）年の補充条例の改正からは、士官候補生になりうる者で中等教育の学歴を必要としないのは、下士からの受験のみとなったことは前に述べた通りである。しかも、下士からの志願は減少していった（次章第五節参照）。

なお、つけくわえておけば、士官学校志願者中の中学卒業生の人数を、当時の中学校卒業生の数と単純に照らし合わせてみると、一八九七年には中学卒業生三・四七人に一人が、一九〇二年でも六・二三人に一人が陸士を志願していた計算になる。志願者集団には大量の浪人生が含まれていたために、実際にはそれほど大きな割合にはならないが、それでも当時の中学卒業生にとって、陸士は重要な進学ルートの一つとなっていたことはまちがいないといえよう。

28	29	30	31	32	33	34	35
193	171	249	312	324	252	351	354
2	9	12	6	18	11	7	8
108	132	90	68	90	157	144	123
1	2	0	0	1	0	0	1
325	361	285	299	345	454	648	567
4	4	1	3	2	3	2	6
4069	4836	4259	4497	5320	7646	9266	8698
208	300	300	303	333	448	454	489
0	0	9	10	0	5	7	9
0	0	2	3	0	3	2	3
4695	5500	4892	5186	6079	8514	10416	9751
215	315	315	315	355	465	465	507

2 中学卒業生の増加と学歴制限の撤廃

一九一〇年代に入ると、中学卒業生は二万人を超えた（一九一四年に二万三六人）。しかし、高校の合格者は相変わらず二〇〇〇人前後で、高校への入学は一層困難になった。高等学校令による制度改革がなされる直前の一九一八（大正七）年には、高校全体の競争率は五・二二倍にまで達しており、一浪や二浪は当然といった状況であった。一方、専門学校や実業専門学校のような傍系の高等教育機関は、定員が据え置かれた高校とは対照的に、この期間も急激な膨張を続けていった。一九〇七年には入学者三三一七人であったのが、一九一六年には五七五一人に膨らんでいった[81]。

こうした中・高等教育の構造変動の中で、軍人コースは、一方で前述

表1・6　陸士予科志願者・採用者の学歴

年		1921	22	23	24	25	26	27
陸軍内部	志願者	48	114	85	71	98	110	138
	採用者	2	8	8	5	5	3	3
小学校	志願者	77	96	63	54	71	67	69
	採用者	0	0	1	1	0	0	0
中等学校	志願者	141	174	85	93	174	221	222
	採用者	2	4	2	1	1	0	1
中学校	志願者	1415	1792	936	1292	1850	2470	2946
	採用者	106	108	70	86	94	92	96
高校	志願者	0	0	0	0	0	0	0
	採用者	0	0	0	0	0	0	0
合計	志願者	1681	2176	1172	1510	2193	2868	3375
	採用者	110	120	81	93	100	95	100

*『陸軍省統計年報』による。

したように中学卒業の学歴を要求する制度に改編して学歴主義の制度化の列に加わっていったものの、他方で、高等教育全体の中での相対的な比重は低下していった。士官学校をはじめ軍関係の学校を志願する者は、中学卒業生全体の中のごく一部にすぎなくなっていったのである。前述した通り、一九二〇（大正九）年の制度改革で従来の士官学校は士官学校本科になり、中央幼年学校本科が士官学校予科となって、後者が一般からの志願者を選抜し、採用することとなった。それにともない、それまで中学卒業以上だった学歴制限は再び撤廃され、学力のみを問う試験制度に改められた。高校と同じく、中学四年修了程度の学力試験によって選抜することとし、無学歴の者でも受験が可能になったのである。

しかしながら、実際には志願者・採用者のほとんどは中学生であった。たとえば一九二三（大正一二）年の志願者を見ると、中学校では九三六人（採用者七〇）人、中等学校生徒八五人（同二人）、小学校卒六三人（同一人）、陸軍内部志願者八五人（同八人）で、圧倒的多数が中学校を経た者であった。小学校のみの学歴で受験した者は、毎年一〇〇人前後いたが、一人合格するかしないかといった状況で、一九二一年から一九三五年までの間に小学校のみの学歴で受験した一四〇九人中、合格した者はわずか七人にすぎなかった。中学校以外の実業系の中等学校からの志願者もなかなか合格するのは難しく、一九二一〜二五年に合わせて一〇人、二六〜三五年に二六人いたにすぎなかった（表1・6）。

このように受験資格としての学歴制限が撤廃されても、実質的には採用者の大部分は中学生によって占められていた。おびただしい中学生の群れの中で、独学者が召募試験に勝ち残ることは、よほどの努力と才能が無ければ難しかったことを意味している。

第六節　小　括

日本の陸軍将校養成機関は、公家や各藩からの推薦による召募方式がとられた明治のごく初年の方式はすぐに廃止され、学力試験（および年齢制限や体格検査）によって広く人材を集める方式が採用された。将校選抜の基準をめぐって貴族とブルジョアジーとが対立・葛藤し続けたドイツやイギリスでは、学力よりも人格とか品性（それはしばしば貴族の出自と結びついていた）の方が重要だというような議論が、説得力をもっており、制度を動かしていた[82]。

それに対し、日本では、学力よりも人格や品位を、という意見はきわめて弱かった。ただし、そうした主張がまったくなかったわけではなかった。一つには、士官生徒を一般の志願者からではなく下士や教導団生徒から選ぶべきだという一八八〇年代に見られた主張の中では、読書や算術のような学力では将校としての資質を測れるはずがないという見解が述べられていた（次章参照）。第二に、陸士受験にねらいをしぼった予備校や私立学校で、受験科目のみを勉強して合格する者が多いことをにがにがしく思った軍当局者が、「所謂受験的修業」では将校生徒としての素養が十分でないと述べた例[83]に見られるような批判があった。第三に、学力のみを基準に選抜することによって、陸幼の納金が支払えない生徒や、採用後に出身家庭に問題があるとみなされるケースが生じている、という批判が繰り返し登場した。

しかしながら、大勢は、試験の成績による序列が圧倒的に重要であった。むしろ、陸軍部内からの将校任用を制限する際にも、要求する学力水準を引き上げる際にも、志願者に高い学力（学歴）を要求することが、将校の品位を高めることにむすびつけられたほどだった。その意味で、学力による選抜をメリトクラティック（能力主義的）と呼ぶならば、日本の陸軍将校の選抜基準は非常にメリトクラティックであったといえる。

メリトクラティックな選抜基準が早くから確立したとはいえ、一八九〇年代までは、文部省系の学校が未整備だったために、志願者に「学歴」が要求されることはなかった。一八八〇年代後半に、試験の内容や学校でのカリキュラムの面で、文部省の学校制度との対応が導入されていったが、当時はまだ志願者のほとんどが、さまざまな学習機会をとらえて「学力」を培った者たちであった。

中学卒業生よりも、むしろその他のキャリアをたどって士官学校に入校するものが多かった一八九〇年代前半までの状況は、一九〇〇年前後になると大きく変化した。陸士を志願する者の中の中学卒業生の比率は急上昇し、一九〇三年には一般からの志願者は中学以上の学校を卒業した者に限られることになった。「学歴」が不可欠になったのである。

一方、陸幼では「学歴」は問われることはなかった。しかし、一八九六年の地方幼年学校の発足時に、従来広く適用されてきた納金の免除規定が変更になり、軍人や高等文官を父に持たない者は、一般の中学の通学生よりも多額の学資を支払うだけの資力が必要とされるようになった。

かくして、士官候補生志願については「学歴」の障壁が、陸幼生徒志願には「学資」の障壁が設けられた。結局、経済的な理由で中学に進めないような社会階層の子弟には、陸軍で高級将校へと出世することなどできない状況になったのである。

一九二〇年からは、陸士（予科）は学歴制限が撤廃された。中学四年修了の学力さえあれば、誰でも将校をめざすことができるようになったのである。しかし、その頃までには全国には多数の中学校ができていた。「難関」といわれた陸士にはおびただしい中学生が殺到したため、実業学校卒業生や小学校しかでていない者は、受験したのもごく僅かだし、ほとんど合格できなかった。採用通知を手にしたのはほとんどが中学へ行った者たちであった。

明治期に貧窮の中で苦闘しながら「学力」をたくわえて士官学校に入り、将官や大臣にまで栄達した者たちを取りあげた立身出世の物語が、昭和の初めにはしばしば活字になって、少年たちの夢や野心をあおった。その頃には陸士の学歴制限が撤廃されていたから、貧しい家庭の少年は、栄達した将官たちの若い頃の独学・苦学の奮闘ぶりを自分の人生と重ね合わせて読んだにちがいない。しかしながら、実際には明治前半と昭和初期とはまったく状況が変化していた。「陸軍大将への可能性」は、経済的に中学校へ進めない少年たちには、ごく形ばかりしか開かれていなかったのである。

第二章　下士から将校への道

第一節　はじめに

一九〇二（明治三五）年に『偕行社記事』に掲載されたある論考は、以前に比べて下士の質が低下してきたという問題を考察し、対策を考えている。[1] 著者は匿名であるが、「軍曹、曹長、下副官、特務曹長、総テノ階級ヲ践ミ来」って、将校の地位に進級した者である。

彼によれば、下士の質が低下してきたのは、下士というポストが「年少ノ徒ノ志望ニ合セサルモノ」だからである。それゆえ、給料を多くしたり、待遇を改善したりしても、問題の解決にはならない。すなわち「一般下士ノ志望ハ果シテ那辺ニアルカヲ詮評スレハ畢竟其希望ハ将校ニアリト謂フヲ得へ」きであり、また、陸軍をめざす少年たちも「未タ軍人タルニモ至ラスシテ未来ノ参謀総長若クハ陸軍大将ヲ以テ自任スル」ように、皆将校をめざしている。それゆえ、「食ハスニ給料ノ多額ヲ以テシ待ツニ苟且愉安ノ接遇ヲ以テスルカ如キハ一時ノ彌縫策ナラハ知ラス決シテ好果ヲ収メ得ヘキニ非サル」という。

それではどうすれば、下士に有用な人材を集めることができるか。彼は、下士をそのまま将校に昇進させるのはよい方法ではなく、士官候補生になる道を開くのがよい、と主張する。将校への抜擢昇進が得策でないのは、「下士ト将校トハ其実力ニ於テ十分懸隔ナカルヘカラサレハ随テ其教育及ヒ素養ノ点ニ於テ大ニ差等アルヘキモノ」であるからである。しかし、下士から昇進の道がまったく無ければ、有能な兵卒は下士にならずに除隊してしまうことになる。そこで下士から士官候補生になる道を開くべきだと述べるのである。具体的には、そのための方策として、「下士ニ授クヘキ学科ハ唯リ軍事的ノモノニ止メス日々ノ業余ヲ以テ士官候補生トシテ必要ナル学科ヲ最モ懇切ニ授ケ数年ノ後ニハ優ニ候補生ノ試験ニ応シ得ヘキ実力ヲ養成セシムル」ことを提案している。

この論考は、当時の下士についてのいくつかの興味深い観察と見解を含んでいる。まず第一に、当時はそれ以前と比較して、有能な人材が下士にならなくなっていると認識されていたということである。もしこの認識が正しいならば、いつごろ、どのように「下士の質的低下」が進行したのだろうか。

第二に、当時の下士は進級上の袋小路となっているということである。後に検討するように、建軍当初は開かれていた下士から少尉への進級ルートは、ある時期に閉じられてしまった。日々の勤務をこなしながら陸軍士官学校の召募試験に向けて勤務内容とは無関係な受験勉強に励み、年々増加していく中学卒業生と張りあって競争試験に勝ち残ることは、当時の下士にとって至難の業となっていた。ほとんどの下士は将校に任ぜられることなど夢想すらできない状況になっていたのである。下士が進級上の袋小路になっていったのはいつごろ、どのようにしてであろうか。

第三に注目すべきは、下士と将校との間には「教育及ヒ素養ノ点」で、大きな差があるべきだ、とこの著者が主張している点である。将校は「教育及ヒ素養ノ点」において、下士より数段優れていなければならないというこの考え方は、将校の特徴を考えるうえでも興味深い。建軍期からこの時期までの間に、将校と下士とは、品位とか教養の面でどのように差異化・差別化がはかられていったのだろうか。

本章では、一八七〇年代から一九〇〇年頃までの時期を中心に、下士の養成・補充と、下士から将校への昇進という二つの視点から、下士と将校との間に作られていった、制度的・社会的・文化的な境界線を見ていくことにする。[2]

第二節　建軍期の下士制度

1　陸軍教導団の創設

一八六九（明治二）年、京都河東に仏式伝習所が設置され、主として山口・岡山両藩から選抜された者を生徒として洋式兵法の教育が始められた。一方、一八六八（明治元）年に京都に設置された兵学所が大阪に移されて兵学寮となると、仏式伝習所も京都から移り、七〇年四月、教導隊編制方が定められ、翌年河村洋與大尉を長として歩兵教導隊が創設された。さらに七一年には教導隊は東京へ移されて教導団と改称された[3]。一八七二(明治五)年二月に各府県に向けてだされた教導団生徒の募集に関する規定には、「元藩士族卒」からの志願者を対象としていたが[4]、二年後には華士族平民のすべてから生徒を募集するようになった[5]。この教導団は下士の養成機関として、その後二十数年間に約二万人近い卒業生を送りだしていった。

創設されたばかりの時期の大きな特徴の一つは、下士の養成と将校の養成とが画然と区分されていたとは言い難いという点である。七二年の「教導団生徒願出手順」では、教育の目的に関して、「団中ノ生徒ハ陸軍上下士官ニ入用ノ科目ヲ学ハシメ速成ヲ要スルヲ以テ西洋原書ヲ用ヒス総テ翻訳書ヲ以テ教授ス」と、教導団生徒にも日本語による速成ではあれ、将校に必要な教育もすべきことが定められていた。また、七四年七月の上下士官生徒の募集では、士官生徒と下士生徒との区別をせずに採用試験を実施し、試験の点数次第で下士生徒になるか士官生徒になるかが決められ、また、下士生徒でもその後の成績が優秀であれば士官生徒へ転ずる道も開かれていた[6]。この時の採用試験に合格して、戸山学校に入校した歩兵科に属する二七四人のその後を見ると、九人が士官学校に転校し、卒業生一八三人(他は退校・死没者)のうち一七八人が少尉試補、五人が軍曹として任官している。[7] 大多数は将校の見習いに、ごく一部は下士になったことになる。そもそも、この時期には「上下士官」という語が多用されていたという事実自体が、下士と将校との階級差が後の時期ほど明確ではなかったことを示している。[8]

一八七二〜七六年の時期の士官学校は、まだ本格的な将校養成に踏みだしていなかった。むしろ、教導団出身の生徒から選抜されたり、各隊から選抜されたりした者を、変則生として受け入れ、速成教育によって士官に養成する役割を果たしていたからである。[9] 七五年に開校した正規の士官学校が、卒業生をだすようになったのはようやく西南戦争後になってからであった。しかも、七五年に入校した士官生徒第一期第二期生・三〇九人中には、一一二人もの陸軍下士および生徒（幼年生徒を除く）が含まれていた。[10]

2 士官学校を経ないルート

この時期のもう一つの大きな特徴は、下士ないし准士官から士官学校を経由せずに直接将校へ昇進するルートも開かれていたということであった。一八七四（明治七）年一一月に制定された陸軍武官進級条例（陸軍省達布第四四八号）を見てみよう。周知の通り、陸軍における進級には、一定の年限ある階級に留まって進級資格ができた者を、先任順に沿って進級させていく停年補除と呼ばれるものと、上官が作成する抜擢名簿によって進級させる者を決定する抜擢補除の二種類があった。七四年の進級条例では「二等兵卒ヨリ一等兵卒ニ一等兵卒ヨリ伍長ニ伍長ヨリ軍曹ニ軍曹ヨリ曹長ニ曹長ヨリ少尉ニ進ムハ専ラ抜擢ニ取ル」（第六条）と定められていた。ただし、「尤一等卒ヨリ伍長ニ曹長ヨリ少尉ニ抜擢スルヿ（コト）ヲ得ルハ学術才能兵学校及教導団卒業検査合格ノ者タルヘシ」（第四条）と、兵卒（一等卒）から下士（伍長）への抜擢進級と曹長から少尉への抜擢進級には、学術・才能が「兵学校及教導団卒業検査」に合格した者でなければならないと規定されていた。この規定は曖昧で、兵学校及教導団を卒業した者に限られるというのか、学術・才能が兵学校や教導団の卒業試験程度あることが要求されているのか、不明である。また、当時既に兵学校は士官学校に改組・改称されており、その意味でも不備である。そのためであろうか、この第四条は間もなく、「尤一等卒ヨリ伍長ニ曹長ヨリ少尉ニ抜擢スルヿヲ得ル者ハ学術略士官学校或ハ教導団卒業検査合格ノ科目ニ通シ兼テ才能衆ニ抽テタル者タルヘシ」（一八七六年八月陸軍省達第一三三号）と改正された。兵卒（一等兵）から下士（伍長）への抜擢進級には教導団卒業検査と同程度の学術を、また曹長から少尉への抜擢進級には士官学校卒業検査と同程度の学術を身につけていることが必要である、と明示されたのである。

こうした規定と並んで重要な、あるいはもっと重要な規定が、七四年と七六年の条例には含まれていた。末尾に次のような「付録」がつけ加えてあったのである。

陸軍武官進級条例別冊ノ通確定ストイヘ𪜈（ドモ）我邦ニ在テハ兵制創立日未タ久シカラス学

校ノ設未盛大ナラス随テ人材向欠乏ニ属スルヲ以テ尽ク本条例ヲ践行シ難キモノアルニ由テ今仮リニ左ノ四則ヲ設ケ以テ他日人材輩出ノ日ヲ俟ツ

一　少尉ニ限リ試補ヲ置キ少尉ノ欠員アル毎ニ曹長ノ最下限ヲ越タル者ヲ選ミ少尉試補ニ任シ実役ニ服セシメ其才否ヲ試ミ以テ本官ニ陞ス

一　（省略）

一　現今人員未タ備ハラサルヲ以テ従前兵事ニ服務セシ者ヲ抜擢シ将校或ハ下士ニ任用スルハ時宜ニ依ルヘシ

一　（省略）

建軍当初は士官学校で教授されるような学術を習得した者は、絶対的に不足していた。それゆえ、進級条例の本文中で規定された要件を満たした者のみで下士や将校のポストを埋めることは不可能であった。それゆえ、「学術才能兵学校及教導団卒業検査合格ノ者」でなくても、下士や将校に任官できたのである。

それは一つには、曹長の中から選んで少尉試補に任じて勤務させ、有能であると判断すれば少尉に任官させる、というしくみによってであった。七六年七月に六鎮台と近衛連隊とを合わせて四三一三人いた下士の中から、翌年六月までの一年間に一四三人が将校に昇進した。[11] 下士の最上級の階級である曹長は、下士総員の中のごく一部（数パーセント）にすぎなかったから、この数字は曹長のかなりの部分が少尉試補に昇進できたことを物語っている。

もう一つのルートは、陸軍外部の人間を直接将校や下士に任用するというしくみによってであった。建軍のごく初期には当然のことながら、戊辰戦争の従軍経験者が組織的な教育を受けないままに将校や下士に任ぜられていった。また、一八七七（明治一〇）年の西南戦争の時には、一般からの壮兵（志願兵）が兵力不足を補うために募集されたが、その中には将校・下士として従軍した者も多かった。彼らは戦争後も「引続服役望願ノ者ハ願意聞届其儘勤務可為致」（一八七七年一〇月二七日陸軍省達号外）と、軍隊内に留まることができた。戸山学校では西南戦争後、彼らを入学させ、一年四ヶ月の学科・術科教育の後、現役将校・下士として送りだしている。[12]

結局のところ、建軍期である一八七〇年代は、士官学校を経由したり、あるいは曹長からの抜擢進級等によって、教導団や下士から（および直接陸軍外部から）将校に進む道がまだ比較的広く開いていた。多くの士族の青年たちは、陸軍将校としての栄達を夢見て教導団や下士を志願したに違いない。教導団や下士から将校になる可能性がまだ彼らの夢を託すにたるだけの魅力をはなっていたのである。

さらにいえば、この時期はまだ下士の地位は将校に比較的近かったことも確かである。

一八七八（明治一一）年から八〇（同一三）年の三年間に、華族出身者が五人も教導団に入団したことからも、そのことは推察できる。[13] 下士になることは華族にとって不名誉なことではなかったことを示しているからである。

当時の下士から士官学校を経由せずに将校に累進していった者の中で、最も成功を遂げた者は神尾光臣であろう。彼は一八五五（安政二）年、諏訪藩士の次男に生まれたが、家が貧しく、軍人を志願して上京したものの、「学問も亦乏しかったので、此処に意を決して火夫となり、その激労の余暇を以て旧師中村元起の指導の下に勉学した」。その結果一八七四（明治七）年教導団に入団し、卒業して軍曹になった。さらに七七年の西南戦争の戦功によって抜擢され、七九年二月に少尉に進級した。その後は中国語の習得に励み、「支那通」として重用されるようになり、日清・日露両戦争で金鵄勲章を授けられ、第一次大戦の時には青島攻囲軍司令官に任ぜられ、その功により陸軍大将に栄進し、男爵に列せられた。[14] 教導団から下士になり、士官学校にも陸軍大学にも入らずに大将にまで到達した者もいたのである。

第三節　一八八一年の諸改革

1　「受験勉強」優位への第一歩

一八八一（明治一四）年四月には、下士の将来に大きな影響を与えることになった、いくつかの重要な制度改革が行なわれた。

一つは、陸軍武官進級条例の改正（陸軍省達第二七号）である。そこで重要なのは、七四・七六年の進級条例に付いていた「付録」が削除されたということである。これによって、それまで正規の養成過程を踏まないで将校や下士への任用を認めていた、「従前兵事ニ服務セシ者ヲ抜擢シ将校或ハ下士ニ任用スルハ時宜ニ依ルヘシ」という規定は、「付録」の削除とともに撤廃されてしまった。過去の経歴を評価されていきなり将校や下士に任ぜられる、という道は閉ざされたわけである。

もう一つは、教導団から士官学校に転ずることに関する優遇措置が撤廃されたことである（八一年四月一一日、陸軍省達甲第一一号）。そこでは、「生徒修業中士官生徒志願ニシテ平素行状方正学術勉励ノ者ハ其召募ノ期ニ至リ隊長ノ許可ヲ得テ定式ノ試験ヲ受ケ合格スル𪜈（トキ）ハ入学ヲ許スヘシ」と規定された。教導団生徒として優秀な成績をおさめることで士官学校へ転ずる制度が廃止され、教導団出身の者も一般からの志願者と同じ試験を受けて合格しなければならなくなったのである。

いろんな自伝や伝記を読むと、教導団生徒には陸軍大将をめざそうとする野心あふれる多くの青年たちが含まれていた。中には将校をめざす者で、そこが下士を養成する所であることを知らずに教導団に入団した者もいた（たとえば、鈴木荘六＝陸士一期）が、一方では、とりあえず陸軍に入っておいて士官学校の受験準備を進めようとした者の収容場所ともなっていた。しかし、彼らは、教導団での訓練や下士勤務が士官学校の召募試験とはほとんど無関係であったために、勤務と受験勉強の板ばさみで刻苦勉励を強いられることになった。

のちに陸軍中将になった山田寅吉（虎夫）は、そうした刻苦勉励の結果、士官学校に合格した幸運な一人であった。[15] 愛知県の武士の家に生まれた寅吉は、六歳の時、母の実家の養嗣子になった。彼は九歳まで実父のもとで村の学校に通ったあと、一四歳まで名古屋の養家から小学校に通った。小学校の教師は成績優秀な山田少年に進学を勧めたが、子供がでていってしまうのを恐れた養家が手離さず、小学校を終えると養家を手伝うことになった。しかし寅吉は志を捨てることができず、仕事の合間に独学を続けた。三年後、意を決して郷里（実家）へ帰り、昼は小学校の教師をしながら夜独学した。兄は達成の容易な師範学校をすすめたが、彼は断固として陸軍で身を立てようと決意していた。名古屋の養家もとうとう折れたので名古屋へ戻り、小学校教師をやるかたわら、旧士族就産場附属名倫校で学んだ。しかし、いくら折れたとはいえ養家の雰囲気は勉学を奨励するものではなく、「落ち着いて勉学にのみいそしむを許さざりければ」、名古屋を離れるのが得策と思うようになった。しかしながら、ちょうど士官候補生制度発足の改革のため、「待てとも募集公示なかりければ」、やむを得ず教導団生徒の公募に応じ、入団することになった。

彼は名古屋を出る時、氏神八幡社の前で「志成らすんば死すとも帰らじ」と誓って上京

表2・1　士官学校入校者種類別

年	1875	76	77	78	79	80	81	82	83	84	85	86	計
戸山学校生徒	10												10
新募砲兵生徒	2												2
下　　士	57				9	18	19	19	68	30	28	25	273
卒									2	2	4	5	13
教導団生徒	53		6		21	14		6	10	12	20	7	149
幼年生徒	71		66		22	22	26	23	30	16	16	47	339
予科生徒											22		22
府　　県	116		28		18	16	25	22	77	129	106	106	643
計（人）	309		100		70	70	70	70	187	189	196	190	1451

＊空欄は0人。1875年は士官生徒第1期・第2期生の合計。防衛研究所図書館所蔵『陸軍士官学校歴史　巻二』より作成。

したものの、教導団での生活は、彼の予想とはまったく異なったものであった。「教導団も士官学校も同じ陸軍の学校なれハ、今度の教導団入りは士官学校入学の準備として無駄にはあらざるべしとの渠の期待は全く裏切られ、然かも渠の育立ちか久しく学生生活を離れて柔和に傾きありし結果は教導団に於ける猛烈なる訓練に耐ゆるの容易ならさるを感すると同時に日々の学術は士官学校受験の準備たるを得さるものなるを知るに及」んだ。そこで彼は朝、東の空が明るくなると同時に窓際で勉強し、「日曜祭日は逸早く営舎を出てゝ同志と入学準備書を繙」く生活を続けた。そうした努力のかいあって、翌年陸士に合格し、ようやく長年の悲願が実った。

勿論同じように青雲の志を抱いて教導団に入ったものの、試験に失敗して、仕方なくそのまま下士に甘んじた者も少なくなかったであろうことは、競争倍率の高さから推測がつく。たとえば一八八六年には、陸軍内部からは教導団生徒が二八七人、下士官が二〇六人受験しながら、合格した者はそれぞれ二六人、一八人にとどまり、九割はその志が遂げられなかった。表2・1は、士官学校入校者の所属別内訳を見たものである。後の時期に比べて、まだ陸軍内部からの採用者が多いことが明らかではあるが、その一方で、一八八〇年代に入ると次第に陸軍外部からの採用者（「府県」のカテゴリー）の比率が増加していくことがわかる。

八一年の改革で教導団生徒の士官学校入校についての優遇措置が撤廃されたことで、士官学校をめざす者にとっては、教導団の教育や訓練は「余計なもの」でしかなくなったということができるかもしれない。「受験勉強」に専念できる者が有利な時代がやってきた。教導団や下士は将校になるためには余計な回り道になりつつあったのである。

2　魅力に乏しい代替目標

同じ一八八一（明治一四）年四月にはまた、満期除隊をむかえた有能な下士に後備軍士官適任証を発行する旨の規定が出された（陸軍省達甲第一〇号）。「陸軍各兵曹長及ヒ軍曹服役中行状方正勤務勉励ニシテ或ハ材幹アリ或ハ学芸熟達シ後備軍士官適当ノ者ハ別紙士官適任証書付与概則ニ拠リ常備服役満期ノ節士官適任証書付与致候条為心得此旨相達候事」というのである。後備軍士官になる道が制度化されたわけである。しかし、この規定がだされたのが、陸軍教導団条例改正によって成績優秀者を士官学校に転入させる規則が撤廃されるちょうど一週間前であった（四月四日）ことを考えるならば、「後備軍士官適任証」は、下士に現役将校への昇進をあきらめさせるための、いわば野心冷却装置の一つであったということができる。

四月一二日には、下士の将来に一つの夢を与えるべく、もう一つの制度も発足した。「陸軍下士服役満期ノ後工部省電信局吏員鉄道車長及ヒ守線手又ハ燈明番ニ奉職セン〼ヲ願フ者ハ之ヲ文官志願人ト称ス而シテ左ノ諸項並ニ付録諸項ニ照シ合格ノ者ハ該局欠員アルニ随ヒ採用スヘシ」と、服役満期の下士が試験（読書・写字・作文・和洋算術）を受けて合格すれば、いくつかの文官に優先的に採用されるという制度であった（陸軍省達甲第一二号）。将校に昇進できない以上、下士は早晩軍を離れて一般社会に職をさがさねばならない。服役満期後下士に職を保障しようというのが、この制度のねらいである。

さらに同じ趣旨で、八三年一月には「陸軍満期下士文官採用規則」（太政官布達第二号）がだされた。それは、「再服役以上満期ノ下士ニシテ精勤証書ヲ所持スル者」「兵卒ヨリ下士トナリ陸軍服役実期十箇年以上ニシテ七箇年以上下士ノ職ヲ奉シ精勤証書ヲ所持スル者」および「戦役若クハ公務上ノ傷痍疾病ニ因リ免官シ尚文官ノ勤務ニ堪ル者」を対象として、試験（読書・写字・作文・和洋算術）を受けて合格すれば、各官庁の欠員補充ないし増員の際に、判任官一一等〜一七等官として優先的に採用されるという規定であった。各官庁の採用比率が定められており、外務・内務・大蔵等多くの省庁や府県では特定の職種を除いて採用人数の六分の一、宮内省が六分の二、陸軍省が六分の四というふうになっていた。

現役を退いた後の下士に名目上の資格を与えたり、就職を保障しようとするこれらの制度は、現役将校に昇進するという目標以外のものに下士の目を向けさせて、現在の地位に満足するように彼らを説得する材料として使われた。八三年初めの『内外兵事新聞』は、「陸軍下士諸君ニ告ク」と題した社説で次のように論じた。

まず、近年教導団の志願者が減少し、また兵卒から下士になるのを希望する者も減少しているという最近の状況は、下士から将校へ昇進できる可能性が減少してきたことが根本的な理由である、と述べる。すなわち、「蓋シ従前ノ下士諸君カ奮テ此役ニ服シ孜々矻々夙夜勉励シテ怠ラサルモノハ多クハ皆一ノ目的ヲ懐ケハナリ其目的トハ何ソヤ他ナシ各抜擢セラレテ士官ト為リ終ニハ進テ連隊ノ長旅団ノ将トモ為ランコトヲ期望スルニ在リ……然ルニ如何ニセン士官ノ数ハ之ヲ下士ノ数ニ比スルニ甚タ少ナク加フルニ年々士官学校ニ於テ卒業スル生徒ノ之ニ任セラル、者多キニ居ルヲ以テ下士ヨリ抜擢セラル、ハ甚タ少ナク固ヨリ諸君カ各自ノ望ミヲ果タスコト能ハス[16]」というのが実情である。

しかし下士という身分はそれなりに希望の持てるもので、将校に昇進することだけに望みをかけるべきではない、と社説は下士に訴える。具体的には「下士服役ノ将来ニ好望多キ所以」として次の五点を挙げている。[17]

① 毎年の抜擢で曹長から士官に昇進するか、士官学校の試験に合格して士官になる
② 一五年以上服役すると終身恩給が得られて余裕ある生計が営める
③ 一〇年間服務すればその後に、文官採用規則により、簡単な試験を受けさえすれば判任文官になることができる
④ 一〇年間勤務すれば士官適任証書を受けて後備軍士官の名誉を与えられる
⑤ ①〜③がダメな場合でも、電信局・鉄道局・灯台等の吏員に採用される規則がある

結論として社説は、将校への昇進の希望のみに固執せず、別の目標を定めて日々の職務に精励せよ、また、下士の職が望ましいものであることを知人・友人に伝えて、下士志願者を増やすよう努力せよ、と下士に訴えている。

しかし、実際に士官に昇進できる①についてはともかく、他の諸点は「連隊ノ長旅団ノ将」といった野心を満たすべくもないほどささやかな報酬であったといえる。③の文官採

用規則でみれば、一八八六年の判任官一〇等~四等(八四年の一七等~一一等)の給与は月額一一~四〇円であり、最下級の一〇等の給与は、任官したばかりの少尉の俸給月額(二二円)の半分でしかなかった[18]。

また、一八八七(明治二〇)年の改正以降は試験が撤廃されて、精勤証書や伎倆証明書さえ所持しておれば良いというふうに、判任官採用資格は緩くされていった[19]。しかし、実際には文官就職希望の下士が必ずしも規定通りの比率で各官庁に就職できていったわけではなかった[20]。

さらに、⑤のルートはもっと希望に乏しいものだった。電信局吏員への採用は、日給二五~三〇銭で四、五週間試用された後、一〇等属ないし等外吏という低いランクに任ぜられるにすぎなかった。鉄道車長や守線手への採用は、日給二〇~四〇銭でしかも奉職期限が三年間という限定が付けられていた[21]。

また、④は、「郷里ニ帰ルモ衣錦ノ栄ト称スルニ足」る程度にしか役立たない代物で、「家ニ余資アリテ生計ニ汲々タルヲ要セス唯栄誉ヲ希望スル者[22]」にとってのみ意味のあるものであった。

結局のところ、こうした代替目標が、将校になるという強い野心を持った者たちを満足させうるはずがなかった。多くの下士は当初の夢が満たされないままに陸軍を去り、将校の地位を夢見る若者たちは教導団や下士を経ることを希望しなくなっていったのである。

当然のことながら、下士たちは不満を表明した。八三年一月に『内外兵事新聞』に掲載されたある投書[23]は、下士の当局への希望がどのあたりにあったかをうかがわせてくれる。投書はまず、「方今ノ下士ハ曾テ明治十年前後未タ士官学校ノ影響ヲ感セサリシ時ニ任官セシト日支葛藤及西南反乱ノ際等ニ許多ノ出身アリシヲ以テ今日迄欠乏セサルヲ得タリト雖教導団ノ召募次第ニ減少シ再役スルモノナシ今ニ於テ速ニ時勢ノ変動ニ応シ其制度ヲ改革シ下士ヲ奨励スルノ道ヲ拡張セサレハ恐クハ爾来我軍隊ハ其弊ヲ受クルニ堪ヘサラントス」と、下士の不振は軍隊の存立にかかわる重大問題であると訴える。

具体的にはまず何よりも、下士の士気の低下が重大である。「看ヨ下士中我ハ武官ナリトシ自ラ奮テ気節ヲ尊ミ学術ヲ礪キ下士ノ体面ヲ発揚スル者真ニ其人アリヤ其乏キ暁星ノ落々タルニ異ラサルハ吾人ノ詳審スル所ニテ下士ノ志気ハ既ニ地ヲ払フト謂フヘシ」。そして、その原因は「専ラ士官学校ノ設立已来下士ニ昇進ノ道梗カル」ことと、近年の不況で満期除隊の後に十分な勤め口が見つからないことによる、と述べる。

そして事態の改善策としてこの投書は次の三点を提案する。第一に、士官生徒をなるべく下士から採用することである。下士からの士官生徒召募試験受験者の合格点を一般よりも低くし、再試験も許す。下士からの採用者が必要数に満たない時に限り、一般から補充するというやり方にする、という案である。このような、士官学校に優先的に進みうる制度は、教導団生徒や下士の強い願いであった。士官生徒を一般からは採用せず、下士からのみ採用せよという主張を展開している別の投書もあった。[24] 士官学校に入るためには必ずいったん教導団を経なければならないということにすれば、下士に立身の道が開けるから下士にも有能な人材が集まるはずだというのである。

先の投書に戻ろう。提案の二番目は、「下士ノ年期ヲ短クシ日給ヲ増ス」ことである。教導団出身の下士の服役年限を七年から五年に短縮し、停年も短くして昇進しやすくする。第三に、「伍長ヲ廃ス」ことである。これは教導団卒業者は伍長から出発することになっているが、教導団卒業後すぐに軍曹に任官できるように「伍長」階級を廃止せよ、というものである。

これらの提案のうち、下士の服役年限については、投書の翌年(八四年)に憲兵科を除く兵科下士の服役年限が五年に短縮されたし、[25] 八五年には教導団の卒業生は二等軍曹に任ぜられるようになった。[26] しかし、士官生徒の下士からの優先採用は実現しなかった。それどころか、一般からの志願者が増えていくにつれて、下士にとって士官生徒は遥かに遠い存在になっていったとさえいえる。

3 曹長からの昇進

とはいえ、まだ一八八〇年代半ばまでは下士から将校へ進む道はふさがれたわけではなかった。下士の最上級たる曹長から将校への昇進ルートはまだ開かれていたのである。

七四年や七六年の進級条例の「付録」に規定されていた、「少尉ニ限リ試補ヲ置キ少尉ノ欠員アル毎ニ曹長ノ最下限ヲ越タル者ヲ選ミ少尉補ニ陞セ実役ニ服セシメ其才能ヲ試ミ然ル後本官ニ任ス」という、少尉試補を設けてから曹長からの試用―少尉への昇進を定めた条項は、「付録」が削除された八一年の進級条例では、本則中へ移されて依然として残されていた。それどころか、八二年に立案され、八四年以降実施された大幅な軍備拡張は、一定程度曹長の少尉への進級の可能性をむしろ広げていった。『内外兵事新聞』は次のように伝えている。

毎年各兵科ノ下士ヨリ士官ニ抜擢セラル、数ハ凡ソ士官学校ニ於テ卒業スル生徒ノ士官ニ任セラル、者ノ十分ノ一ニ当ル定則ナリシカ追々軍備ヲ拡張セラル、ニ付テハ士官ノ数モ多キヲ要スル故ニヤ本年ハ曩キニ下士ヨリ士官ニ任セラレシ者歩兵科ニテ二十名砲兵科ニテ七名工兵科ニテ四名アリシカ尚ホ歩兵科下士十七名ハ抜擢セラレテ士官ニ昇進セラル、趣客冬ノ検閲ニ合格シテ抜擢ニ遇ヒシ者ハ既ニ残ラス士官ト為サラル、都合ナル由是ニ由テ考フレハ来年モ来々年モ下士ノ士官ニ昇進セラル、者ハ従前ニ比シテ倍蓰スルニ至ラン[27]

これによると、当時下士から少尉への昇進枠は、士官学校生徒の少尉任官数の一〇分の一と定められていたようである。その規則がどの程度厳格に運用されたのかは定かではないが、一八八三年末から八六年までの三年間に将校及び同相当官の総数が七一一人も増加している（二五六三→三二七四人）のを見ると[28]、兵科将校の増員分を士官学校の卒業生だけで埋めることはできなかったはずである[29]。

では実際どれぐらいの人数が曹長から少尉へと昇進できたのであろうか。『陸軍省第一回統計年報』の「諸隊現役下士欠員表」から、一八八六（明治一九）年の一年間における隊附曹長の異動の人数を見てみると、満期除隊六七、昇進二六、転職三五、免官・死亡等六、となっている。かなりの割合で昇進の可能性が開かれていたことがわかる。

また、別の史料では、八三年から数度にわたって士官学校と戸山学校とで下士を短期教育して将校に任官させたことがわかる。まず八四年一月には士官学校に騎砲工兵科曹長を一五人、戸山学校に憲兵曹長三人、歩兵曹長五七人、後備歩兵少尉試補三九人を「第一期修業生」として受け入れて教育している。彼らは七月一日に卒業してそれぞれ少尉ないし少尉試補に任ぜられている。八五年には第二期修業生として士官学校で五八人、戸山学校で七八人が卒業して少尉になっている。また、戸山学校では第二期修業生と同時に、第三期臨時学生三四名も卒業して少尉試補に任ぜられている。八六年四月には同様に両校あわせて八六人の第三期修業生が卒業し、やはり少尉になっている（ちなみにこの修業生制度は第三期までで幕を閉じた）[30]。

このように、大幅な軍備拡張の中で、下士から将校を補充する方策が実施されていったために、八〇年代半ばの時期はむしろ以前の時期よりも下士から将校への昇進が多くなったと思われる。陸軍士官学校生徒の召募試験に合格するという困難な道以外にも、まだ可能性が残されていたわけである。

第四節　下士と将校の遥かな距離

1　大きな転機

一八八六（明治一九）年七月に改正された陸軍武官進級条例には、注目すべき二つの改正点が含まれていた。一つは、「上等兵ノ二等軍曹ニ二等軍曹ノ一等軍曹ニ一等軍曹ノ曹長ニ任スヘキ者ハ該隊長決定候補名簿ノ列序ニ従ヒ其長官ニ叙任ノ事ヲ申請スヘシ」（第一八条）であり、もう一つは、「曹長ノ少尉ニ進級スルハ特例トス故ニ其功績抜群ニシテ士官タルノ学術ヲ有スルモノニ非サレハ此撰ニ当ルヲ得ス」（第二〇条）である。

何が注目すべきことなのか。前者すなわち第一八条は、一般の兵卒（上等兵）から下士（二等軍曹）に進級するために、従来とは異なって教導団に入団して教育を受ける必要がなくなったことを示している。後者（第二〇条）は、下士（曹長）から少尉への昇進が例外的なケースになり、士官学校を出なければ現役将校には事実上なれなくなったことを意味している。これらは下士及び将校養成上の大きな方針転換であったわけである。

改正理由として述べられているものを見てみよう。まず第一八条については次のように費用の節約、人材の確保、兵卒の督励といった理由が挙げられている。

兵卒ヨリ下士ニ進級スルノ法ヲ新ニ加フルモノハ、現行条例ニハ兵卒ヨリ下士ニ進級スルノ項ナキヲ以テ、上等兵中抜群者アルモ直ニ下士ニ採用セズ、必ズ教導団ニ入ラシメザルヲ得ズ。然ルニ上等兵ハ修業兵トナリ教育ヲ受ケタル者ナレバ、其抜群ノ者ハ直ニ之ヲ下士ニ採用スルトキハ教導団ニ於テ養成スルノ労ナク従テ費用ノ節減ヲ為シ、且ツ軍隊ニテ経久ノ実験アル所謂老成ノ下士ヲ得、又各自ニ在テハ将来ノ望ヲ属シ、小成ニ安ゼズ、為ニ竟進力ヲ惹起セシムルノ奨励法トナリ、其益スル所少ナカラザルナリ。[31]

下士（曹長）から少尉への昇進を特別なケースに限った第二〇条の理由も注目に値する。それは、「然ル所以ノモノハ後来益々将校ノ品位ヲ重クスルコト緊要ナレバナリ。乃チ少尉ハ専ラ士官学校卒業生ヨリ出身スルモノトシ、貴重ナル学術ヲ具ヘザレバ貴重ナル品位ヲ占ムルコトヲ得ザルモノトス」[32]というものであった。

この二つの改正点は、単に下士の補充や昇進の問題を超えて、下士の性格・下士と将校の関係についての大きな転機となった。下士が隊内で補充・養成されるようになり、下士と少尉との間に明確な境界線が引かれたことは、少尉以上の士官と曹長以下の下士との間に文化的・社会的に明確な差異化がはかられたことを示しているからである。単純化していうと、一八七二（明治五）年の徴兵令下では一般兵卒と下士・将校との間に質的な隔たりが存在していたが、それは今や下士・兵卒と将校との間の質的な隔たりへと様相を変えていったのである。

八八年三月には陸軍各兵科現役下士補充条例が公布された（勅令第一七号）。第一条では「陸軍各兵科現役下士ノ補充ハ上等兵ニシテ入隊ノ日ヨリ起算シ二箇年以上現役ニ服シ再服役ヲ許サレタル者及陸軍教導団卒業者ヲ以テス」と、八六年の進級条例に続いて下士養成制度の二元化が明示された。また、教導団卒業後の下士の現役服役期間は、八四年の改正で任官の日から五年間に短縮されていたが、この時さらに短縮されて四年間となった。

また、陸軍教導団は翌八九年から、陸軍部内からは生徒を召募せず、入団させるのは「府県ノ華士族平民」のみとなった（八九年、陸軍省告示第八号）。一般からの志願者―教導団、兵卒中の下士志願者―各隊で選抜・任官、という二つのコースがはっきりと分離したのである。しかも遠藤芳信によれば、隊内上等兵による現役下士補充を主とし、陸軍教導団を下士養成の傍系的手段とするという位置づけが、すでに八八年に当局によって明言されていたという[33]。

一八八六（明治一九）年の陸軍武官進級条例でのもう一つの重要な改正点は、前述した通り、「曹長ノ少尉ニ進級スルハ特例トス」という規定であった。この点はさらに、各兵科現役士官は士官候補生として教育を受けた者によって補充すると規定した、八七年の陸軍各兵科現役士官補充条例（勅令第二七号）でより明確化された。曹長や准士官から現役士官に進級する道は閉じられてしまったわけである。

また、この規定が出された八七年からしばらくの間は、軍備拡張による新規の現役将校の需要の伸びも一段落した時期にあたっていた。八七年から九三年の各年末における現役将校および同相当官の数は、三四二六―三四七九―三五八一―三四八〇―三四九八―三四七一―三四二三人と推移している。[34] 一番増加した年でも一〇二人増、年によっては一〇一人も減少している。一方士官学校はこの同じ期間に毎年一三七〜二〇七人（平均一七五人）の卒業生を輩出し続けていた。各兵科の少尉の実際の欠員数を確認していないので、単純に断定はできないけれども、少なくとも下士からの将校補充は、以前の時期に比べると不要になってきていたということができるであろう。

2　遠ざかる士官学校

それでは、教導団生徒・下士が将校をめざすもう一つの道――士官学校受験―合格――は、どうなったであろうか。

八七年の陸軍各兵科現役士官補充条例や、八九年の同条例改正（勅令第九二号）では、

「当分ノ内特例ヲ以テ士官候補生ヲ志願セシムルコトヲ得」[35]と、下士や兵卒からの志願は一年志願兵を除いて将来的には廃止されるべきことがほのめかされていた。しかし一八九六（明治二九）年にだされた陸軍補充条例（勅令第三七九号）以降は、「当分」といった限定は削除された。優先採用等の優遇はされなかったものの、受験の機会はずっと開かれていたわけである。

とはいえ、実際には士官候補生の召募試験とあまり関係のない学科や術科に埋められた教導団や、勤務に追われる下士の職務は、受験準備にとっては好ましい環境ではなかった。しかも、試験科目を見ると、従来の読書・作文・算学という科目に代わって、八五年から和漢学・数学・代数学・平面幾何学・地理・物理・化学・図学・画学・歴史（および希望者には外国語）、という大幅な科目数の増加が導入された（陸軍省達甲第五二号）。このことは、正規の中等教育機関や専門の予備校でそれらの科目を網羅的に学んだ者に対して、下士や教導団生徒がきわめて不利な状況に立たされることを意味した。

しかも、一八九〇年の陸軍教導団条例改正時には、士官学校受験を志す者を失望させるような「改正」がなされた。すなわち、「旧条例ハ下士奉職中及生徒修業中士官生徒ニ採用スル制アルヲモツテ従来暗ニ学術ヲ高尚ニナシ為メニ高級ノ教官ヲ要シ士官学校入学ノ楷梯ヲ造為セシノ傾キアリ現役士官補充条例公布ノ今日ニ在テモ延テ此弊ノ存スルアルヲ見ル既ニ該補充条例ノ公布アリ従テ生徒教育ハ単ニ下士ニ必要ナル程度ニ止ルヲ正理トス」[36]と、士官学校受験に役立ちそうな内容が教育内容から削除されたのである。

かくして、陸軍内部から陸士を志願する者も、ましてや体格・学術両試験に合格して採用される者も減少することになった。一八八三（明治一六）年には士官学校志願者中、下士が五四四人、卒一七人、教導団生徒一〇二人の合計六六三人（志願者中の五六・七％）が陸軍内部からであった。また採用者は下士及び教導団生徒七八人、卒二人で合計八〇人（採用者中の五一・〇％）が陸軍内部からであった。[37]ところが、八八年になると、志願者二六〇人・採用者二四人（一般からはそれぞれ四四七人・九三人）と、陸軍内部からの志願者は急減した。[38]

しかも八三年には陸軍内部からの志願者と外部からとではさほど合格率に差はなかったのに（内部一二・一％、外部一五・二％）、八八年には大きな差が生まれている（内部九・二％、外部二〇・八％）。そこにはおそらく試験科目の増加が作用していたことであろう。実際、九〇年の陸士の入試での学術試験の結果を詳細に見ると、学術試験受験者中の合格者の割合は、陸軍内部からの志願者は一八・六％（四七／二五三）、一般からの志願者は三四・三％（一二四／三六一）と大きな差がついた。九二年の入試では、それぞれ一九・九％（四〇／二〇一）、三三・三％（一三四／四〇三）となっていた。九三年には九・〇％（二四／二六六）と二六・一％（二〇一／七七一）、九四年には九・六％（三〇／三一四）と一九・六％（一九七／一〇〇五）となっている。[39]内部からの志願者は学術試験で不合格になってしまう者の割合が非常に高くなったのである。

しかも、この陸軍内部からの志願者の数字は、一年志願兵として在営している者の受験・合格者を含んでいる。一年志願兵は尋常中学校を卒業した者か、あるいは同等の学力試験を経た者であるから、尋常中学卒業程度の士官候補生召募試験にも合格し易かったと考えられる。それゆえ、下士や教導団出身者がどれくらい陸士へ進んだのかを考えるためには、上述した統計データから一年志願兵の士官候補生採用者を除くことが必要である。これを示したまとまったデータは少ないが、一つの推測できる手掛りはある。一八九二年度の一年志願兵の一年後の状況を示す史料によると、入隊後士官候補生に採用された者が一八人いた[40]。九三年の士官候補生中「陸軍下士及生徒」は二四人であった[41]。それゆえ、その差の六人が、一年志願兵以外の下士卒・生徒出身者であるという計算になる。もしこの数字が正しければ、一八九〇年代には下士卒・生徒出身者で士官候補生に採用された者は、ごくわずかまで減ってしまっていたことになる。

3 教導団の廃止

教導団出身の下士と徴兵出身の下士との違いについて、教導団廃止後にまとめられた史料では次のように述べている。「教導団出身ノ下士ハ野望多ク其地位ニ甘ンチ其軍職テ果ムノ観念少ク動モスレハ軍ニ抗シテ其鬱悶ヲ漏シ時ニ制御容易ナラサルモノヲ出シ」たけれども、同時に、「其学術優秀ナル気品ノ高潔ナルハ到底徴兵出身ノ下士ノ比ニアラス」と、学術や人格での高い評価も与えられている。そして、「是ヲ以テ徴兵出身者ハ当時教導団出身者ノ圧迫ヲ受ケ其間円満ヲ欠クノ状況」であった。[42]

日清戦争の直後には、一時的に教導団は大量の軍人志願者を集めることができた。軍人としての出世をめざす青年が集まったのである。一八九六(明治二九)年には一八八五(明治一八)年の七〇一九人に次ぐ、三九九七人もの志願者がいた。また、九七年には教導団生徒から九人の陸士入校者を輩出した。[43] しかし、それは教導団の最後の輝きであったようである。二年後には志願者は一気に約半分にまで落ち込んだ。

一八九九(明治三二)年一〇月、勅令第三九三号がだされ、同年一一月三〇日についに陸軍教導団が廃止されることになった。特別な教育機関を設けて下士を育成することの必要性が薄れ、経費や労力を削減しようというのが直接の廃止理由であったようである。教導団の盛時と衰退を簡潔にまとめた史料をやや長文だが引用しておこう。

(下士養成の目的で教導団が創設された経緯が述べられた後)教導団起源夫レ斯ノ如シ是ヲ以テ其始メヤ生徒中成績優秀ナルモノハ之ヲ士官学校ニ入校セシムルノ制度アリ次テ士官学校入校ハ総テ試験ヲ要スルニ至シリト雖モ始メヨリ士官学校ノ召募ニ応スルノ学力不十分ナル者ハ先教導団ニ入リ次テ士官学校ニ入ランコトヲ企テ教導団ハ恰モ

士官学校ノ予備校タルノ観ヲ呈シ同団出身下士ハ野望ヲ有シテ其職ニ安セズトノ非難ヲ聞クニ至レリ此間ニ於テ時勢ノ進運ハ一般教育ノ普及ヲ来シ青年修養ノ道開ケ青雲ノ志従テ生シ功名富貴手ニ睡シテ獲ラル丶ノ今日何ソ苦ンテ前途閉塞スル陸軍下士タランヤノ観念ハ遂ニソノ志願者ノ数ヲ減少シ偶々之ヲ志願スルモノハ資質比較的劣等ナルカ或ハ修学ノ資力ヲ欠クモノニシテ教導団生徒ハ亦昔日ノ如ク秀才ヲ網羅スルヲ得サルニ至リ其卒業者ノ価値著シク低下セリ之ニ反シ一般徴兵中ニハ下士タルニ適スル素養ヲ有スルモノ漸次多キヲ加ヘ之ヲ教養スレハ敢テ特別ノ機関ヲ設ケ多大ノ経費ト労力トヲ費サ丶ルモ略ホ要求スル下士ヲ得ヘキ状況ヲ呈シタルヲ以テ教導団出身者ト一般徴兵出身者ト並(ママ)セ下士タラシムル制度ノ制定トナリ茲ニ教導団立脚点ハ著シク動揺セリ……徴兵出身下士ノ成績ハ其学術ニ於テ或ハ教導団出身者ニ及サルモノアリシモ資質其職ニ尽シ成績必スシモ不良ナラサルヲ以テ困難ナル召募ヲ敢テシ一機関ヲ特設シテ之ヲ教育スル必要消滅シ明治三十二年遂ニ廃団スルニ至レリ[44]

下士を振りだしに、将校に、そして陸軍大将に、という野心を持った青年たちを、かつての陸軍教導団は集めていた。それは「士官学校ノ予備校タルノ観ヲ呈」するほどであった。しかし、下士と将校との間に明確な区分が引かれ、下士のキャリアが袋小路化していくとともに、一般の学校制度が整備されていくにつれて、教導団の魅力は失われていった。

徴兵出身の下士で十分軍隊組織が運営できるようになった時、必要性も失われてしまったため、教導団はその生命を静かに終えたのである。

第五節　小括

1　まとめ

教導団が廃止された一八九九年一一月には、短期下士・長期下士の制度が導入された。それは、次のような制度であった。一般からの志願者で高小卒程度の召募試験に合格した者（下士候補生学生）と、各隊兵卒から再服役を希望して選抜された者（下士候補生生徒）とが、下士候補生として隊内で訓練を受け、卒業試験に及第すれば下士に任官する。これが長期下士である。また、一般兵卒中から選抜された者（下士候補者）が、服役年限の三年の間に進級して下士としての任務に就く。これが短期下士である。しかしこの制度自体は長続きせず、一九〇三年の補充条例改正によって廃止され、それ以降は兵卒→下士候補者→現役下士→予備役下士が、現役下士補充の基本となった。[45]

一九〇〇年前後の陸軍下士制度と、そこに見られる教育観とを分析した遠藤芳信は、その時期に下士や下士候補者が社会の下層出身者、学力的には高等小学校卒業者以下の者によって占められるようになったこと、そこには軍隊組織の階級秩序を学歴の秩序と重ねあわそうとする政策的な意図が働いていたことを明らかにしている。[46]単に制度的側面だけでなく、教育背景のような文化的側面や、出身階層のような社会的側面において、下士と将校との間に大きな隔たりが形成されたわけである。その過程には、ここでたどってきた通り、一八八一年頃と一八八六年前後の二つの転機が存在した。

結局のところ、建軍当初は立身出世を夢見る青年たちを集めた教導団や下士は、制度改正や時勢の変化の中で、魅力の乏しい袋小路として彼らから見離されていった。それは、下士と将校との距離が広がり、その間に明確な境界線が引かれていく過程でもあった。

下士と将校との接続に関するその後の制度的状況について少し触れておこう。下士からの昇進については、すでに一八九四(明治二七)年に准士官として特務曹長の階級が新設されたが、それ以上に進級できない制度はその後も基本的には続いていった[47]。

下士から少尉への昇進の道が開かれたのは、ようやく一九二〇(大正九)年になってからであった。一七年から特務曹長は准尉と名称を変え、准尉候補者は士官学校で短期の教育を受ける制度になった。二〇年の改革は、准尉・曹長から試験選抜された者が少尉候補者として士官学校で教育を受け、少尉に任官できるというものであった[48]。とはいえ、これは士官候補生の採用数の減少にともない、不足する尉官級の下級将校を埋めるためのものであって、士官候補生出身者の進級を妨げない範囲での、下士の将校任用であった[49]。

一方、陸軍内部から士官候補生を志願者する者は、日清戦争直後に一時的に六〇〇人を超えるほど増加したが、間もなく減少し、一九〇〇年には二〇〇人を割り込み、一九〇四年の日露戦争直前にはわずか三四人にまで落ち込んでいった。一九一〇年代には志願者数二〇〇人台で横ばいになるが、こうした人数中のどれだけが一年志願兵で占められていたのかについては、データがないのでわからない[50]。しかし、いずれにせよ、教導団生徒や下士が毎年大量に受験した一八八〇年代よりは、はるかに下士からの受験者が少なくなったことは確かである。

2　将校養成の問題

本章は陸軍下士について検討を加えてきたが、私の基本的な関心は、陸軍将校の選抜や社会化の問題である。以下、将校の社会化や選抜の問題に関して、本章での分析がもっている含意を二点論じておきたい。

一つには、将校の品位をめぐる議論、さらには下士兵卒とは一線を画した「エリート」としての自覚を強調する将校教育と関わっている。下士から少尉への進級を特別なケースに限定した八六年の改革のねらいは、これまでみた通り、「将校ノ品位ヲ重クスル」ためであった。下士からの昇進の廃止は、将校の下士・兵卒に対する絶対的な権威を確立するうえで重要な意味を持っていたわけである。その後日露戦争後にかけて、下士からの将校への昇進の道を開くべきであるという、隊附将校や一部の観察者の声を無視して、陸軍省が下士と将校との明確な区別を維持し続けた一つの理由はこの点にあった[51]。

そうであるがゆえに、将校養成の場である陸軍士官学校は、単に有能な人材を選抜して将校としての知識や技能を伝達するだけでなく、兵卒や下士とは品位の上で異なった人物を選抜し養成する機能を果たすよう期待されることになった。それゆえ、陸幼や陸士の生徒採用に際しては、社会の中流以上の出身であるべきことが繰り返し強調されていったし、また一方では、彼らの教育は「将校生徒としての矜持」「国軍の楨幹」というエリート意識をことさら強調するものとなった。[52] 軍人精神の涵養と共にエリートとしてのプライドも涵養した、陸士・陸幼の教育や将校団の独特の文化は、こうした構造の中で形成・維持されていったといえるのではないだろうか。

もう一つの含意は、結果的に過剰になってしまった陸軍将校生徒の召募の一つの遠因が、下士からの将校の補充を止めたことにあったのではないかということである。日清戦争の勝利後、いずれくるであろうロシアとの対決に備えて、陸海軍は一層の軍備の増強に向かった。海軍は六六艦隊の建設を進め、陸軍も、一八九六(明治二九)年に六個師団、二個旅団の新設を決定した。一九〇三年までに一三個師団、約二〇万人の兵力を整備した。[53]

こうした急速な軍隊組織の拡張に伴う下級将校の需要の増加に対応して、将校生徒の召募・養成制度は大幅に改革されるとともに、毎年大量の将校生徒が召募・採用されるようになった。一般に、ピラミッド状の軍隊組織においては将官・佐官級の将校はさほど必要ではないが、尉官級の下級将校は大量に必要である。この時期の将校生徒の採用予定者数がどのような将来展望のもとで決定されたのかは寡聞にして知らないが、[54] 日露戦争の直前・直後の数年を除いて、一八九六年から一九一二年まで陸士・陸幼合わせた将校生徒の採用数は毎年八〇〇人を下ることがなかった。

一九一〇年代半ばから次第に陸士の採用数が削減され、一九一七年に准尉制度が導入されて下級将校としての職務に就かせ、さらに一九二〇年に少尉候補者制度を導入して、下級将校の不足を古参下士上がりの将校で補うように改善された頃には、日露戦争後から明治末までに採用した大量の将校が、昇進もできずクビにもできないで、軍隊内にあふれかえっている状態になってしまっていたのである。[55]

第三章　進学ルートとしての評価

第一節　はじめに

本章は、戦前の高等教育への進学ルートの一つである軍関係の学校が、進路としてどう評価されていたのかを検討する。具体的には、陸軍士官学校[1]（以下「陸士」と略記）への志願者の動態を旧制高校―大学への進学状況と照らし合わせながら、高等教育の中で軍関係の学校が占めていた進学ルートとしての位置を考察する。ただし、データの制約上、海軍兵学校（以下「海兵」と略記）や陸軍幼年学校（同「陸幼」）やその他の軍関係の諸学校に関する統計資料も用いることにする。

戦前期の高等教育の威信構造についてもっとも明確な像を描きだしてきたのは、おそらく天野郁夫であろう。彼は一八八六（明治一九）年に森有礼が打ちだした高等教育政策――帝国大学の発足――が、その後の高等教育の基本構造を形づくり、以後多少の変動はあったものの戦後までそれは継続していったととらえている。それは旧制高校―帝大を頂点とする二重構造であった。

すなわち、一八八六年の「帝国大学令」によって「他官庁所管の学校を次々に統合し、また公立の専門学校の充実した部分を吸い上げて成立した帝国大学＝高等中学校は、高等教育のいわば「正系」となり、それ以外の学校を「傍系」の位置に追いやってしまった」[2]。そこではもはや旧制高校―帝大が、他の高等諸学校に抜きんでて特権と威信を享受する位置を占めることになった。それゆえ、さまざまな高等教育諸学校は、「官立と私立という二つの学校系統と、大学と専門学校という二つの学校類型からなる「二元重層」的な構造、あるいは「二重構造」をもつことになった」のである[3]。

と同時に彼の指摘で重要なのは、翌八七年の「文官試験試補及見習規則」の制定が持っていた意味である。同規則の制定は、官僚の任用制度を教育資格と結びつけることによって――しかもそこでは帝国大学学生が特権的な位置に立つこと等によって――高等教育諸学校間の決定的な格差を制度化した[4]。それゆえ、明治二〇年代には、高級官僚を頂点の目標とした「社会移動＝立身出世ルートが、はっきりとした形をとって姿をあらわ[5]」してきたというものである。

その後、一九〇三（明治三六）年の専門学校令は、法的規定の無かった高等教育諸学校の多くを淘汰するとともに、「「低度」高等教育機関としての専門学校の性格」を「法的に確定」するものになった[6]。さらに一九一八（大正七）年には、帝国大学以外の官公私立大学の設立を認める「大学令」がだされ、私立大学や官立単科大学が次々発足していった。しかし、その改革は「ピラミッドの頂点と底辺との距離を縮めるものではなく、ピラミッド内部の序列を一層複雑化したにすぎなかった。すなわち、ピラミッドは、官学と私学の両セクターが上下の関係に立ち、その内部がさらに帝国大学—官立大学—専門学校、私立大学—私大専門部—専門学校に層化するという、多層的な構造を一層強めただけだった」[7]。

しかしそこでの分析・議論では、軍関係の学校についてはほとんど触れられていない。陸士・海兵といった学校がピラミッドのどこに位置していたかが不明確なままである。戦前期の多くの少年たちの夢が「末は大臣か大将か」と、二つが並列されていたことを考えるならば、専門学校程度の年限・資格でしかなかったとはいえ、陸士や海兵が他の専門学校とは異なる高い評価を中学卒業生たちから受けていた可能性も存在する。

おそらく、当時の文部省系の統計資料や政策論議、あるいは教育ジャーナリズムに、軍関係の学校のことがあまり詳しくでてこないことにもよるのであろう。ともかくこれまで、軍関係の学校が旧制高校—帝大を頂点とする威信の構造の中のどこに位置づいていたのかは必ずしも明確にはされてこなかったのである。

それでは、旧制高校—帝大という進学ルートと本論で中心的に扱う陸士—将校という進学ルートとの関係は、これまでどのように論じられてきているだろうか[8]。

一つは、高校と陸士は志願者層が重なっていると見る見方で、主に軍隊研究者の側から将校生徒補充の制度改革にからんで示されてきた。たとえば、山崎正男は一九二〇（大正九）年の陸士予科への改組を次のように述べる。「一般の学制改革が行われるとなると、陸軍も、中学校第四学年修業のときに、将校生徒を採用するようにしないと、優秀者を旧制高校へとられてしまうことになる。この養成に即応するために設けられたのが、陸軍士官学校予科の新設である」[9]。熊谷光久も一九二〇（大正九）年予科入校時期を九月から四月に改め「合格発表の時期も高等学校等より早めたためか」、重複合格者をいくらか確保できるようになったと論じている[10]。

また実際、陸士・海兵と高校とを複数受験した例が多いことも確かである。後に二・二六事件に関わりを持った黒崎貞明は、一九二九（昭和四）年徳島県池田中学から上京し、陸士・海兵と一高を受験し、二月末に陸士・海兵に両方から合格通知がきた。しかし、一高からの合格通知が来る前に陸士の入校期限がきてしまい、「いまさら一高が不合格だとしても、陸士を捨てて故郷へ帰ることもできず、〝ままよ、これも運命だ〟と割り切って陸士に踏み切った」。三月三〇日に陸士の生徒集会所に高等学校、高等師範学校等の合格発表が貼りだされた時、「生徒の中には、相当数の合格者がいたが、ほとんど残念がるものはいなかった」という[11]。

もう一つだけ資料を紹介しておこう。一九一九年に熊本の済々黌を卒業し、陸士に入校した泉三郎は当時の受験の様子を次のように述べている。「其の当時の志願者は大低の人が一春に三回四回の入学試験を受けたのでありまして、例へば陸士海兵商船高等学校等と無暗矢鱈に受験して見て不合格なる時は問題はないが合格でもしようものなら盲目的に学校に突入するのでした」[12]。こうした資料は、陸士を受験し将校になっていった者たちと、高校を受験した者たちとが重なっていたという姿を示している。

ところが他方で、学力であれ、出身階層であれ、陸士へ進学した層と高校へ進学した層とのズレを強調する見方も存在する。一八八〇年代に陸士受験の予備校として出発し、明治期にはかなりの将校を輩出した成城中学でも、大正末になると級友が陸士へ進学するのを友達がみんな「もったいないからやめろ」ととめたというエピソード[13]は、そうしたズレが存在したことを物語っている。

また競争倍率等を用いて旧制高校と専門学校との間での入学の難易度を比較し、高等学校の入試の難しさを強調する筧田知義[14]も、軍関係の学校については、明治末の府立一中卒業生（徳川夢声）の回顧談をとりあげて、府立一中の生徒の間では陸士の評価が低かったことを紹介している。当時の府立一中は次のようであった。

私は一高の一本槍にした。もう一つの動機は、一中という学校が一高一本槍みたいな校風であったことだ。上級の学校に行ってる卒業生が、母校を訪ねてくる場合でも、一高生を優待すること一通りでない。次に優待されるのが、高商（一橋）であったが、一高とはまるでダンチの扱いだった。一高、高商の次が高工（蔵前）、海兵（江田島）、外語、高師、海機、陸士の順で、段々冷遇される。事実、陸軍士官学校なんてものは最も成績の悪い生徒でないと受けなかった。[15]

それではこうした二つの姿の対立を我々はどう考えたらよいのだろうか。寛田は、次のように論じている。「当時の東京府立一中の上級学校に対する評価は必ずしも全国の中学校に共通のものであったわけではない。軍人尊重の風潮の強い地域や家庭の条件などから、軍部関係の学校を高く評価した中学校や生徒たちの中にも優秀なものはいくらもいたはずである[16]」。

おそらく、この寛田の指摘は正しいであろう。出身地域や出身階層、個々の生徒の学力レベルや個々の中学校の特質など、さまざまな諸社会層の間で、陸士対高校の進学ルートとしての評価が異なっていたと考えられるのである。さらにいえば、明治期―大正デモクラシー期―昭和戦時期と、時期的にも評価には大きな変化があったであろう。そうした評価を具体的にとらえる一つの方法は、誰が軍学校を志願し誰がしなかったのか、あるいはどういう属性を持った者が合格者の中に多かったかを検討することである。すなわち、どういう生徒が陸士を志願し、採用されたのか、高校志願者・合格者とどう重なり、どうズレていたのか、時期的にどう変化したのか――本章ではそれらの検討を通じて、「進路としての軍人」の二つの異なった評価の社会的な含意を考察してみようと思う。
ところで、この点に関わるこれまでの研究を簡単にまとめておこう。

高校—大学というルートとの比較という関心でなされてきた研究は、主に⑴学力、⑵階層、という二つの点をめぐるものだった。

学力に関しては陸軍が知的能力の優秀者を獲得できたのかという問題について、陸士入校者と高校進学者とを比較して論じられてきたのが一般的であった。軍隊研究者の側からは、それは主に二つの関心と関わってきた。一つは制度の変化の経緯についての関心である。すでに述べたように試験の時期や入校時期に関して、あるいは四修の問題など、当時の陸軍としても成績優秀な者を獲得するため、文部省系の高等諸学校の動向に合わせた制度改革を進めてきた。それゆえ、なぜ軍の将校生徒の採用・養成制度の改革がなされたのかを考察するためには、当時の志願者採用者の成績を検討しなければならないのである。もう一つの関心は、昭和戦時期に軍事・政治全般の権力を掌握していった軍人たちは、果たして知的能力について優秀だったのか、という批判に応えようとするものである。たかが中学卒業時の成績等で「人間の能力の優劣」や戦争指導の失敗を論じるような後者の議論——特にジャーナリズムでの単純な議論——については、批判する側にも反論する側にも疑問を感じざるをえないが、ともかくそうした関心から「学力」についての検討は、必然的に他の進路への進学と関わって考察されてきた。

そうした中で、熊谷は一九二〇年前後の陸士採用者の出身中学における成績順位データをもとに、「高等学校入学者の中学校平均席次は、陸士入校者よりはやや良かったのではないかと考えられる。しかし少なくとも中学校からの陸士入校者の半数以上は、高等学校進学者に能力的に劣るということはなかったであろうと考えられる」[17]と推測している。また、教育史研究者の側からは別の問題関心から、斉藤利彦が明治後期における中学校での席次を検討して、やはり同様に軍学校進学者が高校進学者に比べて成績が劣っているわけではないことを示している。[18]

将校集団の社会的性格を考えるうえで重要な要因である出身階層についても、いくつかの研究がなされてきたが、これについては次章であらためて論じるので、ここでは詳しくは論じない。ただし、本章での問題に関わる点はあらかじめ紹介しておきたい。藤原彰は、明治期には将校の出身階層が士族中心であったのが、大正期以降は平民が優勢になっていったことと関連させて、「将校の出身階層は、中等教育だけで上級学校へ進めない層、資本主義的中間層にひろがった。厳重な階級、身分の支配する軍隊は、またいったんその階段にとりつけば、最高の地位にまでだれでも上昇できる可能性をもった社会である。日本社会の矛盾をもっともうけ、没落の危険にさらされているだけの中間下層にとって、この軍隊社会は唯一のはけ口であった」[19]と論じている。そこでは、ある時期以降社会階層的には中間層の下部までリクルート源が広がっていったことが示唆されているが、上層部分が軍人を志向しなくなったのかどうかについてははっきりと触れられてはいない。

そこで私が「選抜度指数」及び「軍人志向度指数」という二つの指数を用いて考察したところ、大正〜昭和初期にかけての統計の数値上では農業出身者の比率が減少するものの、実際には農業出身の中学生が軍人への道へ進む志向性は一貫して強まっていっていること、ある時期からは上層出身者よりも中層出身者が進む進学ルートになっていったということが推測できた（次章参照）。それを受け河野仁は、陸士・海兵卒業生に対する質問紙郵送調査をもとに、海兵の方が出身階層がやや高く都市中産階層の比重が大きいこと、「中層」というより厳密には「中の上」層にリクルート基盤があったのではないかと推測している。[20] いずれにせよ、これらの研究からは、貴族・大ブルジョアジー等、社会の最上層部分と結びついて発展してきたヨーロッパ諸国の将校団とはかなり社会的構成が違っていたのではないかと思わせる。

以上の通り、陸士と高校の学力レベルを比較する諸研究では、「陸士は有能な者をリクルートできたのか否か」以上の議論の深まりは見られない。同じ学力層でも、陸士を志向しない者と志向する者とがどう社会的に異なっていたのかについてこれまでの研究は目を向けていないのである。他方、出身階層をめぐる諸研究では、陸士への進路が高校への進学に対して占めていた位置を明らかにしてきたとは言い難い。諸階層のそれぞれの出身者が中学からの進学ルートの中でどう分化していったかが不明確なままなのである。すなわち、どういう生徒が陸士を志願し、採用されたのか、高校志願者・合格者とどう重なり、どうズレていたのか、時期的にどう変化したのかという、前に述べた問題は結局のところ、これまで充分検討されてきているとはいえないのである。

そこで本章では、中学校の階層分化と、志願者・合格者の出身地という二つの側面からこれらの問題に接近することにする。一見すると、両側面とも問題への接近の仕方としては遠回りのようであるが、さまざまな地域や学校の中学生たちの志向性を明らかにするうえで重要な手掛りになりうることが、以下の分析を通して納得されるであろう。

第二節　志願・採用状況と地域分布

それでは、彼らは陸士を受験するまでどこでどう勉強していたのであろうか。表3・1は一八八六(明治一九)年における受験者の地域分布を見たものである。まだこの時期には中学校やそれに類する中等教育機関が地方に少なかったことに一つの理由があるだろうが、陸軍部外からの陸士志願者・合格者のうち約半分が東京に集中している。彼らの多くは東京の出身者ではなく、地方から上京して陸士・陸幼受験に向けた予備校で勉強をし、陸軍将校をめざした者たちであった。

一八八五(明治一八)年頃の東京には、文武講習館・温知塾・有斐学校(旧熊本藩の学校)などの私立学校(予備校)が、陸士受験に向けた教育を行なっていた。三校とも、教員はたいてい士官学校と幼年学校の現職教官が職務の合間に出講していたが、軍としても確実につながりのある学校が一つ欲しいという陸士側の意向で、文武講習館に統合され、陸士との関係も緊密になっていった。その文武講習館は翌八六年に「成城学校」と改称して原田一道少将を校長に招き、幼年科（陸幼受験者が対象）・青年科（陸士受験者が対象）の二科を設置した。次いで陸軍参謀川上操六が現職のまま校長になり、宮内省に新校地を下賜させるとともに、毎年補助金（「御下賜金」）をださせ、丸ノ内の陸軍大学の建物を譲渡させるなど、成城学校は陸軍の保護を受けて一八八〇年代末〜九〇年代には多くの将校を輩出していった。[21]

表3・1　1886年士官学校・幼年学校志願者・学科合格者分布（所管別）

	陸士		陸幼	
	志願者	合格者	志願者	合格者
教導団	287	26		
その他陸軍内	206	18		
陸軍外				
東北	56	10	7	3
関東	21	2	2	0
東京	530	63	280	27
中部	132	12	41	5
近畿	60	13	16	8
中国	74	17	40	3
四国	43	13	7	1
九州	138	16	60	13
その他	0	0	2	0
計（人）	1547	190	455	60
（山口	27	11	8	0）
（鹿児島	7	2	1	0）

＊『官報』1886年7月23日号より作成。

　そうした一例として、

後に軍内派閥の巨頭になった宇垣一成のキャリアを紹介しておこう。岡山県の農家の末男として一八六八（慶応四）年に生まれた彼は、小学校卒業後代用教員になった。一六歳で検定試験に合格し小学校校長になると、田舎の小学校にとどまる気の無かった彼は、仕事の傍ら余暇を利用して岡山の塾に通い語学と数学を勉強した。「教員生活の頃から維新以後の軍隊、とくに西南役後の軍の整備の模様を知り、また当時の鎮台兵の演習や行軍の様子を見て陸軍にあこがれていた」彼は、校長時代に貯蓄を進め、八六年に上京し、当時陸士の予備校として有名だった成城学校に入校して、一年間受験勉強をした後、士官候補生に採用された。[22]

一八八六（明治一九）年の中学校令によって府県の公立尋常中学校が一校に制限されたことと、中退率が高かったことにより、八〇年代後半から九〇年代初頭の時期は中学校の卒業生そのものが少なかった。また、それらの学校でも学科課程や学校組織の整備向上が進んでいったとはいえ、上級学校と接続するには必ずしも質的に十分とはいえなかった。[23]ましてや、中学校令以後「中学校同等以上」の認定をめざして苦労していた多くの私立学校や私塾は、内容的に不備なものが多かった。そうした状況下では、陸士受験を専門にした予備校が人気を博し、全国から生徒が集まったのは当然のことであった。

ところが、一八九〇年代後半以降、中学校が急速に増加していく。その結果、一九〇〇年が近づく頃から受験地（ないし在学地）は地方へ分散していった。すでに一九〇〇年には東京の学校の出身者が中学卒業志願者総数の四分の一にまで減少している（七二一人中一八四人）が、一九一五（大正四）年には一〇％を切るに至る（四〇六三人中四〇〇人）。[24] 上京─専門の予備校で受験準備というコースをたどる者が多かった当初の状況から、地元の中学で勉強して受験のための学力を身につけるというコースへ転換していったわけである。

それゆえ、受験競争の地理的分布を論じるためには、一九〇〇年前後までは受験者たちが在学した中等教育の所在地や受験地と、彼らの出身地、すなわち本籍の所在地とのズレを検討しておかなければならない。そこで、表3・2は陸士・陸幼の採用者の出身地を本籍で見たものである。この表からこの時期の特徴として、次の三つのことが読みとれる。まず第一に、東京出身者がかなり少ないということである。陸幼では一割程度、陸士ではそれ以下でしかない。すでに述べた通り、東京での受験者や東京の学校出身者が多かったのは、地方から上京して「軍人への道」を進む若者が多かったことによるのである。第二に、九州出身者が多かったということである。陸士・陸幼ともに二割以上も九州出身者が占めている。同様に山口県の出身もかなりの高率を示している。しかし第三に、第二の点と矛盾するようだが見落としてはならないのは、かなり全国的なリクルートの構造になっているという点である。すなわち、約七割は九州・山口以外の出身である。後の時期に比べると志願者の数はごくわずかだったにもかかわらず、かなり広い地域の出身者を吸収し

表3・2　陸士・陸幼採用者出身地（本籍地別）

年	陸士		陸幼	
	1887～93	1897～1903	1889～92	1897～1903
東北	80 (7.9)	285 (10.8)	25 (8.1)	260 (13.3)
関東	79 (7.8)	214 (8.1)	12 (3.9)	128 (6.6)
東京	42 (4.1)	189 (7.2)	32 (10.3)	180 (9.2)
中部	205 (20.2)	476 (18.1)	59 (19.0)	315 (16.2)
近畿	124 (12.2)	243 (9.2)	34 (11.0)	197 (10.1)
中国	150 (14.8)	405 (15.3)	55 (17.7)	267 (13.7)
四国	105 (10.3)	251 (9.5)	22 (7.1)	149 (7.6)
九州	228 (22.3)	573 (20.6)	71 (22.9)	432 (22.2)
その他	4 (0.4)	31 (1.2)	0 (0.0)	22 (1.1)
計（人）	1017 (100)	2667 (100)	310 (100)	1950 (100)
（山口）	69 (6.8)	183 (6.9)	28 (9.0)	110 (5.6)
（鹿児島）	30 (2.9)	90 (3.4)	15 (4.8)	95 (4.9)

＊陸士1887～93年は『山口旅団長演説大意筆記』、その他は『官報』より作成。

ていたのである。当時の陸軍内部での藩閥勢力の影響力の大きさに比べて、将校生徒のリクルートは藩閥的な偏りが小さかったことがわかるであろう。

こうした地域分布は、明治―大正―昭和とどう変化していっただろうか。そこで、陸士志願者の本籍別分布を調べてみた（表3・3）。すると、いくつかの興味深い事実が浮かび上がってきた。まず、日露戦争後志願者が急増する時期には九州・山口出身者の比率が減少しており、志願者の増加によって競争が全国に広がったことを示している。これは戦争を契機に全国の青少年に軍人への志向性

表3・3　陸士志願者の出身地（本籍地別）

年	1899〜1901	07〜09	（大正）13〜15	21〜23	（昭和）26〜28	35〜37
東北	11.1	11.8	9.4	8.3	7.8	9.1
関東	9.1	11.7	11.0	9.6	9.8	12.2
東京	9.1	6.5	4.9	4.0	4.6	5.9
中部	16.7	19.0	17.5	17.7	16.9	17.6
近畿	9.7	11.0	9.7	9.9	9.7	9.6
中国	13.7	11.6	13.8	13.4	14.5	12.5
四国	8.7	9.2	7.5	7.5	7.0	5.9
九州	20.7	18.4	25.0	28.4	28.0	25.3
その他	1.2	0.8	1.2	1.2	1.7	1.9
計（%）	100	100	100	100	100	100
N（人）	7099	8197	12298	4457	10938	19873
（山口	6.4	3.9	5.0	5.6	5.2	3.5）

*『陸軍省統計年報』及び『教育総監部統計年報』より作成。

が拡大したことによるのかもしれないし、中学校の全国的な拡大によって上昇移動をめざす若者達が非藩閥地域でも増加したことによるのかもしれない。

ところが一九一〇年代に入ると再び地理的偏りは大きくなり、特に一九二〇年代の志願者激減期にはかつてないほどになる。確かに九州でも志願者総数は減少しているのだが、他の地域に比べて志願者の減り方が少ないので、結果的に志願者総数に占める割合は上昇しているのである。

任官後の昇進人事に関してはともかく、陸士や陸幼での採用については純粋に能力主義的であり、出身地によるく藩閥出身者がより採用されや

表3・4　陸幼志願者の出身地（本籍地別）

年	1889〜1901	07〜09	（大正）13〜15	21〜23	（昭和）26〜28	35〜37
東北	13.1	14.2	9.9	10.5	8.7	9.8
関東	5.2	6.7	6.2	6.9	8.2	9.9
東京	8.2	7.4	5.7	5.0	5.9	6.9
中部	17.7	20.4	17.3	15.4	16.8	17.2
近畿	9.2	10.0	10.4	8.1	9.4	10.5
中国	12.4	11.9	17.0	18.9	15.7	13.0
四国	8.5	5.4	6.6	6.8	7.3	6.2
九州	24.2	22.4	25.2	26.4	26.5	23.9
その他	1.5	1.6	1.7	2.0	1.5	2.6
計（%）	100	100	100	100	100	100
N（人）	3559	7924	12901	8432	6053	14613
（山口	5.6	4.8	7.1	9.4	7.1	3.8）

*『陸軍省統計年報』及び『教育総監部統計年報』より作成。

すかったという）差別はなかったことはこれまでも指摘されてきたし[25]、私の試算でも藩閥出身者の採用率（採用者／志願者）は他の地域より高いということはなかった。とすると、採用者について見た表3・2のデータと重ねあわせれば、一八八〇〜九〇年代などよりもむしろ、一九二〇年代の時期のほうが九州出身者の割合が大きいほどなのである。志願者が急減したこの時期には、陸士をめぐる競争はそれ以前の時期に比べて地域的偏りが強くなったというわけである[26]。

そして一九三〇年代後半に入り、志願者・採用者が激増する頃になると、再び競争は全国に拡大していく。

表3・5　海兵合格者の出身地（本籍地別）

年	1898・99	1902・03	(大正) 14・15	18・19	(昭和) 27・28
東北	10.0	10.6	6.6	8.3	6.7
関東	7.9	6.1	7.9	9.7	4.4
東京	13.2	10.0	5.7	5.9	6.3
中部	15.3	14.7	14.9	15.6	10.4
近畿	6.5	9.2	10.1	9.9	6.3
中国	14.4	14.2	17.5	17.1	15.6
四国	9.7	9.4	9.6	8.3	10.0
九州	21.6	25.8	27.3	24.4	39.2
その他	1.4	0	0.4	0.8	1.1
計（%）	100	100	100	100	100
N（人）	340	360	228	493	270
(山口	7.4	4.2	4.4	5.1	4.4)
(鹿児島	3.5	4.7	9.6	8.9	13.3)

*『官報』より作成。

九州や山口の出身者の比率は減少し、他の地域の受験者の比率が高くなる。地域的な偏りは弱まり、全国から志願者が殺到するようになっていったのである。

また、表3・3でもう一つ気づくのは、東京出身者の比率が明治期から昭和初めまで減少の一途をたどっているということである。一九三〇年代後半期に若干上昇するが、それでも明治期に比べると低い数値である。

こうした時期的変化は他の軍関係の学校でも同様に見られた。表3・4は陸幼志願者について、表3・5は海兵合格者について見たものである。陸幼では一九二〇年代に山口出身者が一割近くにまで増加したし、海兵では一九二七、二八（昭和二、三）年の合格者の実に四割が九州出身者で占められるに至る。それゆえ、陸士志願者について述べた変化は、軍関係の学校への進学に関してかなり共通していたわけである。

これらの点を「進路としての位置」という観点から考察するために、次に他の資料とつき合わせて比較しようと思うが、その前に高校―大学のルートの構造変動について確認をしておかねばなるまい。周知の通り、一九一七（大正六）年に設置された臨時教育会議の答申をうけて一八年にだされた「大学令」は高等教育の機会構造を大きく変えていった。具体的には、⑴公私立大学の設置を認め、また単科大学を認めることによって、早稲田・慶応のような私立専門学校が私立大学に、東京高商が東京商科大学に、新潟・岡山等の医

1929		1936	
4144	(7.8)	4521	(8.4)
5685	(10.8)	6150	(11.4)
5671	(10.7)	5813	(10.8)
9246	(17.5)	9000	(16.7)
8772	(16.6)	9287	(17.3)
5729	(10.8)	4984	(9.2)
2529	(4.8)	2663	(4.9)
8951	(16.9)	9036	(16.8)
2155	(4.1)	2435	(4.5)
52882	(100)	53889	(100)
1290	(2.4)	1133	(2.1)
1364	(2.6)	1449	(2.7)

方含む）

1929		1936	
399	(5.2)	259	(4.8)
524	(6.9)	389	(7.2)
1935	(25.4)	1618	(29.9)
1053	(13.8)	585	(10.8)
1750	(22.9)	1155	(21.3)
581	(7.6)	454	(8.4)
318	(4.2)	193	(3.6)
839	(11.0)	586	(10.8)
229	(3.0)	172	(3.2)
7627	(100)	5411	(100)
130	(1.7)	99	(1.8)
125	(1.6)	64	(1.2)

表3・6　中学校卒業者地方別（中学所在地別）

年	1904		1910		1917		1925	
東北	1135	(11.6)	1558	(10.7)	1760	(8.4)	2600	(8.0)
関東	765	(7.8)	1540	(10.5)	2265	(10.8)	3748	(11.6)
東京	2118	(21.6)	2181	(14.9)	2881	(13.8)	3640	(11.3)
中部	1270	(12.9)	2602	(17.8)	3543	(17.0)	5716	(17.7)
近畿	1354	(13.8)	2153	(14.7)	3342	(16.0)	5313	(16.4)
中国	1061	(10.8)	1483	(10.2)	2232	(10.7)	3542	(11.0)
四国	574	(5.8)	904	(6.2)	1123	(5.4)	1422	(4.4)
九州	1415	(14.4)	1906	(13.1)	3265	(15.6)	5377	(16.6)
その他	125	(1.3)	271	(1.9)	489	(2.3)	982	(3.0)
計（%）	9817	(100)	14598	(100)	20900	(100)	32340	(100)
（山口）	208	(2.1)	292	(2.0)	457	(2.2)	838	(2.6)
（鹿児島）	243	(2.5)	264	(1.8)	398	(1.9)	720	(2.2)

*『全国公立私立中学校ニ関スル諸調査』各年度版（卒業は前年）より作成。

表3・7　高校及び大学予科入学者（中学所在地別・四修と卒業者の両

年	1904		1910		1917		1925	
東北	100	(9.4)	92	(8.5)	83	(7.2)	326	(6.0)
関東	54	(5.1)	37	(6.7)	62	(5.4)	356	(6.6)
東京	308	(28.8)	199	(18.3)	314	(27.1)	1234	(22.8)
中部	157	(14.6)	161	(14.8)	175	(15.1)	857	(15.9)
近畿	140	(13.1)	180	(16.7)	217	(18.7)	1076	(19.9)
中国	111	(10.4)	159	(14.6)	110	(9.5)	523	(9.7)
四国	38	(3.6)	46	(4.2)	32	(2.8)	215	(4.0)
九州	154	(14.4)	158	(14.5)	144	(12.4)	659	(12.2)
その他	6	(0.6)	19	(1.7)	21	(1.8)	156	(2.9)
計（%）	1068	(100)	1087	(100)	1158	(100)	5404	(100)
（山口）	18	(1.7)	20	(1.8)	19	(1.6)	144	(2.7)
（鹿児島）	22	(2.1)	18	(1.7)	28	(2.4)	85	(1.6)

*『全国公立私立中学校ニ関スル諸調査』各年度版（卒業は前年）より作成。

専が医科大学に昇格するという具合に、大学が学校数・学生数のうえで一九三〇年代半ばまで大幅に拡大していった。また、(2)専門学校の大学への昇格の条件として「大学予科」が設置され、高校と同等に扱われたこと及び、(3)新潟・松本・山口等、地方都市を中心に官立高校が一九二三（大正一二）年までに一七校が新設されたり、富山・武蔵などの公・私立高校七校が二〇年代半ば相次いで開校されるなど、官公私立高校が大幅に増加することによって、中学卒業後大学へ向かうルートが大幅に拡張された。

さて本題に戻って、表3・6と表3・7は、中学校卒業者数と高校入学者（一九二〇年からは「高等学校及大学予科入学者」）を中学校所在地別に見たものである。まず、どの時期を見ても陸士の志願者数に比べて九州や山口の占める比率が小さいこと、一九二〇年代以降に九州や山口の中学卒業生が（若干比率が上昇しているが）それほど増えているわけではないこと、また、高校入学者については九州出身者は一貫して比率を低下させていることがわかるであろう。また、中学卒業者に関しては東京のシェアが減少していっていることが読みとることができる。一九〇四（明治三七）年には中学卒業者の一〇人に二人は東京の学校卒業者だったが、一九三〇年代までにその比率は半分にまで減少している。ところが、高校入学者については、東京の中学校卒業者が二割〜三割を占め続けているのである。陸士の場合とは対照的に、東京の中学卒業生が高校進学者のかなりの部分を構成し続けたわけである。

これらの表は中学所在地別であるから、表3・3で掲げた陸士志願者のデータ（本籍別）と単純に比較してはならない。しかし、一九〇〇年前後以降、地元の中学に在学するパターンが大勢を占めるようになったことを考えるならば、大まかな傾向として、高校への進学の動向は、陸士のそれとかなり異なったパターンであったということはいえるのであろう。陸士志願者における一九一〇～二〇年代の九州出身者の比率の上昇は、九州の中学卒業生が他の地域よりも急増したためではないことは表3・7から明らかである。また、九州からの高校進学は陸士とは反対に次第にシェアを低下させている。とするならば、上級学校への進学時における進路選択に際して陸士志向が他の地域よりも強かったと考えざるをえない。

他方、東京出身者は次第に「軍人への道」から離れて「高校への道」へ集中するようになっていった。陸士に進める学力がある者でも陸士を受験せず高校に進むという傾向が強まっていったのである。ここに見られるのは、いわば二つのルートをめぐる進路分化の地域的な差の拡大である。

第三節　中学の学校階層と陸士志願

次にいくつかの地域を取り上げて、こうした陸士志願者数の変化をもう少し細かく見ていくことにしよう。一般に、ある時期から中学校間の格差構造が明確化していったことはよく知られている。たとえば、佐藤秀夫は一九一〇年代後半には「学校数の増加に伴って、伝統の権威とスタッフや施設の整備からくる学校間格差が顕在化しはじめてきた」と述べている。[27] また、深谷昌志は中学校が増え始めた一八九〇年代半ば（明治二〇年代後半）から既に中学校の階層化は進行してきたととらえている。「明治二〇年代後半から、三〇年代にかけて、中学校の量的な拡大とともに私立をも含めた中学校の公教育体制化が進み、入学率も進学率も高い有力中学を頂点として入学率も進学率も低い二流中学へと中学校の階層化は顕著になりはじめた」[28] と彼は論じている。東京でいえば、その頂点には府立一中が立っていた。[29] いつ頃から顕著になってきたかについてはともかく、中学校数や生徒数の増加、高等教育進学希望者の増加の中で、中学校のハイアラーキカルな威信構造——実際に卒業生の進路に大きな差がある——が顕在化していったことは間違いない。それは、上級学校への進学者が多い学校と少ない学校、特に旧制高校への進学者数が多い学校と少ない学校との差に端的に表れている。そこで、陸士志願者がどういう学校に多かったのかを見れば——ランクの高い中学校の生徒やそうでない中学校の生徒の陸士への志向性の違いを見れば——彼らの間で陸士が進学先としてどう評価されていたかがよりはっきりとわかってくるはずである。

表3・8は、東京府内のいくつかの中学校の陸士志願者・採用者を見たものである。中学ランクを知る目安として、一九一三〜一五（大正二〜四）年のそれぞれの学校の卒業者

数（右端下段）と高校入学者数（同上段）を掲げておいた。まず第一に気づくのは、かつての「陸軍の予備校」であった成城中学の変化ぶりである。一九〇〇年前後には陸士志願者が毎年一〇〇人を超えていたのに、その後次第に減少し、一九二〇年頃には一一人とか一三人という年もでてきた。と同時に、志願者中の採用者の比率（合格率）も急速に低下していき、大正期には他の中学に比べて相対的に志願者が多いにもかかわらず、わずか二〜三人しか合格していない。陸士への志向性が東京地区内では相対的に高い学校であり続けたが、学力水準の低さ（一九一三〜一五年に合わせて九人しか高校に現役合格していない）のため、陸士合格者を輩出することも困難になっていたのである。

もっと重要なのは、府立一中や私立開成中学など、高校入学者が多い、いわゆる「一流校」は、特徴的な変化をしているということである。すなわち日露戦争後一度志願者が急増するが、開成では一九一〇年代に入るとすぐに、また府立一中では一九二〇年頃から志願者は急減している。この点では錦城や早稲田、順天などのいわゆる「中程度以下の中学校」と比べてみるとわかる通り、陸士志願の減少の仕方がいちじるしい。錦城や早稲田、順天などは一九一九年以降確かに陸士志願者は減少するものの、その減り方は「一流校」ほどではないのである。このように、都市「一流校」の生徒は一九一〇年代あるいは二〇年前後から陸士志向が急速に弱まったことは確かであろう。

しかし、こうした傾向は東京に限ったことではなかった。表3・9は岡山県のいくつか

10	(大正) 13	14	15	19	20	21	22	23	24	†
12	24	28	19	4	2	—	5	3	7	115
4	5	2	1	2	0	—	2	1	1	432
13	3	3	2	2	—	—	3	—	1	77
2	0	0	0	0	—	—	0	—	0	243
9	9	14	7	5	3	1	1	1	5	74
2	3	0	2	2	1	0	0	0	1	243
13	17	17	22	7	1	1	4	4	4	47
2	2	1	4	1	0	0	0	0	0	398
16	18	17	13	8	3	7	6	5	3	45
1	4	0	0	0	0	0	0	0	1	360
55	80	56	51	11	15	30	21	13	11	9
12	3	2	3	0	3	2	1	1	0	212
11	12	8	11	6	1	2	1	2	4	8
3	1	2	1	1	1	1	0	0	0	239

者数。『陸軍省統計年報』及び『全国公立私立中学ニ関スル諸調査』より算出。

の中学校について同様に、陸士志願者採用者等を算出したものである。県内で飛び抜けて高校進学者が多かった岡山中学（ある時期から岡山一中）は、先に見た府立一中の志願者数の動向とよく似ていることに気がつく。明治末〜大正初年にかけて多かった志願者は一九一九年以降、一気に三分の一以下に減少しているのである。また、県北の名門校津山中学でも同様の傾向が見られる。ところが、高校進学者が少ない高梁・関西・金川・金光等の中学では、大正中期以降陸士志願者は横ばいであったか、あるいは僅かに減少したにとどまっている。

表3・8　東京府内中学校の陸士志願者・採用者の推移

年		(明治) 1899	1900	01	02	07	08	09
府立一中	志願者	9	4	7	13	12	11	20
	採用者	6	3	6	5	4	1	8
開成	志願者	9	5	3	4	5	10	8
	採用者	4	2	1	3	3	9	1
府立四中	志願者				1	9	5	8
	採用者				1	5	2	2
錦城	志願者					6	19	18
	採用者					3	2	3
早稲田	志願者	0	2	8	7	24	16	17
	採用者	0	1	4	3	8	2	3
成城	志願者	136	145	162	131	54	44	63
	採用者	93	91	54	36	8	6	18
順天	志願者					11	4	7
	採用者					1	0	1

＊†の上段は1913〜15（大正2〜4）年の高校入学者数、下段は各中学校卒業

東京や岡山に見られたこうした動きをどう解釈したらよいのだろうか。われわれは、東京が全国的に見ても陸士への志願者数の割合が少なくなっていったことをすでに前節で見た。なぜ東京は陸士志向が他地域に比べ弱かったのだろうか。また、なぜ地域内の「一流中学」では周辺部の中学に比べて陸士志願者の減少が著しかったのだろうか。そして、最初に述べたようになぜ陸士進学について二つの対立する評価が併存していたのだろうか。いくつかの説明が考えられるが、それらの説明が今挙げた疑問を矛盾無く説明するかどうか検討してみよう。

表3・9　岡山県中学校の陸士志願者・採用者の推移

	年	1907～09	(大正)13～15	19～21	22～24	†
岡山	志願者	32	37	9	10	89/284
	採用者	9	4	1	0	
津山	志願者	16	32	9	8	21/241
	採用者	2	2	0	0	
高梁	志願者	16	29	10	5	12/193
	採用者	1	1	3	1	
関西	志願者	42	35	32	19	8/248
(私)	採用者	5	0	0	2	
金川	志願者	13	9	11	13	2/96
(私)	採用者	2	1	1	0	
金光	志願者	18	30	11	16	9/222
(私)	採用者	2	2	0	2	

＊『陸軍省統計年報』及び『全国公立私立中学校ニ関スル諸調査』より。†は1913～15（大正2～4）年の高校進学者／卒業者。

第一に、学力水準の高い生徒は陸士よりも高校を選ぶようになったという説明である。これは、一見すれば府立一中や岡山中学の生徒たちの「陸士」離れを説明できるように思われる。しかし、学力水準でいうと高校と陸士がかなり重なっていたという熊谷の研究（前述）からすれば、「一流中学」でも陸士志願者の数がもっと多くてもよいはずである。また、現在の高校とは異なり、旧制中学への進路が厳密な「輪ぎり選抜」にはなっていなかったことを考慮にいれたとしても、「一流中学」陸士受験者の少なさは単に生徒の学力によるのではないことは確かである。

第二に、地域的な文化差という要因も考えられる。一九一〇年代末に強まった社会全般の反軍的風潮に地域的偏りがあり、それが志願者の陸士離れの強弱と結びついていたのではないかという説明だとか、あるいは、第一次大戦を契機としたインフレの進行の中で、俸給生活者としての将校の職業への魅力が失われていったのだが、その喪失の程度が地域によって違っていたという説明だとかがそれである。すなわち、東京では大正デモクラシー的な空気や軍人という職業の将来性への失望が強く、それゆえ中学の生徒も陸士志向が弱かったということになる。この説明はある程度正しいであろう。ただし、これだけでは東京や岡山で「一流中学」以外の学校の志願者数の減り方が少ないことをうまく説明できない。

第三に、高校（大学予科）という受け皿の地域的偏りという説明である。すなわち、前に述べた通り、大正中期の改革によって、高校（大学予科）─大学の進学ルートが大幅に拡大したのが、それが地域的に偏ることによって進路選択のパターンが変化したものではないかということである。確かに、東京には武蔵・成蹊・成城という私立高校も創られたし、官立の東京商大や私立の早稲田・慶応等、大学令を機に専門学校から昇格した大学の予科が創られたので、これらが東京の中学生の受け皿になっていった可能性は充分考えられる。

しかし、武蔵・成蹊・成城は七年制高校なので中学卒業者（及び四修者）は各校とも補欠で若干名しか募集しなかった。それゆえ中学からの進路選択にはほとんど関係がなかった。また、東京の私学の中で飛び抜けて入学者数の多かった早稲田・慶応をはじめ、中央・明治・法政・日本等、東京の私立総合大学はそもそも補充基盤が全国的（ネイション・ワイド）であった（東京商大も）という指摘もあり[30]、これらの大学への入学者の大多数が予科からの進学者であったことを考えるならば[31]、私立大学予科に関する地域的な学校数や定員の偏りは少し割り引いて考えなければならない。東京の私立総合大学予科等は全国的なリクルート基盤を持っていたのである。

また、官公立の高等学校は確かに東京に二校創られたものの、大部分は地方の都市に創られていったため、「地方分散」の性格が強かった。ここで問題にしている九州や山口でも一九一九（大正八）年に山口高校が、二〇年と二一年にそれぞれ佐賀高校と福岡高校とが設置され、以前よりは地域間格差が是正されたといってよいくらいである。実際、表3・7で一九一八年の改革をはさんで一七年と二五年とを比べてみると、東京の高校入学者比率がむしろ減少している（二七・一→二二・八％）ほどである。こう見てくると、従来東京に集中していた私立専門学校が制度改革によって大学に昇格したとはいえ、東京の中学生が他の地域より高校及び大学予科への進学に有利になったとは必ずしも言えないのではないだろうか。

第四に考えられるのは、「一流中学」では陸士への進学はかならずしも望ましいものではないという学校文化、生徒文化が形成されていったという説明である。すでに見たように徳川夢声が卒業した明治末の府立一中では既にそうした風土が存在していた。高校入学者が多い「エリート中学」の生徒にとっては陸士に合格しうる学力があっても、それは望ましい進路ではなかったのであり、彼らは「ともかく高校へ」と志向していったのである。垂直的な階層構造に分化した諸中学校の最上層部分に位置する中学では、高校への進学の価値的優位・陸士への進路の価値の低下が明確に生じたというのがこの説明である。これは確かにありそうだが、検証するためには多くの中学校の個別のモノグラフが必要である。これまで充分行なわれてこなかった旧制中学の学校文化・生徒文化の研究が蓄積されるのをまたねばならない。

最後に、出身階層による違いとしても考えられる。生徒の出身階層によって進路に違いがあり、それがリクルートの地域的パターンに影響を与えたという説明である。陸士採用者の父兄職業を他の高等教育諸機関と比較してみると（表3・10）、陸士の志願者が急増して軍人人気が全国的に高まったとされる時期でさえ、陸士と高校・私大予科とは出身背景に大きなズレが見られる。旧中間層に属する農業出身者の比率がきわめて高く、表に掲げた八種類の高等諸学校の中で高等農林に次ぐ高さである[32]。また、高校・私大予科に比べて医師や銀行・会社員が少ないこと、教師（陸士のデータでは「学校職員」）が多いこと

表3・10　高等諸学校在学者の出身階層（1938年在学者）

	高校	私大予科	高工	高農	高商	私専	女専	陸士†
農業	7.9	8.3	15.4	42.3	11.8	11.7	8.1	27.0
工業	3.4	4.2	8.4	1.8	3.7	5.0	3.8	3.9
商業	14.6	14.7	18.8	10.5	32.7	19.9	16.7	13.7
（小計）	25.9	27.2	42.6	54.6	48.2	36.6	28.6	44.6
銀行・会社員	21.5	21.5	17.8	9.9	19.1	20.9	16.1	10.3
官公吏	10.7	5.5	11.5	12.8	9.0	8.1	10.8	14.1
教師	7.5	3.7	6.7	6.7	4.6	5.6	7.9	10.0
（小計）	39.7	30.7	36.0	29.4	32.7	34.6	34.8	34.4
医師	9.5	4.9	1.5	1.8	1.0	2.6	11.9	2.0
宗教家	1.7	13.3	0.7	0.6	0.7	1.8	1.9	1.5
（小計）	11.2	18.2	2.2	2.4	1.7	4.4	13.8	3.5
その他	7.0	9.6	5.1	3.5	3.8	6.8	6.8	5.2
無職	16.4	14.2	14.1	10.1	13.7	17.5	16.0	12.3
合計	100.0	100.0	100.0	100.0	100.0	100.0	100.0	100.0
実数（人）	13,304	994	8,342	3,858	8,202	497	2,555	2,742

＊陸士は『陸軍省統計年報』に、それ以外は『日本近代教育百年史』第5巻、585頁の表43による。†陸士は1935〜37（昭和10〜12）年採用者。

がわかるだろう。

麻生誠は官立大学学生の父兄職業に関する調査から出身階層を検討して、「明治末から大正期までは地主・中小企業経営者の旧中間層が主要な学生の社会階層母胎であったが、大正後期から昭和初期は、増加傾向を強めた管理的職業や専門的職業従事者を中心とする新中間層と停滞を示す旧中間層とが主要階層母胎となってきた[33]」と述べている。また私立大学学生についても、昭和初期における新中間層の台頭を指摘している。

他方、社会階層における最上層部分の出身者が次第に将校生徒を志願しなくなり、陸士（や陸幼）は社会の中層部分出身者が多くを占めるようになったのではないかということを、私は別の機会にいくつかのデータから推測しておいた（次章）。そのことを考え合わせるならばおそらく、一般に富裕層を出身基盤に持つ、高い階層の出身で成績も良い都市部の中学生たちは、陸士進学を高校への進学と比べて下位に位置づけるようになっていったのではないだろうか。明治末以降、都市を中心に急速に増加しつつあった新中産階級――特にその上層部分――の子弟たちは、軍学校には進まずに、急増していく高校・大学予科へ吸収されていった。かつては数少ない近代セクターへの社会移動を保証してくれた「軍人への道」は、彼らには魅力の乏しいものでしかなかったのである。[34]こう考えるならば、軍学校における東京出身者が少ないという地域的偏りや、社会的上層出身者が比較的多かったいわゆる一流中学で陸士志願者が少ないということは、社会階層を軸にして進路が分化したことを意味しているだろう。実際たとえば、深谷の紹介するところによれば、東京の名門私立中学開成中学では、当時の在校生の五三％の家庭が直接国税を三〇円以上納める富裕層であった。[35]

こうした社会階層を軸にした進路分化が、実際いつ頃生じてきたのかについては、確証するだけのデータを持ちあわせていない。大正中期にははっきりと数字に表れてくるものの、筆者は実はかなり早くから進行してきたのではないかと推測している。一九〇二（明治三五）年に、ある歩兵少佐は将校生徒に華族・士族の子弟が減少してきたことに関連して、次のように述べている。「特権なく、待遇なく、規律厳なる、すなわち名誉の実なしとせば、社会の上流に位する者、其子弟をして、俸給薄く、規律厳なる、軍人たらしむるを欲せざるも情を顧れば、又当然の事ならずとせず」[36]。「社会の上流に位する者」は子弟を「俸給薄く規律厳なる」軍人にしないのも当然だというのである。さらにさかのぼって、一八九五（明治二八）年に子爵曽我祐準は、社会的上昇を遂げた士族層は軍人志向を放棄しつつあると論じている。彼は将校のリクルート基盤がこれまでのような士族中心ではありえなくなってきて、豪農の子弟を武官に志させるよう教育家に望んでいるのだが、その際、当時の現状を次のように述べている。すなわち、士族の多くは貧困に陥り、教育を受けさせる資力がない。と同時に、「幸にして斯の如く甚しき（困窮）に至らざるも一家の糊口に逐はれて比較的卒業後利益少なき武官には甘じて就く能はざる者亦多からん。若し夫れ僥倖にして大に富を起こしたる者も間々少なしとせざれども、是等は其生活自然驕奢に流れ、武官たるを好まざる傾あるべし」[37]。このように、社会の上層部分ではかなり早くから軍人離れが進行していた可能性があるのである。確かに中学校の増加につれて、また日露戦争を契機として、明治後半から大正期にかけて陸士志願者は急増していった。しかし、そうした全体的動きとは無関係に、社会の上層部分出身者たちは陸士離れ―高校志向を強めていったのではあるまいか。とすると、志願者の地域分布の偏りは、中学生の出身階層の地域的違いを反映したものとしてとらえることができよう。

これらの諸要因がそれぞれどれほどの重要性をもっていたかは、ここでのデータからはわからない。今後個別の中学校や特定地域のインテンシヴな検討を通じて、それぞれの要因の影響力の大きさを確認する作業が必要である。しかしともかく、ここでの考察からいえることは、少なくとも大正中期以降は、単に志願者総数が減少しただけでなく、あるグループが陸士をめぐる競争から離脱していったということである。前節で紹介した通り熊谷は、高校進学者と陸士採用者とは学力的には差が無かったのではないかと論じているが、だからといって受験した層がまったく重なっているというわけではなく、ここで生じている事態は、陸士進学者と高校進学者の社会的な分節化である。

ではなぜ大正中期〜昭和初期に陸士で九州の志願者比率が高まったのだろうか。表3・11は、福岡県のいくつかの中学校の陸士志願者採用者数の推移を見たものである。確かに、全国的な傾向と同様に、大正中期以降陸士志願者の数はどの学校でも減少している。しかし、ここで注目すべきは、どの中学でも他地域の学校に比べ、減り方が少ないということである。また特に、修猷館や明善などの地域内での「有名中学」の生徒も陸士を志向し続けていることは重要である。たとえば修猷館でいえば、一九一三〜一五（大正二〜四）年の三年間に陸士志願者が七五人いたが、一九一九〜二一（大正八〜一〇）年の三年間でも三六人もの多数が志願していた。九州に特徴的に見られるのは、(1)地域全体の志願者総数の減り方が少なかった、(2)「一流中学」での志願者の減り方が他地域に比べて鈍い、とい

(大正) 13	14	15	19	20	21	22	23	24	†
27	24	24	15	14	7	10	4	8	44
3	1	2	1	1	1	1	0	2	363
24	26	29	14	14	20	18	7	18	41
5	2	3	1	0	3	1	0	1	303
25	22	26	11	6	12	9	5	4	31
7	0	4	0	0	1	2	2	0	249
26	14	18	3	2	6	10	3	6	24
1	2	1	0	0	1	1	0	0	260
25	30	23	13	11	15	18	9	8	15
0	4	2	1	3	1	2	2	0	244
10	12	7	7	3	4	15	8	11	11
0	0	1	0	0	0	0	1	0	173
		23	10	7	16	17	9	17	11
		6	0	1	1	1	0	2	245

中学校卒業者数。『陸軍省統計年報』及び『全国公立私立中学ニ関スル諸調

表3・11　福岡県中学校の陸士志願者・採用者の推移

年		(明治) 1899	1900	01	07	08	09	10
修猷館	志願者	2	7	18	14	16	23	35
	採用者	2	4	8	2	5	2	4
明　善	志願者	11	6	8	13	11	25	24
	採用者	6	3	2	5	2	8	6
伝習館	志願者	5	8	6	6	12	9	14
	採用者	3	1	2	3	1	2	4
東　筑	志願者				12	9	12	14
	採用者				4	5	2	1
豊　津	志願者	5	11	23	21	20	21	17
	採用者	2	5	5	4	1	5	4
嘉　穂	志願者				2	6	14	16
	採用者				0	0	4	4
朝　倉	志願者							
	採用者							

＊†上段は1913～15（大正2～4）年の高校入学者数。下段は同時期の各
査』より算出。

うことであった。九州地区が特に大都市圏を除く他の地域と比べて生徒の社会経済的状況――出身階層――に特徴が見られるというデータはない。また、九州の中学生が特に他の地域と比べて成績が良好だったというデータも存在しない。実際、表3・7を見直せば、高校入学者比率では九州は低下の一途をたどっており、高校であれ陸士であれ上級学校進学志望者が他の地域より増えたわけではないようである。とすれば、他地域では高校への進学を志向するような経済状態や学力のある者までも、九州では陸士志願に向かっていたのではないかと考えられる。いわば、九州の中学生にとっては「軍人への道」はかなり望ましいものであり続けたのである。

ともあれ、出身地域・在学した中学や出身階層の違いなどによって、ある時期から高校―大学への進学志望者層と陸士・海兵への志望者層との間にズレが生じていたことは疑いがない。次節でこれまでの考察をまとめた後、昭和の軍事的拡大期に話を進めることにしよう。

第四節　昭和初頭までの概括

一八九〇年代までは、ごく少数の野心を持った青少年達が立身出世を夢見て上京し、予備校で受験勉強をして「軍人への道」を争った。また近代セクターの職種が限られており、同時に中学以後の進学先が数少ない段階では、陸軍将校はまだ基本的には望ましい進路だったことだろう。

一九〇〇年前後以降、中学校が急増してくるにつれ、また日露戦争で軍人の活躍が国民的な関心を浴びたことによって、「軍人への道」をめぐる競争は全国的に広がり、多くの中学生を惹きつけていった。

ところがある時期から、少なくともある社会層にとっては軍学校への進学は「高校への道」より一段低い価値づけがなされるようになってきた。すでに文部省系の高等教育諸学校では一八八〇年代末から高等教育諸ルートの威信序列が次第に明確になってきていた。陸士や海兵は、制度的には——すなわち学歴資格や年限のうえでは——一九〇三年の「専門学校令」で規定された専門学校の位置を占めていた（ただし文部省令によって正式に専門学校に準ずる学校になったのは一九二一年）。そうした状況の中で、都市部のエリート中学生にとっては「将校への道」は望ましい進路ではなくなっていった。陸士や海兵はすでに確立した文部省系の学校体系に対する制度的な「傍系」であると同時に、彼らには「二流の進路」とみなされるようになっていったのである。確かに陸士・陸幼の受験競争は受験倍率でみるかぎり、また出身中学での校内順位でみるかぎり、「優秀なごく一部の者だけが選ばれる」厳しい選抜でありつづけた。しかしその競争は、都市部の富裕で学力も高い、一流中学に在学する最上層のエリート中学生を含まない競争になっていったのである。そういう層は「軍人への道」を敬遠し、高校進学へと流れていった。そうした「軍人への道」の凋落の中で、九州や山口——そして全国の農村部——では依然として軍人に高い価値づけをし、高校へ行ける層まで軍人になっていった。かくして、軍人養成ルートの傍系化・二流化の中で、軍人志向の地域的な偏りが形成されていったわけである。陸士や海兵を受験し、合格していった者たちは自分が「一流」のコースを進んでいると考えていたかもしれない。しかし、最初から陸士や海兵を問題にしない層が存在し、統計にあらわれるほど膨らんできたことも事実なのである。

それでは、昭和に入って、特に満州事変後の変化についてはどうであろうか。志願者数の指数的増加に見られる軍学校の人気の上昇・競争の激化は、ここで見てきたような傾向を再転換させたであろうか。確かに、陸士、陸幼の志願者の地域的偏りの弱まり（表3・4や表3・5）を見れば、一九二〇年代に低落が明らかになった「軍人への道」の評価が再び上昇して、全国のすべての中学生の目標となっていったという印象を抱かせる。いわば、戦時期になって陸士・海兵が「一高—帝大」というルートと肩を並べて進学ルートの頂点に返り咲いたかのように見える。

しかし、実はそうではなかったという可能性も存在しているのである。というのは、①それまで高校に進学していた層が軍人人気に反応して陸士・海士をめざすようになったのか、②それまで高校に進学していた層は依然として「軍人への道」を望ましいものと見なさず（最上層は変わらず）、むしろ専門学校などの傍系的な高等教育機関へ進学していた者、あるいは進学しなかった者が大量に「軍人への道」に惹き寄せられていったのか、どちらかはわからないからである。もし、後者であれば、明治以降着々と整備されていった、帝国大学を頂点とする高等教育諸学校の威信構造の中で、軍隊系の学校はある時期から一流としての座を失い、回復することが無かったという結論になる。以下、この問題を考察してみることにしよう。

第五節　戦時期における軍学校への進学

一九三六（昭和一一）年に発行されたある受験案内書を見ると、さまざまな上級学校への進学は次のような評価がなされている。[38]

> 大学を出るには少なくとも一万円は用意しなければなるまい。専門学校でも三千や五千の金はかゝる筈である。（中略）現在家貧にして身を立てる方面と言へば軍部方面、商船方面、教育界以外にはない。陸海軍ならば、いかに貧しくても家系が正しくて人間がよければ思ふまゝに活躍できる。……（二二一～二二三頁）

頭がよくて財産があって健康でと三拍子揃った羨ましい身分の人は、高等学校から大学へ行くか、大学予科から大学へ行くか、兎に角一年や二年遅れても大学へ進むことがよろしい（二四頁）。

好景気の時代には商業界が活気を呈してゐるので、商大とか高商とか高工方面が多くなり、又海運方面の活況につれて官費の商船学校が人気の中心になる。それがこゝ当分の時代色のやうに、不景気の声が巷に溢れてゐる頃には、商業方面は見向きもせず、なるべく安全に納まれる方面、食ひはずれのない方面に学資を投下しようとして、いやどうかすると回収の出来ないやうな方面に学資を出すのすら勿体ないと言ふので、なるべく官公費の学校にドッと押し寄せる。今でも海軍陸軍は志願者の多いことに於て天下一品だが十年も前の陸海軍学校と来たら全くお話にならない程に、志願者が少なく、当局は優秀なる生徒を集めるのに苦慮したものだ。ところが現今では志願者の多い上に、優秀なる者すなわち頭のいゝ連中は殆ど陸海軍に吸収される（二六頁）。

一九三〇年代半ばの上級学校進学、特にその中での軍学校の位置がどのようなものであったかについて、これらの引用から四つの部分に注目する必要があろう。

まず第一に、貧しい者には陸海軍諸学校は望ましい進路であるとして勧めていることである。陸士や海兵は官費制だったため、貧しい者に社会移動のチャンスを与えるものであった。この時期にもそれは同様であったことがわかろう。第二に、「優秀なる者すなわち頭のいゝ連中」が「殆ど陸海軍に吸収される」と述べている点である。志願者の急増したこの時期には軍学校は学力的には優秀な者を獲得できていたことがわかる。しかし、ここで注目したいのは、学力も高く富裕な層まで「吸収され」ていたのかという点である。そこで第三に注目すべきは、「頭がよくて財産があって健康でと三拍子揃った羨ましい身分の人」は、「一年や二年遅れても大学へ進むことがよろしい」と、ともかく大学に進学することを勧めている点である。前節で述べてきたような、都市部の富裕で学力も高い、一流中学に在学する最上層のエリート中学生たちには大学進学がもっとも良い進学先、ということになるのである。このことは、第四の点として、商大・高商・高工や商船学校とならんで陸海軍学校が論じられている部分に、高校―大学進学者が出てきていないことと関係してくる。大学卒業まで「少なくとも一万円は用意しなければな」らない条件の下で、陸海軍学校か、他の学校かという時、それらは大学ほど出費の多くない専門学校を主として念頭において論じられているのである。そこでは、高校―大学と陸海軍学校を含めたそれ以外の学校の間には、進路としての位置が違うことが示唆されているように思われる。そうすると、第一点の「陸海軍に吸収され」た「優秀なる者すなわち頭のいゝ連中」は、学力も高く富裕でもある層まで含んでいなかったのではないかという印象を抱かせる。この時期の軍学校における志願者の増加、採用者の学力水準の上昇は、学力はありながら大学卒業までの高額な費用の捻出が不可能な層が、専門学校等の進路ないしは不進学から軍学校への進路に流れ込んだことによるという具合に。

それでは、具体的に中学卒業生たちの進路分化を調べて、果たしてそうなのかどうか確かめることにしよう。ある年度から『陸軍省統計年報』における陸士の志願者に関するデータが県別記載でなくなるため、満州事変以降の軍事的拡大期における陸士志願の地域別分析は集計がかなり複雑になる。そこでその代わりにここでは、中学校に関する資料から「軍学校へ進学した者」の数を取りあげて、高校に進学した者の動きとの比較を行なってみる。

表3・12は、高校入学者一〇〇人当たり何人の割合で軍学校進学者がいたかを算出してみたものである。たとえば一九二三年と二四年でいえば、東北地方の中学を前年に卒業した者のうち高校および大学予科へ進学した者（数値Aとする）は三一〇人、軍学校へ進学した者（数値Bとする）は二四人である。その場合、B÷A×100という計算をすれば高校入学者一〇〇人当たり何人の割合で軍学校進学者がいたかを計算できる（約七・七人）。同様に東京でいえばAが一三六三人でBが二四人、計算の結果は約一・八人となる。こうして算出した表を見ると、満州事変以降の軍学校の入学者数の増加によって、全国平均の数値は一九三〇年代に急上昇している。これは定員数の変化による当然の傾向だが、興味深いのは地域間に見られる差の大きさとその推移である。

まず、陸士受験者の地理的偏りが大きくなった一九二〇年代の数値を見ると、地域間に

表3・12　高校及び大学予科入学者100人に対する陸海軍諸学校入校者数

年	(昭和) 1923・24(X)	25・26	27・28	29・30	31・32	33・34	35・36	37・38(Y)	Y／X
東北	7.7	4.8	4.3	7.5	4.4	10.6	14.2	34.5	4.5
関東	6.5	6.5	4.7	8.9	5.2	10.0	15.7	26.4	4.1
東京	1.8	2.4	2.4	3.2	4.1	4.0	3.9	7.5	4.2
中部	6.3	3.0	4.5	5.6	5.8	9.8	11.3	33.7	5.3
近畿	2.6	2.0	2.1	3.5	3.9	4.1	4.9	14.9	5.7
中国	10.7	7.9	6.5	7.8	7.6	9.6	18.1	39.3	3.7
四国	5.8	7.1	14.7	14.1	19.9	12.7	20.6	43.5	7.5
九州	7.3	9.6	12.2	12.3	22.8	18.7	29.1	62.1	8.5
その他	0.9	0.5	1.1	2.0	0.5	1.3	5.3	9.1	10.1
全国	5.0	4.3	4.7	6.0	7.0	7.7	10.8	23.8	4.8
(山口)	14.4	10.4	12.2	8.1	10.9	10.9	21.1	58.3	4.0
(鹿児島)	12.9	13.6	14.0	16.2	21.9	33.5	63.9	105.6	8.2

*『全国公立私立中学校ニ関スル諸調査』各年度版より作成。前年度卒業生のみ（四修・補習科等を除く）。

非常に大きな差があることがわかるだろう。たとえば一九二三・二四年でいえば、東京の中学卒業生では高校進学者が一〇〇人いるとすると軍学校へ進学した者はわずか一・八人という割合になる。他方、九州地方では一〇〇人に対して七人強、山口県や海兵所在地である広島県を含む中国地方では一〇人強という計算になる。この表を見るかぎり、前に見た陸士志願者の地域別分布と同様で、しかもよりはっきりした地域的な志向性の違いが読み取れるのである。

もっと重要なのは、一九三

〇年代の変化の様子である。軍学校の拡張にともない、確かに東京の数値も上昇しているけれども、一九三五年頃でもその数値は四程度、三七・三八年でも七・五にしか達していない。それに対し、九州では六二・一、山口では五八・三にもなっている。東京も軍学校進学者が増えているけれども、その割合は結局のところ、他の地域よりも依然として低く、大正末に志願者が多かった地域は一九三〇年代後半に入っても相変わらず高い割合を維持し続けていたのである。このことは次のような推論を可能にする。

もし、従来軍学校を敬遠し高校を志向していた層が軍事的拡張にともない志向を変えていったとするならば――彼らが陸士や海兵を望ましい進路として評価するようになったならば――一九二〇年代に高校への志向が強まっていた東京の中学生のかなりの部分が、高校よりも陸士や海兵へ進学先を変更したはずである。すなわち、東京地域では高校へ進学するだけの学力を持った中学生が大量に存在していたため、彼らの間で「高校よりも陸士・海兵へ」という評価の転換が生じれば、おそらく他のどの地域よりも軍学校進学率が急伸したであろう。つまり、進路としての評価が変われば高校入学者数の減少―軍学校入校者数の増加は、東京において特に顕著に見られるはずである。そうなれば表3・12の東京の数値は一九三五年頃には他の地域に比べて有意な増加をすることになる。

ところが実際は、東京の数値は他の地域よりも増加率（Y／X）が高まっているとはいえない。むしろ全国平均（四・八）よりも少ない伸び率（四・二）にとどまっているのである。ということは、一九一〇～二〇年代に陸士を敬遠し高校に進学していた、学力と経済的余裕を合わせ持った都市の最上層部分の中学生たちは、進路としての評価を転換して軍学校に向けて進学動向を変えていったのではない。東京では依然として他の地域よりも高校志向は強いままであった。彼らは、一般的な社会全体での軍人人気の回復とは無関係に、軍学校を敬遠し高校―帝大のルートを志向し続けていたのである。[39]

第六節　小　括

本節で検討したのは一九三八年のデータまでである。戦争が全面化し、国民生活が戦時色に塗りつぶされるようになる太平洋戦争期には、陸士や海兵をめぐる受験状況はまた違った様相を示すようになったのかもしれない。実際、河野が行なった質問紙調査の数字では、陸士・海兵卒業生の出身階層が戦時期にはかなり変化を見せている。すなわち、一九四〇～四五（昭和一五～二〇）年卒業生は、それ以前の時期より農業層が減り、敗戦時の在校生では陸士が一一・七％、海兵が一・五％にまで落ち込んでおり、代わって学校職員や会社員が増加している。[40]それゆえ、戦局が抜きさしならないものになってきた時、中学生の進学パターンがドラスティックに変化したことは当然考えられる。

しかし、少なくともここで見た一九三八年頃までは、一九二〇年代に明白になった、進路の社会的分節化はそのまま継続していたようである。すなわち、それまで「軍人への道」を望ましいものと見なさなかった層——都市部の富裕で学力も高い、一流中学に在学する最上層のエリート中学生——の多くは、依然として陸士・海兵よりも高校を志向し続けたのである。とすれば、この時期までの軍学校の飛躍的な志願者の増加は、むしろ経済的理由などから学力が高くても専門学校などの傍系的な高等教育機関へ進学していた者、あるいは上級学校へ進学しなかった者が、大量に「軍人への道」に惹き寄せられていった結果であるといえるのではないだろうか。[41]

最後に、「軍人への道」について本章で指摘した諸傾向——志願者の地域的偏り、高等教育の威信構造上の位置等——は、現在の防衛大学校でも色濃く見られることをつけ加えておきたい。[42]太平洋戦争期と戦後の空白期をはさんで、戦前期にできあがっていたリクルートのパターンがいっそう強まった形で現在に引き継がれているのである。

第四章　将校生徒の社会的背景

第一節　課　題

1　はじめに

本章では、陸軍将校の主要な養成機関であった陸軍幼年学校（陸幼）・陸軍士官学校（陸士）の生徒（将校生徒）の出身背景データを検討して、将校の出身社会層に関する特性を考察する。特に本章では諸外国との比較という視点から、日本の将校の出身背景に関する分析を、仮説的にではあるが、より包括的な枠組みの中に位置づけていこうと思う。

具体的な分析に先立って、将校のリクルートや将校の階層的位置の問題がこれまでどういう問題関心のもとで研究されてきたのかを整理しつつ、ここでの関心を明らかにしておきたい。

①「封建的軍隊」論

日本の軍隊を封建的諸特性の残存という視点から検討、批判する立場からは、士族層及び地主出身者が多い点から将校団の特質を「半封建的」と規定する。[1] そこでは、「封建的諸特性を温存した」農村と軍隊との親和性が強調され、検閲の形骸化や部隊内の事件のもみ消し、功名争い等を、日本の軍隊の「封建的な後進性」であると説明する。[2] また、現実的で科学的な職業倫理としての軍人精神とはほど遠い、非合理的な武士的精神に支配された軍隊であったと描く。[3]

②「絶対主義的軍隊→帝国主義的軍隊」論

また、資本主義化の進展や軍隊組織の質的変容に注目する視点からは、「第一次大戦を契機に絶対主義的な軍隊から、より帝国主義的な軍隊への変化をとげ」[4] たとする見解もあり、その変化の一要因として、将校のリクルートのパターンの変化が挙げられている。すなわち、将校の出身階層における農村の中小地主の比率が低下し、将校は資本主義工業の発展に関心を寄せる合理的思考様式を持った軍事専門官僚となってきた。その結果、軍は資本との癒着・結合を深めて「独占資本の利益の代弁者」となっていったというわけである。[5] これは将校を独占資本と結びついた独立した集団とみなす見解であるけれども、将校を「支配階級」というカテゴリーの中に一括して論じる見方もある。[6]

③組織的「弱点」論

①や②のような方向とはまったく異なって、満州事変以降の作戦・指揮能力――知識や技能、判断能力――の欠如や欠陥を、将校のリクルートや昇進のパターンから説明しようとする研究も存在している。たとえば、将校生徒に有能な人材が選抜されていたか、公平な選抜・昇進システムであったか、それぞれのポストに適した人物が配置されていたか等を検討し、欠陥の存在を指摘するというものである。こうした視点からの研究は、日本の軍隊の「弱点」を指摘して批判したり、あるいは精強で効率的な軍隊組織を作るための教訓を引きだそうとする、実践的な関心に基づいている。[7]

①〜③でわれわれは将校のリクルートをめぐる日本の諸研究をみてきた。しかしこれらの研究は、次の二つの点で不十分である。まず、将校という職業集団が一つのまとまった階層として社会の全体構造のどこに位置しているのかが明確にされていないという点である。そのため、あまりに単純に出身階層を将校が共有するイデオロギーや文化と結びつけて論じたり、ごく一部の高級将校を代表させて「支配階級」に一括してしまったりしている。

もう一つの問題点は、比較という視点が欠如しているということである。欧米の軍隊と比べて日本の将校はリクルートパターンや階層的位置の面で違いがあったのかどうか、また、違いがあるとしたらそれがいかなる社会的政治的影響をもたらしたかは問われるべき重要な問題である。というのも、従来の議論の中に、諸軍隊に共通する点を日本に特有な現象であると説明したり、逆に日本に特有な現象を一般的な説明図式の中に押し込んでしまったりしてきた感があるからである。

2 西欧軍隊と開発途上国軍隊

欧米では、将校のリクルートの問題は主として、政軍関係論—軍事的専門職論の中心テーマの一つとしてとりあげられてきた。すなわち、①特殊な専門職としての軍人が自立してくる——その結果、専門職集団として政治へ従属する——というハンチントンのモデル[8]と、②次第に一般の官僚組織に似てくる——それゆえ独自に政治への影響力を持つようになる——というジャノヴィッツのモデル[9]の対立、つまりコントロールは外部か内部かという問題と関わって、将校の社会的出自が、軍事的専門職の政治的性格を理解するうえでの重要な変数とされてきた。将校の「社会的出自・階級的背景は政治秩序に介入する軍隊の傾向について鍵になる解釈として発展させられてきた[10]」のである。

このような関心からの研究の出発点に位置するのは、一九三九年にモスカが提出した二つの仮説であった[11]。それは、一つには、英米の軍隊の政治的忠誠は、ごく少数の、社会の最上層エリートから将校がリクルートされてきたことによって説明されうるというものであり、もう一つは、低い階層からの将校の補充は、彼らの高い野心をかき立てて、軍隊が政治に介入する傾向を強めるというものである。また、モスカとほぼ同時期に、ファークツも、西欧の軍事史の観察から、「貴族出身将校は、その保守的性格のゆえに、帝国主義的膨張よりも国の安全性の方に力点を置いた思考をしがちであり、むしろブルジョア出身将校の方が、植民地主義的あるいは膨張主義的であった」[12]と述べていた。一九五〇〜七〇年代には、軍隊の専門職化が政治介入を阻止しうるかどうかという問題にも関わって、将校のリクルートに関する多くの実証研究がなされることになった。

特に、それは二つの主要な問題群をめぐって検討されてきた。一つは西欧諸国の軍隊と開発途上国のそれとの対比、もう一つは、二〇世紀に入って顕著になってきたリクルート基盤の拡大の影響というものである。両方の問題について、以下、順に検討してみよう。

まず、西欧諸国の軍隊と開発途上国のそれとの対比については、たとえば、ジャノヴィッツは次のように論じている。「西欧の軍職にとっては、封建的伝統は軍による国内政党政治への直接介入を阻むはたらきをした。封建的な軍人貴族は保守的な観点の持主である」。そして西欧の将校が中産階級の職業になるにしたがって、「軍がより直接的な政治への介入にさらされるようになった」(ただしこれは、軍事上の変革にも起因していると彼は言い添えているが)[13]。それに対して、開発途上国では、中東諸国を例外として、一般に将校は中流ないし下層中流階級から補充され、その「貴族主義的伝統の欠如」によって、軍部は他の政治勢力と同様に、直接的に政治に巻き込まれる。また、貴族的な社会的伝統の欠如は、軍が現存の社会構造にさほど利害関係を持たず、それゆえに独自の官僚的・管理者的見地から社会変革に携わることを容易にする。[14] さらに、開発途上国では、「小地主を父にもつ農村および小市町の子弟たち」や「軍人、下級公務員、あるいは教師などの公職にある人々を父にもつ若者たち」によって将校が補充され、[15] そうした出身背景は「他のエリートたち、わけても政治的エリートとの統合をさまたげる」[16]、とジャノヴィッツは述べている。

パラドクシカルではあるが、封建的伝統の不在、将校の広いリクルート基盤は、政軍関係の不安定要因となりうる——政治への介入や他のエリート集団との乖離のような現象として——というわけである。[17]

また、西欧諸国内部に関しても、リクルート基盤の広さについて、国ごとの違いが強調されることもある。[18]

前述した二番目の問題——二〇世紀に入って顕著になってきたリクルート基盤の拡大が政軍関係に与える影響——についての研究も数多くなされてきた。従来比較的狭い社会層に限定されていた欧米軍隊の将校の輩出層が、二〇世紀に入って拡大してきたことを裏づける研究はおびただしく提出されてきた。[19]

ドイツの場合には、一九世紀末に貴族や高級官吏・専門職の子弟によって占められていた将校のポストにブルジョアジーが参入するようになり、[20] ワイマール期には上流ないし中産階級上層がリクルート基盤となった。ナチズム期には、より下層からの採用が企図された。さらに、戦後の西ドイツの軍隊においては主として中産階級上層から、そして次第に下層中産階級からもリクルートされるようになっていた。[21]

もちろん、採用時のデータからみた将校の出身背景と、実際に将校グループを形成する世代の出身背景には、時間的なズレが存在している。ドイツの場合には、一九三二年の将校の二七・一五％がまだ貴族出身であり、一九三六年七月の段階になっても、上級大将および元帥六人中五人が、そして少将〜大将の二四〜三三％が、貴族出身者であった。[22]同様に、イギリスでは、一九五九年になっても高級将校の九〇％は地主・企業主ないしは高級専門職層を出身背景にもち、階層的にきわめて高いままであった。[23]

第二次大戦後に西欧諸国で進行した、将校のリクルート基盤の拡大には、それぞれの国の事情（軍人からの自己補充が多いか少ないかとか、労働者階級子弟の大学進学のチャンスの程度の差とか）を反映して、そのスピードや程度には、国ごとにかなりの違いが見られるが、ジャノヴィッツにいわせれば、どの程度下層に開放されているかは、「民主化」の指標であると同時に、専門職としての威信の低下の度合いをも示している。[24]そして、将校の出身階層の変化が彼らの政治的態度に変化を生じさせたかどうかが検討されたり、保守的傾向の強い将校の政治的態度に関して、出身階層がどの程度影響を与えているのかといった点が論じられたりしている。[25]

このように、欧米では、政軍関係の在り方を解くカギの一つとして将校の輩出基盤の問題が注目され、国別比較や時期的変化に関して、あるいは、政治エリート輩出層と軍事エリート輩出層の重なりとズレに関して、さまざまに個別的な実証研究がなされてきたのである。

しかし、こうした研究に対して、将校の出自の問題を政軍関係——軍の政治的介入に単純に結びつけてはいけないという批判もだされてきている。たとえばオトレイは、イギリスの将校団が西欧諸国の中で特にリクルートの閉鎖性が高いわけではないことを示して、彼らが政治に介入しないのは、パブリック・スクールの生活体験を通して「ジェントルマン」というアイデンティティを政治エリートと共有しているからではないかと述べている。彼によれば、一八九〇年〜一九三九年の将校生徒の七五〜九二%はパブリック・スクールの出身者であった[26]。また、キャントンは、アルゼンチンの事例から、将校の社会的出自と政治的行動の間に存在するいくつもの他の変数を考慮に入れるべきことを指摘している[27]。

確かに、将校の社会的背景と軍の政治的介入との関係は、モスカの仮説のような単純なものではないであろう。将校養成教育の過程で形成される文化や意識はもちろんのこと、軍と政治をとりまく社会経済的状況や政治的風土など、軍の政治介入をもたらす他の要因は数多く存在する。実際、西洋・非西洋一四か国の軍隊を比較した研究では、将校のリクルート基盤の拡大と政治介入との間には相関が見られないこともないが、それはきわめて弱く、一貫したパターンは存在しないことが明らかにされた[28]。ある条件の下では機会の開放が政治的介入につながったり、別の条件の下では、逆に機会の閉鎖化が政治的介入につながったりするのである。将校の政治的態度を規定するのは、出身背景よりも軍学校における社会化や一般的な政治情勢など、もっと別の要因の影響が大きいというのである。

以上の研究の展開を踏まえると、将校の出身背景を彼らの政治的介入に直接結びつけたり、将校が出身階層と利害を共有すると単純に想定したりすることは、やや乱暴であるということができよう。しかしながら、ここで見てきた諸研究は、別の視点から見れば、豊かな可能性をもっているともいえる。つまり、政治学の問題ではなく社会学の問題として、政治過程の問題ではなく階層構造・階層文化や社会移動の問題として見れば、きわめて興味深い知見を蓄積してきているともいえるのである。それゆえ、将校の政治的態度や軍の政治介入を被説明変数に据えて彼らの出身背景と単純に相関させるのではなく、階層構造・階層文化や社会移動の観点から見た時の日本の将校の特質を明らかにする参照枠として、欧米の研究の成果を用いることにしよう。

3 分析の課題と方法

すでに述べたように、将校の政治的態度や軍の政治介入の問題をひとまずおいておけば、欧米での研究から二つのことが明らかである。一つは、西欧と開発途上国では将校のリクルート・パターンの構造が非常に異なっていたことである。西欧における将校集団は、特権と資産を保有する貴族層および上級有産階層を母体にして形成されてきた。貴族層による将校集団へブルジョア層が参入して文化的再編成が進行していったドイツの例や、ブルジョア層と対立する形で貴族層による将校集団が再生産されていったイギリスの例[29]に見られるように、生まれ、文化、富について将校はごく少数の上層部分と結びついて、文字通り「支配階級」の一翼を担っていた。

それに対して、多くの開発途上国のような「高等教育への接近のチャンスが上層階級にのみ開かれており、政治指導者の大部分がこの階級の出身であるような社会では、軍隊は、社会の中層出身の新たなエリートの形成の機会を提供[30]」する。そこでは政治エリート輩出階層と将校輩出階層との社会的分節化が見られる。

そこで、日本の事例を分析するにあたって、ここでは将校のリクルート・将校集団の階層的位置について、西欧型のモデルと開発途上国型のモデルという、比較構造的な二つのモデルを理念型として設定してみる。もっぱら社会の上層からリクルートされる西欧型の将校と、中層からリクルートされる開発途上国型の将校というものである。問われるべきは、日本の場合は基本的にどちらに近かったのか、という問題である。

ただし、前述した諸研究からもう一つ明らかなことは、上層と結びついていた西欧軍隊の将校集団も、実際にはリクルートの構造が変化してきているということである。ここで検討する一九世紀末から二〇世紀前半の時期は、前に述べたように西欧諸国の軍隊でも機会の開放が進み始めた時期であった。それゆえ、もう一つ考察すべき問題は、果たして戦前期の日本ではリクルートの開放性はどの程度であったのか。日本でも機会が拡大していっていたとしたら、そのテンポや程度は西欧とどのように異なっていたのか、という問題である。イギリスやドイツでは、世紀転換期からリクルート基盤の拡大は見られたが、どちらも富裕ブルジョア層の参入であり、下層中産階級までには及んではいなかった。長期間にわたる諸階層間の葛藤を経て、徐々に機会が下層に拡大していったのである。

以下では、昭和期に将校集団の大部分を構成していた世代、すなわち、一九〇〇年前後に陸幼や陸士に将校生徒として採用された者から、一九三〇年代後半期に採用された者までに関して、彼らの社会的背景について次の二つの観点から考察していく。

まず第一に、旧身分とのつながりはどのようなものだったのかという点である。明治初期の陸軍将校のほとんどが旧武士、すなわち士族の出身であったことはよく知られている。また、軍人という職業が、巡査や教師とならんで、士族にとって好ましい職業だと思われていたこともしばしば語られてきた。それでは、将校生徒に関して士族の子弟はどの程度の占有率を示していたであろうか。またそれは時代の変容の中でどのように変化していったであろうか。

第二番目は、将校生徒の出身階層である。第Ⅰ部第一章や第二章で受験資格としての学歴や学費、受験者のキャリアの検討を通して考察したように、社会の下層から、独学で将校生徒になるルートをたどる者はごくわずかであったことを確認した。また、将校生徒になるルートは、一九〇〇年頃以降は、陸軍将校として栄達するための唯一の経路となっていることも確認した。ほとんどが社会の中層以上の出身者である陸幼・陸士出の将校が、満州事変を迎える頃の将校集団の中核をなしていたわけである。

また、前章の分析から、「中層以上」と一括される広いカテゴリーの中で、ある特定の階層は軍人志願に向かわなくなっていったのではないかという仮説を提出しておいた。前章では受験者の出身地域や学校のランクを手掛りに考察を進めたが、本章では直接彼らの出身階層に関するデータから、このことを裏づけていきたい。

第二節　将校生徒の族籍

廃藩置県（一八七一年）や秩禄処分（一八七六年）によって、旧来の安定した世襲的地位を失った士族[31]たちにとって、軍隊は、かつての「職」に代わるものとして、彼らの自尊心を満足させるにたる、望ましい転進先であったということができる。[32] 実際、明治初期の軍の創設にあたって、多くの旧武士が軍人となった。明治維新後三〇年を経過した一八九九（明治三二）年になっても、陸軍在職軍人軍属（下士以下を除く）八七〇七人中五〇六

表4・1　陸幼採用者族籍別推移

年	1887	88	89	90	91	92	93	94	95	96	97
平民	—	—	26.7	31.0	24.3	37.0	34.3	29.0	32.0	31.3	34.7
士族	—	—	72.0	66.6	71.4	61.8	63.7	71.0	63.1	68.0	64.6
華族	—	—	1.3	2.4	4.3	1.2	2.0	0	4.9	0.7	0.7
人数	—	—	75	84	70	81	102	100	103	150	150

	1898	99	1900	01	02	03	04	05	06	07
平民	46.7	45.3	41.0	45.3	41.3	46.0	51.7	50.7	57.0	61.7
士族	51.0	51.7	58.3	54.0	57.0	53.0	47.3	48.3	42.7	38.3
華族	2.3	3.0	0.7	0.7	1.7	1.0	1.0	1.0	0.3	0
人数	300	300	300	300	300	300	300	300	300	300

	1909	10	11	14	15	18	19	22	23	24
平民	63.0	61.3	61.0	—	63.7	70.7	71.3	74.5	63.6	72.7
士族	34.7	37.7	37.7	—	36.3	28.0	28.3	25.5	34.7	27.3
華族	2.3	1.0	1.3	—	0.3	1.3	0.3	0	2.0	0
人数	300	300	300	—	300	300	300	200	150	150

*『官報』より作成。

○人が士族であったように、[33]かなり後の時期まで将校は士族の占有率が比較的高い職業であった。

将校生徒に採用される者も、当初は士族が多かった。表4・1と表4・2は、一八八七（明治二〇）～一九二四（大正一三）年の間に、陸幼・陸士に採用された者の族籍別割合を示したものである。将校の子弟が多かったからであろうか、一般に陸幼採用者の方が士族の占める割合が大きい[34]。まず、一八八七～九七年の期間の数値を見ていくと、年ごと

表4・2　陸士採用者族籍別推移

年	1887	88	89	90	91	92	93	94	95	96	97
平　民	48.8	—	54.3	38.0	44.9	37.6	40.2	41.5	35.6	35.8	39.0
士　族	51.2	—	44.8	60.8	55.1	61.1	59.4	57.1	63.5	62.9	59.3
華　族	0	—	0.9	1.2	0	1.3	0.4	1.4	0.9	1.3	1.7
人　数	41	—	105	166	147	149	224	217	216	601	597

	1898	99	1900	01	02	03	04	05	06	07
平　民	42.8	40.3	44.8	50.8	52.7	57.1	55.6	62.3	65.3	63.9
士　族	56.8	58.5	54.1	48.2	45.1	39.3	44.1	37.4	34.2	35.7
華　族	0.4	1.3	1.1	1.0	2.2	3.6	0.3	0.3	0.5	0.3
人　数	554	621	554	504	315	112	297	1186	219	501

	1909	10	11	14	15	18	19	22	23	24
平　民	68.2	68.3	73.1	73.9	62.6	73.3	73.6	86.7	72.0	85.0
士　族	31.4	31.7	26.8	26.1	19.2	26.7	26.3	13.3	28.0	15.0
華　族	0.4	0	0.2	0	0.2	0	0	0	0	0
人　数	509	498	557	299	504	221	220	120	100	100

*『官報』より作成。

表4・3　高等教育機関卒業者の族籍別（%）

年	1890		1895		1900	
	士族	平民	士族	平民	士族	平民
帝国大学	63.3	36.7	59.0	41.1	50.8	49.0
高等学校	61.6	38.4	59.3	40.7	47.7	42.3
官立専門学校						
医学	35.0	65.0	35.2	64.8	27.3	72.7
商業	49.1	50.9	48.0	52.0	43.0	57.0
工業	71.4	28.6	54.2	45.8	55.9	44.1
農業	48.1	51.9	39.5	60.5	28.6	71.4
公立専門学校						
医学	27.6	72.4	13.6	86.4	24.0	76.0
私立専門学校						
医学	26.6	73.4	24.0	76.0	25.1	74.9
法学	27.7	72.3	32.9	67.1	34.1	65.9
文理	59.8	40.2	44.1	55.9	35.3	64.7

＊『日本近代教育百年史』第4巻、657頁、表13による。

に若干の変動はあるが、この時期は陸士採用者の約六割、陸幼採用者の約七割を士族出身が占めており、しかもその割合は減少しているとはいえない。

この数字を同時期の他の学校と比較してみよう。表4・3は、一八九〇～一九〇〇年各高等教育機関卒業者の士族―平民比率である。この時期の陸士採用者の士族占有率六割に匹敵しうるのは、大学および高等（中）学校だけである。入学年と卒業年とのタイム・ラグを考慮に入れるならば、一八九〇年代は、陸士は他のどの高等教育機関よりも士族出身者の比率が高かったといえるであろう。また一八八七年の制度改革で「陸軍の中学校」という位置づけとなった陸幼は、一八九〇年前後の全国の尋常中学校在学中の士族の割合が約五〇％であるという数字[35]と比べると、士族占有率がかなり高かったことがわかる。

さらに、一八九八〜一九〇七年の時期の陸幼・陸士採用者の族籍について見ていくと、陸士も陸幼も次第に平民の割合が増加して、陸士では一九〇一（明治三四）年から平民の割合が五〇％を超えている。一八九〇年代前半には横ばいであった士族の占有率が、一八九八年頃から次第に低下していくのである。

これを、東京帝国大学の医学部（医科大学）と法学部（法科大学）の卒業生の族籍構成の推移と比較してみよう。三谷博によると[36]、士族の占有率は増減を繰り返しながら医学士は一八九〇年代の四〇〜六〇％程度から一九一〇年頃には三〇％前後まで、士族の多い法学士でも六〇％前後から一九一〇年頃には四〇％を切るくらいにまで減少していっている。帝国大学を卒業する年齢と、陸幼や陸士を受験する年齢との間には時間的なズレがあったことを考慮にいれると、やはり軍学校における士族の率は高かったといってよいように思われる。

しかしながら、視点を変えれば、帝国大学との差は、わずか数年ないし一〇年程度のタイムラグであったといういい方もできるかもしれない。そもそも一八九〇年代にすでに平民が、陸幼採用者の約三割、陸士採用者の約四割を占めるほど進出してきているのである。

一八八〇（明治一三）年の司法省法学校の入学者中の士族の比率が八四％、一八八五（明治一八）年の工部大学校在学者中の士族の比率が七二％といった数字[37]と比較すると、一八九〇年前後の陸士における士族の占有率は決してとびぬけて高いとはいえない感じがする。一八八九年の陸士採用者では平民の方が士族を上回っているほどであった。すぐ上で挙げた全国の尋常中学校在学者に関して、平民の占有率が五〇％を超えたのがようやく一八九〇年になってからであったことを考えれば、陸士採用者の平民の比率が四割程度というのは、意外なほどに平民の割合が高かったことを意味しているように思われる。

さらに、一九〇九～一九二四年の期間を見ていくと陸士は士族の占有率が約二〇％、陸幼は約三〇％まで低下していく。一九三一（昭和六）年の一高卒業生の族籍を調べてみる（表4・4）と、士族二七・四％、平民七一・六％、華族一％[38]で、この数字を大正末

表4・4　第一高等学校卒業者の族籍別構成

（1931年7月1日現在）

		族籍別 士族	族籍別 平民	族籍別 華族	計
第一部	英語法科	12	57	1	70
第一部	独語法科	11	27		38
第一部	仏語法科	11	27	1	39
第一部	文科	8	18		26
第一部	小計	42	129	2	173
第二部	工科	12	38	1	51
第二部	理科	5	5		10
第二部	農科	7	10		17
第二部	小計	24	53	1	78
第三部・医科		21	45		66
計		87	227	3	317

＊『日本近代教育百年史』第4巻、1273頁、表8による。

の将校生徒のそれと比べてみると、陸士のほうが士族の占有率が低いほどである。

もう少し調べてみないと断言はできないが、陸士の士族占有率が一高のそれよりも低くなったとすると、これは興味深い結果である。これはおそらく、前章でみたように、都市部のエリート中学生が高校への志向を強めていったことと無関係ではないであろう。社会的上昇を遂げた都市の富裕な士族層は、軍学校よりも高校―帝大の道へわが子を進ませることを望んだというように。

確かに一般の高等教育全体と比較すれば、将校生徒における士族の占める割合はかなり高かった。しかし、帝国大学と比べると、数年ないし一〇年ほどのタイムラグはあるものの、帝大の足跡をたどるようにその比率を減少させているのである。しかも、考えてみれば、明治後半期において、帝国大学の学生に比べて陸士や陸幼の士族の比率が高いのは、もしかすると士族である割合が高い将校の子弟が多かった（後掲する表4・5および4・6を参照）ことによるのかもしれないのである。

従来、将校生徒の中での士族の比率が高かったことは「武士的精神」――武人としての伝統――に結びつけられて論じられることが多かったが、このように帝国大学の士族占有率との差の小ささに注目すれば、むしろ士族の子弟は「医師や弁護士のような自営型、開業型の職業をさけ、官僚や教員のような組織内のキャリアをより強く志向した」[39]という要因の方が、より強調されるべきかもしれない。

いずれにせよ、明治初期にはおそらく将校生徒の大部分を占めていたであろう士族の子弟は、一八九〇年代までは陸士で六割、陸幼で六～七割を占めていたものの、その後急速に減少し、一九〇〇年頃に平民との比率が逆転して、さらに一九一〇年代には陸士で二〇％台、陸幼で三〇％前後まで比率を低下させていった。士族の優位はわずか四〇年ほどで崩れたわけである。このことを強調するのは、西欧軍隊においては、将校のポストをめぐる諸階級間の葛藤が長期間にわたり続いていったこととの差異を指摘したいからである。日本では明治初年段階で、特権的な旧身分階層（武士身分）が解体してしまったため、その後の社会移動をめぐる競争は集団的なものではなく、個人的な競争の形態に終始することになった。[40]しかも、そこでの選抜の際に用いられる「能力」は、人格とか統率力とかマナーといった、身分文化ないし階級文化を反映したものであるよりも、「学力」という、誰でもアクセスが可能な「能力」であった。将校生徒志願者の中の士族の割合が減少しつつあることを嘆く者はいないではなかったが（「武士的気概が失われる」などと）、だからといって、士族に有利になるような非学力的な要素を選抜基準に入れるべきだなどという議論は、まったく存在しなかった。将校としての心構えとしての「武士的精神」は常に鼓吹されていたけれども、将校生徒の採用に関してはそのような身分ないし階級文化的要素が、ほとんど無視され続けた。

将校集団への参入の階級障壁がこのように弱かったことは、日本の将校の社会的構成を急速に変化させる一つの要因になったであろう。中等教育を受けるだけの経済的余裕がある階層の子弟にとっては、[41] 誰でも勉強できさえすれば将校になれるのである。一方で、前章で触れたように、社会的上昇を遂げた士族層は「比較的卒業後利益少な」い軍人への進路を望まなくなっていった。[42] 確かに明治前半期は士族出身の将校が多かった。しかし、それは将校というポストが士族であることを要件として求めたからというわけではなかった。身分制度の解体の中で、新たな転身の道を捜さざるをえなかった士族たちの受け皿の一つにすぎなかった。平民諸集団の就学・進学率が上昇してくると、士族の優勢はすみやかに崩れていったわけである。

第三節　出身家庭の職業

陸幼採用者の出身家庭の職業を見てみると（表4・5）、武官、公務自由業（官公吏、議員・弁護士、学校職員、銀行及び会社員、医師）、農業と無職が多い。それに対し、商業や工業の家庭の出身者はごくわずかである。また、時期的な変化を見ていくと、志願者が激減した一九二〇年代前半に武官の割合が増加していること、一九〇〇年頃と一九三〇年代には「無職」の比率が高かったこと、一九三〇年代には農業の比率が一〇％を切るまで減少していることがわかる。

次に、陸士採用者の出身家庭の職業を見ると表4・6のようになっている。陸幼に比べ

表4・5　陸幼採用者の父兄職業

年＼職業	武　官	公　務 自由業	農　業	商　業	工　業	無　職	その他	人　数
1899	24.0%	19.7%	21.6%	6.0%	2.3%	24.7%	2.3%	300人
1900	22.3	27.1	16.7	5.3	4.0	23.7	1.0	300
01	18.6	21.7	24.0	9.7	1.7	20.0	4.3	300
02	24.4	27.0	12.7	5.3	2.3	20.7	7.6	300
03	20.7	23.6	15.7	8.0	2.7	22.7	6.7	300
—	—	—	—	—	—	—	—	—
1907	21.0	13.6	32.0	9.0	3.0	18.7	2.7	300
08	15.7	20.3	23.7	12.0	1.3	23.7	3.3	300
09	13.4	22.3	24.3	9.0	4.3	20.7	6.0	300
10	15.6	24.4	22.3	8.3	2.3	23.0	4.1	300
—	—	—	—	—	—	—	—	—
1914	20.0	23.6	21.3	10.0	5.9	17.4	2.3	300
15	25.7	29.9	16.3	4.0	7.3	13.0	7.0	300
—	—	—	—	—	—	—	—	—
1917	27.0	20.3	23.7	7.3	5.0	13.7	3.0	300
18	21.3	21.7	26.0	6.7	2.7	16.7	5.7	300
19	19.7	21.0	26.0	8.7	4.7	15.0	4.9	300
20	26.0	16.3	31.0	8.3	5.3	8.0	4.9	300
21	36.5	23.5	18.5	6.5	6.0	4.0	4.5	300
22	41.0	18.5	18.0	8.0	6.5	2.5	6.0	200
23	37.3	26.6	15.3	3.3	8.0	7.3	2.0	150
24	43.3	16.0	16.7	12.0	2.0	4.7	5.3	150
25	14.0	28.6	24.0	8.7	5.3	14.7	4.6	150
26	10.0	28.0	18.0	8.0	8.0	22.0	6.0	50
27	16.0	26.0	20.0	18.0	2.0	16.0	2.0	50
28	16.0	38.0	22.0	10.0	2.0	12.0	0	50
29	34.3	24.0	12.0	8.0	0	14.0	6.0	50
30	28.0	24.0	0	10.0	2.0	22.0	10.0	50
31	26.0	10.0	14.0	12.0	2.0	34.0	2.0	50
32	34.3	24.3	5.7	2.9	0	30.9	2.9	70
33	22.5	25.1	9.2	6.7	5.8	24.2	6.4	120
34	16.6	22.7	8.7	8.7	5.3	33.3	4.7	150
35	39.3	34.0	7.3	4.7	0.7	19.3	4.7	150
36	21.0	40.7	8.7	6.7	3.3	16.3	3.3	300
37	18.0	30.5	8.4	11.3	3.6	14.0	7.5	450

＊『教育総監部統計年報』及び『陸軍省統計年報』より作成。

表4・6　陸士採用者の父兄職業

年＼職業	武官	公務自由業	農業	商業	工業	無職	その他	人数
1899	8.2%	24.4%	27.9%	6.1%	1.6%	24.2%	7.6%	621人
1900	5.5	21.3	26.2	8.2	2.4	30.7	5.7	547
01	7.1	21.3	29.4	9.5	1.8	22.6	8.3	504
02	10.5	28.5	25.7	7.3	1.9	19.7	6.4	315
03	5.4	27.7	30.3	6.2	4.5	19.6	6.3	112
—	—	—	—	—	—	—	—	—
1907	3.0	23.2	37.1	10.8	5.4	16.8	3.8	501
08	3.9	18.7	36.1	8.0	4.3	19.5	5.4	513
09	3.3	20.5	41.3	11.6	3.5	14.0	5.8	508
10	5.9	20.5	35.6	11.2	5.1	15.6	6.1	508
—	—	—	—	—	—	—	—	—
1914	5.7	23.7	36.5	16.7	4.0	12.4	2.7	299
15	4.3	22.7	37.9	12.3	7.2	12.1	3.4	414
—	—	—	—	—	—	—	—	—
1917	5.5	30.7	42.7	7.7	3.2	9.1	2.8	220
18	7.7	20.9	37.6	10.0	5.0	12.2	6.8	221
19	9.2	19.2	37.6	11.5	3.8	10.8	7.7	130
20	15.4	19.9	41.5	10.8	6.2	3.1	0.8	130
21	11.4	23.0	40.0	14.3	4.7	3.8	2.9	105
22	14.1	20.1	42.5	14.2	3.3	1.7	4.2	120
23	19.7	17.3	40.7	7.4	1.2	9.8	3.7	81
24	13.9	18.4	46.2	12.9	2.2	2.2	4.3	93
25	6.0	20.0	40.0	10.0	7.0	11.0	6.0	100
26	6.3	21.1	34.7	15.8	4.2	12.6	5.3	95
27	3.0	21.0	36.0	12.0	5.0	15.0	8.0	100
28	2.8	20.0	38.6	12.6	8.4	8.8	7.4	215
29	1.0	14.9	43.5	13.0	8.6	7.9	11.1	315
30	2.9	22.8	40.0	16.2	4.8	6.7	6.7	315
31	2.5	22.0	39.7	13.7	4.1	9.8	6.7	315
32	3.7	16.0	40.0	8.7	8.7	13.0	9.8	355
33	3.4	22.3	36.8	8.2	5.6	16.3	7.3	465
34	2.1	28.0	32.0	12.5	3.9	16.8	5.7	440
35	4.9	31.4	28.8	7.7	4.1	17.1	5.9	507
36	3.6	39.4	26.2	12.9	2.4	10.5	4.9	550
37	3.0	31.8	26.7	15.8	4.3	11.3	6.8	1686

*『教育総監部統計年報』及び『陸軍省統計年報』より作成。

て武官の比率が小さく、農業の比率が高いことが特徴である。また、日露戦争後には農業が急増しその後漸減していく一方で、一九三〇年代には公務自由業の出身者が増加している。

ただし、現役を退いた後、恩給生活者となった武官は「無職」に、何らかの再就職をした武官はそれぞれの職業カテゴリーに算入されているので、実際にはこの表の数値以上に武官の子弟は多く含まれていた。たとえば、一九一六（大正五）年からのデータが掲げられている一九二六（昭和元）年の『陸軍省統計年報』では、「無職業ノ大部分ハ退役及予備、後備役ノ武官トス」と注が掲げられていることを見ると、この時期の「無職」の多くは恩給生活の軍人や軍人の遺族ではなかったかと考えられる。[43] また、一九二五（大正一四）年の陸幼採用者の戸主職業について『陸軍省統計年報』では、武官二一名、無職業二二名となっていて、別のデータからは、この年の採用者中の陸海軍将校の子弟は五七名（現役将校一五、予後備・退役三六、戦病死六）であることがわかっている。また、同年の陸士採用者は『陸軍省統計年報』では、武官六名、無職業一一名となっており、別のデータによると、現役将校六、予後備・退役九、死亡二となっていた。[44]

もう少し軍人の子弟の実際の数が判明したデータを『陸軍省統計年報』の数字と照らし合わせてみよう。一九二九（昭和四）年に全国で一校となった東京陸軍幼年学校入校者中、軍人の子弟は三一人で、『陸軍省統計年報』の「武官」「無職業」を合わせた二四人よりも多い。同様に三〇年、三四年、三七年について見ると、実際の人数がそれぞれ三一人、六九人、一四六人であったのに対し、『陸軍省統計年報』では二五人、七五人、一四六人となっていた。[45] このように、少なくとも一九二〇年代以降は「武官」と「無職」とを合わせると、かなり実際の軍人の子弟の比率に近くなることがわかる。もちろん、この場合には誤差を含んでいるから、以下で行なう指数の算出のような細かい統計的な操作からは外すけれども、表の数値以上に武官の子弟が多かったことは強調しておきたい。

将校の再生産率は計算できないが、それが非常に高かったというのは周知の事実である。乃木大将の指揮下にあって旅順で戦死した二人の息子の例や、東條英教・英機父子の例、親子で陸軍大将に昇り詰めた寺内正毅・寿一の例など、枚挙にいとまがない。さまざまな事例を細かく説明することは省くが、(1)父親や周囲からの希望や命令、(2)軍人と接する機会の多さによる憧れ、(3)制度的特典（陸幼の特待制や身長制限の例外措置）、といった諸要因によって、軍人の子弟が多く将校生徒になっていった。もちろん、父親と同じ職業を選ぶまでには、軍人的な家庭教育とか、友人に軍人の子弟が多かったことなども影響があったであろう。[46]

さて、この表から満州事変頃の将校集団の社会的構成——出身家庭の職業から見た——は、大まかにいって次のようにまとめられるであろう。日清戦争から日露戦争の間に陸幼・陸士に入校した四〇～五〇歳前後の世代の多くは、軍人・農業・公務自由業や「無職」の子弟であり、日露戦争後から大正初期に入校した三〇～四〇代の世代は、主に軍人・農業・公務自由業の出身であった。また、二〇～三〇代の若い世代は農業出身者が減り、公務自由業に携わる者を父に持つ層からの出身が増えていった。

それではさらに論を進めて、各社会階層にとって陸幼・陸士への進学ルートがどう位置づけられていたのかを検討してみよう。今検討した表では、大正期以降農業出身者の比率が減少しており、一見すると農業層の子弟が軍人にならなくなったか、あるいは都市の近代セクターの子弟の軍人志向が強まって、彼らが競争に参入してきたように見える。すると、軍と農村とのつながりは弱くなったのだろうか。

そこで選抜度指数[47]（採用者中の職業構成比率／全有業人口中の職業構成比率）を計算することで、職業構造の変化による影響を除去してみた（表4・7）、すると、各セクター間の比較および、それぞれの長期的変化について少し違った姿が見えてくる。

まず第一に、「農業」の数値が昭和初年まで一貫して増加していることである。採用者中の農業出身者の比率が低下しているのは、農業人口の比率が減ることによっているのであって、農業出身者のうち、将校生徒になる者の割合はむしろ増加しているのである。これは農業層と陸幼・陸士の結びつきが次第に強まっていたことを示している。

次に「公務自由業」を見ると、「農業」とは逆に、一九三〇年頃まで次第に指数は減少している。ということは、都市の近代セクター従事者の子弟にとって、陸幼・陸士は次第

表4・7　選抜度指数

年	農業			商業			公務自由業			人数
	陸士(A)	陸幼(B)	(A+B)	陸士(A)	陸幼(B)	(A+B)	陸士(A)	陸幼(B)	(A+B)	
1899	0.39	0.30	0.36	0.72	0.71	0.72	4.95	4.07	4.66	921
1900	0.39	0.25	0.34	0.96	0.62	0.84	4.46	5.61	4.88	847
01	0.45	0.36	0.42	1.09	1.11	1.10	4.40	4.93	4.60	804
02	0.39	0.19	0.30	0.83	0.60	0.72	5.98	5.48	5.74	615
03	0.47	0.24	0.30	0.70	0.89	0.84	5.81	5.12	5.30	412
—	—	—	—	—	—	—	—	—	—	—
1907	0.60	0.36	0.51	1.13	0.94	1.06	4.44	4.57	4.47	801
08	0.59	0.39	0.52	0.63	1.24	0.98	4.16	3.84	4.04	813
09	0.69	0.40	0.58	1.18	0.92	1.08	3.59	4.35	3.87	808
10	0.60	0.38	0.52	1.13	0.84	1.02	3.40	4.52	3.71	808
—	—	—	—	—	—	—	—	—	—	—
1918	0.71	0.48	0.58	0.88	0.59	0.71	3.37	3.47	3.43	521
19	0.72	0.50	0.56	1.01	0.76	0.83	2.65	3.02	2.90	430
20	0.80	0.60	0.66	0.92	0.72	0.78	3.34	2.45	2.72	430
—	—	—	—	—	—	—	—	—	—	—
1926	0.70	0.36	0.59	1.03	0.52	0.85	1.64	3.35	2.26	145
27	0.73	0.41	0.63	0.77	1.15	0.89	2.59	2.41	2.53	150
28	0.79	0.45	0.73	0.79	0.63	0.76	2.76	5.08	3.20	265
29	0.90	0.23	—	0.80	0.49	—	1.83	3.80	2.10	—
30	0.84	0	—	0.98	0.60	—	2.58	3.46	2.69	—
31	0.81	0.29	—	0.84	0.96	—	3.02	1.64	2.83	—
—	—	—	—	—	—	—	—	—	—	—
1933	0.77	0.19	0.65	0.53	0.43	0.51	2.43	3.17	2.57	585
34	0.74	0.19	0.60	0.54	0.54	0.54	3.63	2.69	3.39	590
35	0.64	0.16	0.53	0.47	0.28	0.42	3.38	4.23	3.57	657

＊職業人口の構成比率の数値は山田雄三『日本国民所得推計資料』（東洋経済新報社、1951）付表のデータを利用。

に望ましい進学ルートではなくなっていったのではないだろうか。

ところで、各セクター間の数値を比較してみると、公務自由業は一・六四～五・九八と、農業や商業に比べて一貫して高く、他方農業は、昭和の一時期を除いて、商業よりも低い数値しか示していない。これは陸軍と農村との結びつきという一般的なイメージと矛盾している。選抜度指数で見るかぎりでは、農業層の子弟が最も軍人を志向していないように見えるからである。

実はこの一見矛盾に映るのは、各セクター間で中等教育への進学率が大きく異なっていることに起因しているのである。そこでわれわれは、社会構造の変化だけでなく、各セクターごとの中学への進学率の差を考慮に入れなければならない。そのために、陸幼・陸士入校者の父兄職業構成比率を、中学本科入学者父兄の職業構成比率で割ったものを「軍人志向度指数」と名づけ、その推移を見てみよう（表4・8、4・9）。陸幼・陸士への入校年次と中学本科への入学年次のズレを調整するために、陸士の場合には、三年ごとに合算した、その真中の年から五年さかのぼった年の中学本科入学者父兄の職業構成比率を用いて計算した。陸幼の場合には、三年ごとに合算した、その真中の年の中学本科入学者父兄の職業構成比率を用いた。

すると、「農業」は「商業」よりも数値が高く、しかも明治末から昭和初年にかけて次第に上昇していることがわかる。また一九二九（昭和四）年以降の深刻な恐慌期には、農

17～19	20～22	23～25	26～28	29～31	32～34	35～37
900	700	450	150	150	340	900
227	166	84	30	13	28	75
25.22	23.71	18.67	20.00	8.67	8.24	8.33
32.21	29.79	28.96	27.33	24.48	19.95	18.81
0.78	0.80	0.64	0.73	0.35	0.41	0.44
68	54	36	18	13	23	78
7.56	7.71	8.00	12.00	8.67	6.76	8.67
21.68	24.08	22.83	22.08	21.60	21.71	20.82
0.35	0.32	0.35	0.54	0.40	0.31	0.42
37	41	23	6	3	15	27
4.11	5.86	5.11	4.00	2.00	4.41	3.00
5.32	8.72	8.46	8.50	8.60	9.18	9.55
0.77	0.67	0.60	0.47	0.23	0.48	0.31
—	107	80	32	26	63	249
—	15.29	17.78	21.33	17.33	18.53	27.67
—	21.15	24.37	24.30	26.36	32.08	34.29
—	0.72	0.73	0.88	0.66	0.58	0.81

20～22	23～25	26～28	29～31	32～34	35～37
355	274	410	945	1,260	2,743
147	116	152	388	462	741
41.41	42.34	37.07	41.06	36.67	26.47
31.13	31.37	29.17	28.36	27.25	22.26
1.33	1.36	1.27	1.45	1.35	1.21
46	28	54	135	107	376
12.96	10.22	13.57	14.27	8.49	13.71
20.33	21.71	23.18	22.95	21.31	22.24
0.64	0.47	0.57	0.62	0.40	0.62
17	10	27	53	75	101
4.79	3.65	6.59	5.82	5.95	3.90
4.70	5.35	5.17	8.09	8.39	8.49
1.02	0.68	0.81	0.72	0.71	0.46
—	—	59	140	208	632
—	—	14.39	14.81	16.51	23.04
—	—	23.98	23.56	25.40	27.84
—	—	0.60	0.63	0.65	0.83

表4・8　軍人志向度指数（陸幼）

年	1905〜07	08〜10	11〜13	14〜16
採用者数（人）	600	900	600	600
農業				
(A)採用者数（人）	122	211	114	113
(B)採用者中構成比（%）	20.33	23.44	19.00	18.80
(C)中学本科入学者†父兄構成比（%）	39.83	37.94	34.04	32.38
(D)軍人志向度指数(B)／(C)	0.51	0.62	0.56	0.58
商業 (A)	63	88	54	57
(B)	10.50	9.78	9.00	9.50
(C)	21.25	20.58	19.99	20.54
(D)	0.49	0.48	0.45	0.46
工業 (A)	17	24	27	39
(B)	2.83	2.67	4.50	6.50
(C)	4.42	4.09	4.56	4.29
(D)	0.64	0.65	0.99	1.52
公務自由業 (A)	—	—	—	—
(B)	—	—	—	—
(C)	—	—	—	—
(D)	—	—	—	—

＊†当該期間の真中の年の数値。『文部省年報』より。

表4・9　軍人志向度指数（陸士）

年	1908〜10	11〜13	14〜16	17〜19
採用者数（人）	1,529	937	713	571
農業				
(A)採用者数（人）	576	316	266	226
(B)採用者中構成比（%）	37.67	33.72	39.37	39.61
(C)中学本科入学者†父兄構成比（%）	38.27	38.85	36.09	35.53
(D)軍人志向度指数(B)／(C)	0.98	0.87	1.03	1.11
商業 (A)	157	113	96	54
(B)	10.27	12.06	13.46	9.46
(C)	19.44	21.05	20.62	20.17
(D)	0.53	0.57	0.65	0.47
工業 (A)	66	47	42	23
(B)	4.32	5.02	5.89	4.03
(C)	3.07	4.48	4.38	4.60
(D)	1.41	1.12	1.34	0.88
公務自由業 (A)	—	—	—	—
(B)	—	—	—	—
(C)	—	—	—	—
(D)	—	—	—	—

＊†当該期間の真中の年から5年遡った年の数値。『文部省年報』より。

村部が蒙った経済的打撃を反映して、一般の中学よりも出費を要する陸幼は農業層に敬遠され、逆に官費制の陸士は農業層に人気が高まったことが、数字に明確に示されている。他方、「公務自由業」についてはデータの制約上、一部の時期しか「軍人志向度指数」は算出できない。しかし、数値が算出できた時期について「農業」の数値と比較してみると、陸幼の場合、一九二〇（大正九）年〜一九二八（昭和三）年の時期は、「農業」と同程度で、それ以後は「農業」を上回っている。陸士の場合には、昭和初年からしか数値が算出できないが、その値は一貫して「農業」よりも低い数字にとどまっている。

軍人志向度指数の結果から、農業が他のセクターに比べて選抜度指数が低かったことは次のように解釈できるだろう。農家の子弟はあまり上級学校に進学しなかったが、進学した者のうち、陸軍将校をめざす者は多かった。逆に商業層の子弟は、中学に進学する者は多いが、その中で軍人になろうとする者は少なかったのである。

このように、二つの指数を用いて、陸士・陸幼採用者のデータを読み直してみると、各職業層ごとの進学ルートとしての意味づけの差やその変化が浮かび上がってくる。以下それを簡単にまとめておこう。

採用者中に占める比率のうえでは、大正期以降農業層の子弟は次第に減少していくが、実際には陸幼・陸士は彼らにとって次第に有望なルートとなっていった。逆に「工業」の軍人志向度指数が漸減していることや、「公務自由業」の選抜度指数が明治期には高く、大正期に減少していくこと等から見て、都市の近代セクター従事者の子弟にとって、陸幼や陸士は明治期にはまだ有望な進路であったが、それが次第に魅力の無いものになっていったのではないだろうか。

明治期に陸士志望者のための予備教育機関として名をはせた成城中学での次のエピソードは、大正末期のそうした状況をうかがわせるに足るであろう。

N 「A先生の卒業された頃は、上級学校や軍人の学校へ進学する状態はどのようだったんでしょうか。」

A 「軍関係へ進む生徒は我々の頃は少なかったね。」

（中略）

E 「軍人が隅に追いやられた時代ということがいえるね。軍人になるのは、百姓、貧乏人の子だなどと言われてたよ。」

W （一九二五年卒）「級友に鈴木というのがいて、士官学校に合格したんですが、友達がみんなしてもったいないからやめろ、といって止めた位ですよ。」[48]

このように大正末になると、都市のインテリ層の子弟の目には「軍人になるのは百姓と貧乏人だけ」と映るようになっていた。

しかし、実際のデータ（表4・5、4・6）は、大正期以降次第に将校生徒の中で近代セクター従事者の子弟（「公務自由業」）が占める割合は増加していた。とすると疑問が生じるのは、陸幼・陸士を敬遠した層と、実際に将校生徒を輩出した層とは、重なってしまうことになりはしないか、という点である。この疑問を解くカギは、出身家庭の経済水準や社会的地位にある。同じ職業カテゴリーに分類されるものであっても、経済水準や社会的地位が異なった家庭の出身であれば、進路選択にあたって異なる評価をしても不思議ではないからである。次節では、この点を検討していく。

第四節　出身家庭の社会経済的地位

将校生徒の出身家庭の経済水準（特に資産保有か否か）や社会的地位に関するデータはほとんど残されていない。しかし、われわれはいくつかの断片的なデータから推測することが可能である。

まず、一九二一（大正一〇）年に採用された士官候補生と陸幼生徒について、「採用者ノ家庭ノ状況」を調べた結果がある（表4・10）[49]。表からわかることは、第一に、陸幼生徒の方が士官候補生に比べて、出身家庭の地位が全体的に高いことである。第二に、もっと重要なことだが、「社会上流ノ地位」出身者は陸幼で九・〇％、陸士では五・七％しかいないということである。「生計上支障ナキ」程度以下の者の割合は、陸幼で五割強、陸

表4・10　1921年採用者の家庭状況

	陸幼生徒	士官候補生
社会上流ノ地位ニアルモノ	18 (9.0)	7 (5.7)
相当ノ地位ヲ保持セルモノ	78 (39.0)	37 (30.1)
生計上支障ナキモノ	87 (43.5)	51 (41.5)
辛シテ独立ノ生計ヲ営ミ得ルモノ	17 (8.5)	28 (22.8)
人数（%）	200 (100)	123 (100.1)

表4・11　1925（大正14）年知名人子弟の合否状況

陸　士	合否	陸　幼	合否
陸軍中将の孫	合	三菱倉庫㈱重役の子	合
高田市主事庶務課長の子	合	福岡高等学校教授の子	合
龍野裁判所検事の子	否	満州興業重役の子	合
福岡県立中学教諭の子	否	蚕種製造業の子	合
宮内省陵墓守長の子	否	県立高等女学校長の子	否
第一高等学校長の子	否	福井警察署長の子	否
三菱鉱業技師の子	否	農林学校長の子	否
京都府郡長の子	否	県会議員の子	否
日本聾話学校長の子	否	市会議員の子	否
		銀行頭取の子	否

*『教育総監部第二課歴史』より。

表4・12　1941（昭和16）年名古屋陸軍幼年学校入校者中101名の父親の職業

	人　　数	『人事興信録』	『大衆人事録』
武　　官　†	30 (4)††	1	5
農　　業	8	0	0
商　　業	18 (1)	0	0
工　　業	4 (1)	0	0
学校職員	7 (1)	0	1
会社員，銀行員	11 (1)	0	0
官　公　吏	17	1	1
医　　師	4 (2)	0	0
無　　職	2	0	0
計	101	2	7

＊†退役後再就職している者はここから除外した。††（　）内は死亡者。
『名古屋陸軍地方幼年学校生徒心得』付表（防衛研修所図書館所蔵）
『人事興信録』第13版（1941）『大衆人事録』第12版（1940）より。

士では六割以上にもなる。特に陸士では約二三％が、「辛シテ独立ノ生計ヲ営ミ得ル」家庭からの出身であった。

次に、表4・11は、一九二五（大正一四）年に大庭二郎教育総監の指示により、陸幼・陸士受験者中の「知名人子弟の合否状況」を教育総監部が調べた結果である。①「全国的ニ知名ノ士トテハ殆トナシ故ニ地方的知名士ト思惟セラル、モノヲ掲ク」と付記されていること、②市役所課長や技師等が知名人として掲げられていること、を見ると、志願者・採用者のほとんどは社会経済的上層よりもやや下のレベルの層の出身ではなかったかと推測される。

さらに、表4・12は一九四一（昭和一六）年の名古屋陸軍幼年学校入校者のうち、父親の氏名が記されている第一・第二訓育班に編入された一〇一人（入校者の約三分の二）の名簿を『人事興信録』『大衆人事録』と対照させて、父親がそれらに掲載されているかどうかを調べたものである。すると『人事興信録』ではわずかに少将が一人、神宮衛士長が一人掲載されているにすぎず、またより収録範囲が広い『大衆人事録』でも大佐級の将校が数人、中学校長が一人追加されるにすぎない。すなわち軍人を除けば、父親が『人事興信録』や『大衆人事録』に載っている層からはほとんど将校生徒が輩出していないのである。

河野仁が一九八五（昭和六〇）年に、旧陸軍士官学校・海軍兵学校卒業者約二〇〇〇人を対象に行なった質問紙調査にも、興味深い結果が見られる。[50] 敗戦後四〇年を経ての質問紙調査なので、生存者の関係上、回答が得られたのは一九二二（大正一一）年以降の陸士・海兵卒業生からではあるが、彼らの出身家庭の経済階層をうかがい知ることができる（表4・13）。注目すべきは第一に、父親の職業が「文官・公務・専門自由」にカテゴライズされる者のうち半分以上が一般公吏、「学校」のうち四〇％が一般教師の家庭の出身であったということである。第二に「農業」の多くが自作ないしは自小作層であったということである。同論文の別の表によれば、一九三九（昭和一四）年までのグループでは、三

表4・13　陸軍士官学校入校時の父親の職業細分表（%）

父親の職業 ＼ 陸士卒業生		1922-31	32-39	40-45	敗戦時在学中	計
武官	将校	100.0	83.3	95.1	(5)	93.2
	その他		16.7	4.9		6.8
	（人）	10	18	41	5	74
文官・公務・専門自由	高等文官	15.4		16.5	(1)	13.0
	一般文官		12.5	7.6		7.3
	市町村長	15.4	12.5	7.6		8.9
	一般公吏	53.8	58.3	51.9	(3)	52.8
	医師	15.4	12.5	10.1	(2)	12.2
	弁護士他		4.2	6.3	(1)	5.7
	（人）	13	24	79	7	122
学校	教授	(2)	7.7	10.0		10.8
	校長	(2)	38.5	57.5	(2)	49.2
	一般教師	(3)	53.8	32.5	(3)	40.0
	（人）	7	12	36	5	58
会社経営	小企業	(3)	(3)	54.5	(4)	64.0
	中企業	(1)		45.5	(1)	28.0
	大企業				(1)	4.0
	規模不明		(1)			4.0
	（人）	4	4	11	6	25
会社員	管理職	(3)	36.4	44.8	(7)	51.9
	その他	(1)	63.6	55.2	(1)	48.1
	（人）	4	11	29	8	52
商店経営	販売	(3)	70.0	80.0	81.8	79.6
	飲食等		30.0	20.0	18.2	20.4
	（人）	3	10	25	11	49
農業	地主	33.3	35.0	22.4	(1)	27.8
	自作	47.6	50.0	60.3	(6)	56.3
	自小作	4.8	7.5	12.1		8.7
	小作		5.0	1.7		2.4
	その他	14.3	2.5	3.4		4.8
	（人）	21	40	58	7	126
無職	元将校	(5)	66.7	70.0	(2)	71.0
	その他	(1)	33.3	30.0	(1)	29.0
	（人）	6	12	10	3	31
死去	元将校	(1)	23.5	24.4	(1)	22.2
	その他	(7)	76.5	75.6	(5)	77.8
	（人）	8	17	41	6	72

*(1)（　）内は実数が10未満のカテゴリー。(2) 時期区分は次の通り。I期：陸士・海兵を1922〜31年に卒業した者、II期：同1932〜39年卒業者、III期：同1940〜45年卒業者、IV期：終戦時在学者（河野仁「大正・昭和期における陸海軍将校の出身階層と地位達成」『大阪大学教育社会学・教育計画論研究集録』第7号、1989年、表5）。

町歩未満の中小農家の出身が大半を占めていた。[51] 河野はこの調査結果から、下層出身者の少なさを強調し、社会的中・上層の出身者が多かったことを結論づけているが、むしろ中層出身者の比率が高かったことが強調されるべきである。将校生徒の出身背景として高い比率を占めた一般公吏や一般教師、あるいは小規模地主や自作・自小作層は、当時の基準からいえば決して社会の上流に位置していたとはいいがたいからである。

こうしたデータから、エリート養成の二つのルート——旧制高校—帝大というルートと陸士・海兵などの軍人養成ルート——は、出身社会層に関する分節化が生じていたといえるのではないだろうか。『人事興信録』等に名を連ねた大地主・資産家や高級官吏、会社役員、議員等の子弟は、旧制高校—帝大というルートを志向し、他方社会の中層に位置していた層——中級官吏や教員、小規模自営業、小地主や自作・自小作層など——の子弟や軍人の子弟は、社会的上昇移動のバイパスとして軍人を積極的に志向していったというふうに。

それではさかのぼって、明治期に陸幼・陸士に入校した世代の将校生徒は、いかかる経済層の出身であろうか。まず、大正中期の軍人について書かれたものを見てみよう。

一九一八(大正七)年に、ある海軍大佐は次のように述べている。そもそも軍人志願者の多くは、「中学教程を終はり更に高等の学校に入るべき資力なき貧家の子弟」か、もしくは「海軍士官の短剣が吊りたいとか、軍艦に乗りたいとか、或は陸軍士官の乗馬姿が勇ましいとか、極めて無邪気なる少年の出来心」で、志願した者ばかりである。それゆえ、「出身者の少くも三分の二は、家に余裕なき貧家の子弟である。僕の如きも亦其一人である」[52]、と。

また、一九一九（大正八）年にある陸軍少佐が次のように述べている。「『軍人志望者に余り金持は無い』と或る人が言つたことがあるが、或はさうかも知れぬ。単に生活上の問題から見ると志願の動機が貧乏に出発してゐるものも尠からずあるに違ひない。少尉になると『月給取りになつた』といふわけで一家経済の主脳者たらざるを得ない者も必ず多からうと思ふ。ここに日本将校の美点もあるのだが、兎に角一部の人を除いては先以て余り裕かでは無い。幼年学校に入れれば月十円足らずの金で中等教育も受けられ、将校にもなれるといふので志願せしむる浅はかな親達もあるやうに聞いて居る。兎に角出発点は金が有り余つてゐるといふ人は尠ないやうである」[53]。

そもそもこうした観察は、大正期になってから初めて登場したのではなかった。すでに日清戦争直後に、参謀本部附のある砲兵大尉が次のように論じている。彼は他国の将校の事例を引き合いにだして、「凡ソ将校ノ位置ハ社会ノ上流タルヘキハ普通ノ原則ナリ」[54]としながらも、日本の将校の場合には選抜方法との関連で、必ずしもそうなってはいないというのである。すなわち、「（日本の場合）将校補充ノ法ニ於テ家門ト財産ノ有無ハ深ク価値ヲ置ク能ハサリシヲ以テ将校生活ノ程度往々其名誉ト位置トヲ保全シ得ルノ資格ヲ完備シ能ハサルモノアルヲ免レサリキ」[55]と。第I部第一章で見てきたように、日本の陸軍ではすでに建軍期から、学力によるメリトクラティックな選抜によって将校生徒が採用されてきた。そうした結果、「社会ノ上流」としての地位に見合ったレベルの生活を営むことができない将校も出てきてしまうのだ、というわけである。

本章第二節で見たように、明治前半期の入校者には士族が多かった。その多くは、廃藩置県—秩禄処分の中で生活の安定を失った家の出身者であっただろう。一八八〇年代半ばまでは彼らの多くがとりあえず教導団生徒や下士を志願し、それから士官学校を受験して採用されていったこと、一八八〇（明治一三）年に幼年生徒を官費制から自費制に切り替えたところ「逐年志願者ノ数ヲ減シ終ニ要員ヲ充ス能ハサルニ至」[56]ってしまい、わずか数年で入校後官費生にする制度を導入せざるをえなかったことなどは、経済的に困窮ないし切迫した士族の子弟が軍人を志願していったことを示している。

天野郁夫によれば、明治初期には無償もしくは安価に高等教育までの教育機会を提供していた官公立の学校が、明治一〇年代後半から教育費を有償化したり授業料を引きあげたりした結果、教育機会を享受するためには、学力と野心のほかに、新たに経済力が必要になっていった。[57]ところがそれに対し、士官生徒・士官候補生は、定員の一部が自費制になった一八八一（明治一四）年から八七（明治二〇）年の時期を除けば、ずっと官費制が維持されていった。そのため、高等教育の就学費用を顧慮する必要のない陸軍将校へのルートは、経済的にさほど余裕のない階層の出身者が「社会ノ上流」の地位を手に入れるための、最も簡便な道であり続けた。その官費制によって、当初は経済的に困窮ないし切迫した士族の子弟が、後には高等教育の学資を支出する余裕のないさまざまな社会層の子弟が、「安価な立身出世」の経路として集まっていったのである。

一方、同じ「士族」でも、明治初期の社会変動の中で官公吏や教員のような、いわゆる近代セクター従事者に転身しえた者もいた。園田英弘が「郡県の武士」と呼んだ人々である。[58]日露戦争の頃までは軍人や公務自由業の出身者が多かったこと（表4・5、4・6）は、没落の危機をのがれて近代セクター従事者に転身した士族の子弟もまた、しばらくの間は軍人を志していたことを示している。しかしながら、明治維新によって世代間で継承できる安定した経済的基盤を失ったという点では、彼らもその他の困窮士族と同様であった。蓄財や投資によって、単なる俸給生活者から資本家や地主等に再度転身していかないかぎり、彼らの子弟もまた、生計を立てる方策を捜さねばならなかった。

それゆえ、明治期の将校生徒に士族が多く、また軍人や公務自由業の子弟が多かったことは、学校を経由することでのみ社会的上昇が可能だった層、あるいは学歴を付与することでしか世代間で社会的地位を継承することができない層が、将校集団のかなりの部分を占めたことを示しているであろう。実際、山梨軍縮（一九二二年）で整理された退職将校に関する調査（少尉以上一二八九人）を見ると、[59]資産を保有する者はごく少数（一〇・八

%）であり、多くは恩給のみで暮らしたり（三三・四%）、俸給生活者に転じたり（一四・〇%、また求職中の者二三・三%）して生計を立てていた。

第五節　小括

1　考察

われわれは陸軍将校の社会的出自に関して、いくつかの側面から検討を加えてきた。前節までの知見は、日本の将校が、安定した経済的基盤を持った西欧型の将校とはリクルート基盤の面で異なっていたことを示している。

日本についての本章の知見を日本に即して結論づける前に、第一節で述べたように、諸外国との比較の問題を考察しておくことにしよう。

注目すべきことが二つある。一つは、日本が明治初年に近代軍隊を創設した頃、西欧諸国の将校はまだ、封建的・貴族的な性格をもった集団としてあり続けていたこと、しかも一九世紀末から二〇世紀前半にかけて西欧諸国の軍隊で生じたことは、封建的・貴族的な将校集団に、興隆してきたブルジョア出身者が食い込んでいく形でリクルート構造の開放化が進展したということである。見方を変えれば、西欧諸国の軍隊は封建的要素を払拭するのに長い期間と熾烈な階級間葛藤とが必要だったのである。

それに対し、日本では、対外的危機感から近代的軍隊の形成が優先課題としてめざされるとともに、近代化の初期段階で特権的身分階層が解体したことによって社会構造の側面で西欧諸国と異なっていた。その結果、能力主義的で階層開放的な人材の選抜方法がきわめて容易に定着することになった。たとえば、旧特権層の解体は「身分文化」の担い手を消失させたため、人材選抜において、ドイツやイギリスで見られたような、「人格」や「天稟の資」のような身分文化を将校の採用基準にすべきだというような議論[60]が主張されるための集団的基盤がなくなっていた。

将校の心掛けとしての「武士道」は、確かに将校養成の過程で繰り返し強調されたけれども、武士的徳目や士族的態度が将校生徒の選抜基準となることはなかった。士族は、強固な凝集性を持った集団ではなく、単なる個人の寄せ集めに冠された名称にすぎなかったからである。それゆえ、「能力」ないしは「学力」による選抜システムが、きわめて容易に導入された。また、同時に、将校になった士族も、能力主義的な選抜を経ることによってその位置に到達することになった(「士族」出身であるから選抜されたのではない)から、彼らは能力主義的な選抜に対して信頼を置くことになった。[61]このことは、将校ポストの士族による独占が急速に崩壊していったこととも関連している。西欧諸国の封建的身分層とは異なり、わずか三、四〇年ほどの間に将校生徒の大半が平民になってしまったのは、日本が将校のリクルートにあたって、いかに能力主義的で階層開放的な方法を採用したかを示しているのである。

もう一つ注目すべきことは、第二次大戦後西欧諸国で進行してきた将校のリクルートパターンの変化が、次第に戦前期の日本のそれに、さらには理念型としての開発途上国型のモデルに近づいてきているのではないかということである。本章第一節で述べたように、第二次大戦後には、スピードや程度の差はあれ、どの西欧諸国でも将校のリクルート基盤は下層へと拡大した。ところが、モスコスが一九七一年に明らかにしたのは、一九六〇～七〇年代にかけて、従来とは違った形でリクルート構造の閉鎖化が進行しているということである。彼は、⑴地方小都市出身者の増加、⑵軍人の子弟の将校化——再生産の高率化、⑶高級学校（陸軍大学校のような）卒業者の高級ポスト占有の増加、を新たな閉鎖化の三つの側面として指摘している。[62] 将校の出身階層が次第に下降し、地方出身者が増加し、将校の再生産率が高く、しかも軍隊内が学歴主義的な秩序に覆われる——これはまさに、戦前期の日本の軍隊に生じたことと酷似している。あるいは、経済的に余裕のない階層が、能力主義的な選抜によって出世できる、立身出世のバイパスとして将校をめざすという点で、開発途上国型のモデルに近づいてきているといってよいのかもしれない。ジャノヴィッツのいうように、リクルート構造の「民主化」が西欧諸国における将校の社会的威信の低下を反映しているとするならば、政治エリートや文化エリートと軍事エリートとの社会的分節化が生じつつあるのかもしれない。

すなわち、西欧型モデルの終焉——開発途上国型モデルへの収斂である。この仮説はさらに検証されることが必要であるが、すぐ前で述べたように、西欧型モデルが西欧諸国の軍隊に封建的な諸要素を残存させた結果であるとするならば、この仮説は無視できないように思われる。もしこの仮説が正しいならば、西欧諸国が第二次大戦後に経験してきたことを、日本は、数十年早く経験したことになる。この点では、日本は西洋に遅れていたのではなく、西洋より先に進んでいたのである。

2 まとめ

最後にもう一度、本章での分析の結果をまとめておこう。明治期に陸幼・陸士に採用された者は、自ら資産を持たず「学歴エリート」への転身を余儀なくされた士族層であった。西欧の土地所有貴族とは対照的に、武士はすでに江戸時代に知行制から俸禄制へ転換していたうえ、廃藩置県・秩禄処分等により、安定した経済的基盤を失っていった。近代セクターのポストに到達しえた一部の士族層も、学歴を継承することによってしか社会的地位を再生産できない集団になっていた。

しかしながら、士族が身分集団としてのまとまりを失ったこと、学力による選抜——能力主義的選抜——という基準が容易に導入されたことによって（第I部第一章・二章）、西欧諸国の軍隊とは異なり、旧特権身分層出身者の優位は急速に過ぎ去り、まもなく平民層からの採用者が大半を占めるようになっていった。

しかも、軍人志願者の拡大は、将校のリクルート基盤を農業層へと拡大させたが、同時に、一般の企業や行政組織の官僚機構の拡大にともなう近代セクターの受け皿の増加、高等教育機関の増加につれて、また、軍人の社会的威信の低下につれて、最上層に位置する社会階層の子弟にとっては、軍人は必ずしも望ましい進路ではなくなっていった。西欧諸国の軍隊とは異なって、将校への道は急速に社会の中層部分の出身者によって占められることになった。大地主や大ブルジョアよりもむしろ、比較的安価に立身出世をめざす、必ずしも社会の上層には位置しない層が多く将校になっていったといえるのである。

要するに日本の将校のリクルートの構造は、当初は経済的特権を失った旧特権身分層を基盤とし、まもなく開発途上国型のモデルに近い、社会の中層部分と結びついたパターンとなっていった。

欧米でのこのテーマを扱う際の基本的な問題である、将校の政治的態度や軍の政治介入の問題に、ここでの結論がどのような意味を持っているかについては、ここでははっきりと断定することはさし控えておきたい。ただ、こうしたリクルートパターンの結果、旧制高校—帝大をめざす社会層とのズレ——社会的分節化——が生じていったであろうし（前章）、大正中期〜昭和初期に将校の生活問題（第Ⅲ部第一章）が深刻になった背景要因の一つとなったことであろう。

〈第Ⅱ部〉　陸士・陸幼の教育

第一章　教育目的とカリキュラム

第一節　はじめに

本章では、将校養成教育において、どういうイデオロギーが教え込まれるべく想定され、そのために具体的にどういうカリキュラムが編成されていたのかを検討していく。もちろん、限られた紙数の中で、陸軍幼年学校・士官学校の細かいカリキュラムの内容やその時期的変化を網羅的に検討することはできないし、本書の目的からいえば、それは必ずしも不可欠な作業ではない。むしろ、いろいろな時期の各学校段階でのデータを足早にたどりながら、明治中期から昭和初年までの将校生徒の精神教育に関して、教則レベルで定められたものにみられる特徴を浮き彫りにしていくことが、本章の課題である。

そもそも、陸軍将校としてのあるべき姿、また将校生徒としてのあるべき姿とは、いったいどのようなものであったのだろうか。一九二七（昭和二）年の陸幼の『訓育提要』を見てみよう。「将校ノ本分」は次のように書かれている。

将校ハ畏クモ大命ヲ奉ジ、国軍ノ一部ヲ統帥スルノ重責ヲ有シ、終生軍務ヲ以テ其ノ任トス。

将校ハ軍隊ノ楨幹ニシテ入ツテハ之ヲ教育シ、出デ、ハ之レヲ指揮シ、精鋭必勝ノ軍隊ヲ練成スルノミナラズ、其良兵ヲ養フハ、即チ良民ヲ造ル所以ニシテ、国民ノ模範典型ヲ陶冶スベキモノナリ。サレバ大元帥陛下ノ股肱トシテ最高ノ名誉ヲ荷ヒ、国家ノ干城トシテ国民ノ信頼ヲ受ク。其ノ一言一行ハ、軍隊ノ士気ニ影響シ、延イテ国防ノ実質ヲ左右スルニ至ル。実ニ将校ハ軍人精神ノ淵源、一国元気ノ枢軸タルベキモノニシテ、将校ノ士風ヲ盛ンニセザルベカラザル所以亦実ニ茲ニ存ス。

将校生徒タルモノ、須ラク思ヲ茲ニ致シ、一誠以テ勅諭ノ聖旨ヲ奉戴シ、精神ノ修養、品位ノ陶冶、学識技能ノ練磨ヲ怠ラザルベシ。斯クノ如クニシテ始メテ他日将校トシテ、卓越セル品位ヲ保持シ、優秀ナル才能ヲ発揮シ、上ハ至尊ノ股肱タルノ御信任ニ対へ奉リ、下ハ国民ノ儀表タル実ヲ挙グルコトヲ得ベシ。[1]

将校のあるべき姿については「軍隊ノ楨幹」「陛下ノ股肱」「国家ノ干城」「軍人精神ノ淵源」といったキイ・ワードが提示され、将校生徒のあるべき姿は、勅諭の奉戴、精神修養、品位の陶冶、学識技能の練磨、といった点が求められている。軍隊という組織の管理者、軍事技術の運用者といった側面とは別に、特有の職業倫理、特有の人格や精神が求められていたことがわかる。「軍人精神」という語はそれを端的に表している。同じ史料の中で、「軍人精神」については次のように述べられている。「軍人精神トハ、勅諭ニ示シ給ヘル五ケ条ノ聖訓ヲ奉戴シ、大元帥陛下ノ忠良ナル股肱トシテ、至誠以テ皇猷ヲ扶翼シ奉ラントスル軍人ノ道徳的精神ナリ」[2]。それゆえ、軍人精神とは、皇室を頂点におく社会秩序に正当性をあたえるイデオロギー――戦前の社会では「国体」と呼ばれた、いわゆる天皇制イデオロギー――と切っても切り離せないものであった[3]。「軍人精神の涵養」は同時に、天皇制イデオロギーを身につけていくプロセスであったわけである。

以下、第二節では、生徒が涵養すべき「軍人精神」の論理構造をより具体的に見るために、まず教育綱領レベルでの教育目的や方針をたどり、次いで大正中期の精神教育用のテキストの内容を検討する。第三節では、文官教官による学科と武官教官による訓育のカリキュラムを検討し、併せて生徒の日常生活に関する規定を検討する。将校生徒の精神教育に関して、何のために何がどう教えられるべきとされていたのか、公的な目標やカリキュラムをたどって、その全体構造を概観するのが本章の課題である。

第二節　教育目的と方針

1　教育目的と方針

一八九六（明治二九）年五月一五日に、陸軍士官学校、陸軍中央幼年学校、陸軍地方幼年学校のそれぞれについての条例が同時にだされた（勅令第二一一号〜第二一三号）。そこでは、それぞれの学校の目的が次のように定められていた。

陸軍地方幼年学校――「陸軍地方幼年学校ハ生徒ニ概ネ尋常中学校第一学年乃至第三学年ノ学科ト同一ナル教授ヲ為シ兼ネテ軍人精神ヲ涵養シ陸軍中央幼年学校生徒ト為スヘキ者ヲ養成スル所トス」

陸軍中央幼年学校――「陸軍中央幼年学校ハ生徒ニ概ネ尋常中学校第四学年第五学年ノ学科ト同一ナル教授並軍人ノ予備教育ヲ為シ陸軍各兵科現役士官候補生ト為スヘキ者ヲ養成スル所トス」

陸軍士官学校――「陸軍士官学校ハ生徒ニ初級士官タルニ必要ナル教育ヲ為ス所トス」

陸軍地方幼年学校は、一言でいえば、中学三年までの学科を教えながら、他方で訓育に力を入れ、寄宿生活をさせることを通して、軍人精神を養成していくことを目的とした「陸軍の中学校」であった。中央幼年学校はその延長上に軍事教育の初歩を教え、陸軍士官学校は、幼年学校の出身者と一般からの採用者とに軍事学の専門的教育を行ない、将校を養成する場であったわけである。

将校の養成にあたっては、学校側は、飽きることなく精神教育の側面の重要性を強調した。「凡ソ将校ノ適否ハ唯リ学識才能ニ止マラス其精神品性ノ如何ニ因ルモノトス故ニ学術ノ教授ヲ為スニ当テハ常ニ徳性ヲ涵養シ精気ヲ鼓舞シ以テ忠君愛国ノ良質ヲ発揮シ堅確ナル軍人志操ヲ陶治長成スルコトヲ忘ルヘカラス」（一九〇二年改正陸軍士官学校教育綱領）、「将校ハ軍隊ノ楨幹ニシテ軍人精神ノ舎ナリ其精神ノ消長ハ忽チ全軍ノ強弱ニ関ス軍人精神トハ何ソ我天皇陛下ニ対シ奉リテ尽スヘキ献身的忠節ナリ武勇ナリ信義ナリ質素ヲ主トシ礼儀ヲ正フシ軍紀ニ服従スル是ナリ本校生徒ハ能ク此ノ精神ヲ涵養シ鋭意力行柔懦ヲ戒メ慎テ学路ニ従ヒ黽勉学習シ他日初級士官タルノ修養ヲ全フスヘシ」（一九〇四年の「陸軍士官学校生徒心得」[4]）というように、その軍人精神は、常に忠君愛国や軍人勅諭の五ヶ条の徳目へと結びつけられていた。

特に陸軍地方幼年学校は、発足当初から学校の目的に「軍人精神ヲ涵養」すべきことが明示されていただけでなく、中央幼年学校や陸士における生徒のサブ・カルチャーや意識の面に大きな影響を与えた。また、教育方針の面で中央幼年学校や陸士における精神教育のあり方と事実上大きな違いがなかったと考えられるので、[5]以下、陸軍地方幼年学校の教育綱領に注目して、もう少し細かく見ていくことにしよう。

時期的な変化として第一に気づくことは、精神教育的な要素が時代を下るほど強調されるようになったということである。一八九八（明治三一）年八月の「陸軍幼年学校教育綱領」では、次の四つの教育目標が掲げられた。

㈠　健全ナル身体ヲ養成スヘシ
㈡　尊皇愛国ノ心情ヲ養成スヘシ
㈢　文化ニ資スルノ知識ヲ養成スヘシ
㈣　軍人タルノ志操ヲ養成スヘシ

「尊皇愛国ノ心情」の養成は、この時点ではまだ目標の第二番目に置かれていた。また、その説明は「凡ソ一国ノ独立ト繁栄トハ国民ノ忠愛心ニ基ク苟モ国民皆此心情ニ富ミ協同一致シテ主宰ニ奉事スルノ国家ニ非サレハ決シテ国運ヲ永遠ニ保チ国光ヲ無窮ニ耀スヲ得ス故ニ幼年学校ノ教育ハ特ニ意ヲ此ニ用ヒテ生徒ヲ開導シ尊皇愛国ノ心情ヲ発達養成スヘシ」となっていた。そこには、軍人勅諭に盛り込まれた、そして昭和戦時期の言説にみられた天皇の神性や絶対性の観点よりも、むしろ国民国家としての現実的なサバイバルの必要性から、尊皇愛国の心情の喚起がうたわれていた。

またそれより先、「陸軍地方幼年学校設立要旨」では、将校が持つべき素質として三点が掲げられているが、それは「曰く高尚優美の気品なり、曰く忠勇節義の志操なり。曰く軍紀風紀の習慣なり[6]」となっていた。ここでも「忠勇節義の志操」は第二番目に位置づけられていた。

それが、一九三一（昭和六）年には、前記の四つの目標は、次のような順番になっていた。

㈠　尊皇愛国ノ心情ヲ養成スルコト
㈡　軍人タルノ志操ヲ養成スルコト
㈢　健全ナル身体ヲ養成スルコト
㈣　文化ニ資スル知識ヲ養成スルコト[7]

「尊皇愛国ノ心情ヲ養成スルコト」が目標の筆頭に上がってきたのである。さらに、一九三七（昭和一二）年に制定された「教育綱領」では「国体を明徴にし、尊皇愛国の心情を養成す」「軍人精神を涵養し、軍紀に習熟し、高潔なる品性と、正順にして剛健なる思想を陶冶す」「心身を開暢発達せしめ、健全なる身体と、鞏固なる意志とを養成す」というように、修辞語が増えて、精神を教育するという色調が一層強まった。[8]

一八八二（明治一五）年に出された軍人勅諭も、ある時期までは徹底して教え込まれることも少なかったようである。確かに、軍人勅諭の暗記や解釈の指導に力を入れた生徒監もいた。たとえば、一八九九〜一九〇一年頃の仙台陸軍幼年学校では、大越兼吉生徒監が

「宿直の時、生徒一人一人について、記憶の程度、解釈などを試問するので、誰もが熱心であって、暗記するのも早く、勅諭に対する関心も深かった」[9]。また、東京陸軍幼年学校では、かなり古くからの伝統として、毎朝宮城と父母を遥拝し、自習室で勅諭を奉読する習慣が存在していた[10]。

しかし、明治・大正の日課時限表には宮城遥拝や勅諭奉読は定められていたわけではなく「大正一〇年代には、遥拝や勅諭奉読はなかったという」[11]。それらが強制的に行なわれるようになったのは、昭和期に入ってからであったようである。

そもそも、昭和初年に任官したある生徒が述べているように、陸軍において軍人勅諭の全文暗誦や読み方の斉一化にこだわるようになったのは、昭和期の現象であったように思われる。

私達の先輩の偉い人は、軍人勅諭にあまりこだわってはいなかった。読み方も上手とはいえなかったし、まして全部暗誦できるというような人はいなかったと思っている。その証拠には、私達の尊敬する幼年校の校長でも、又後年隊附勤務するようになってからの立派な連隊長でも、たまの儀式などの時に奉読するその読み方が、まことにおかしかったが、当の御当人もまたその他の先輩も、さして問題にもせずという風でした。（中略）句読点や、息を切るところ等、斉唱の時乱れを生ずることもあり、それらをやかましく統制訓練することで、坊主の読経のようにしたのは、昭和になってからと愚考する。[12]

このように、時代を下るにつれて精神教育の側面が次第に強まってきたといえる。時期的な変化でもう一ついえるのは、大正中期に生活の統制がかなり緩やかになり、昭和に入ってから再び厳しくなっていったという点である。明治から大正にかけては、かなり厳格な訓練が行なわれた。千葉県から市ヶ谷までの駆足訓練など、[13]苛酷な訓練を要求したために多くの者が健康を害して退校（退学）していった。また、新聞の閲覧は切り抜きのみが掲示されるなど、徹底して世間からの隔離がはかられていた。

ところが一九一九〜二〇年にインフルエンザが大流行し、胸膜炎にかかる者が続出し大量の退校者をだしたことへの反省や、[14]大正自由教育や軍隊における自発主義の強調などの影響を受けて、陸幼校長会議で、生活を緩やかにすることが申し合わされた。

たとえば、一九二〇年度の会議では、生徒の健康のために、「特別ノ者ニ対シテハ華美ニ流レサル品質ノモノヲ肌着トシテ許可スルモ差シ支エナシ」と、私物の下着類の所持・着用が認められたほか、「酒保ハ設置スルヲ可トス」と物品の販売所が作られ、「校内ニ於テハ生徒相互ノ敬礼ヲ行ハサルモノトス」と、生徒間の敬礼が省かれたりした。また翌二一年度には「数学、外国語、国漢文以外ノ学科ニアリテハ成ルヘク予習ヲ要求セサルコト」「各学科ニ於テ予習宿題ヲ課スルトキハ自習時間ヲ顧慮シ過重ニ陥ラサル様各教官ニ於テ注意スルコト」「予習宿題ノ為日曜日、祝祭日ヲ使用セサルコト」など、学科の過重負担を緩和するための申し合わせがなされた。同時に、「午後訓育終了後ヨリ夕食時迄区域ヲ指定シテ随意外出ヲ許可スル」ことや「訓育終了後ヨリ校内ニ於テ和服着用ヲ許可スルコト」が決められた。[15] また、日朝点呼をやめたり、平日でも午後の課業後は寝台に横になることを許可するなど、生徒の健康への配慮がなされた。また、新聞も全面が掲示されるようになった。

こうして、一九二〇、二一（大正九、一〇）年頃に、隔離主義・訓練主義的な教育方針から、保育主義・自覚主義への転換がなされたのであったが、結局、それは長つづきしなかった。東京陸軍幼年学校では、関校長のもとで一室一〇名内外各学年混合で起居し、上級生が下級生をほとんど殴ったりしない、「恩情家族主義」的雰囲気であったのが、一九二八（昭和三）年遠藤五郎大佐が校長に赴任すると、学年ごとの生徒舎制に切りかえられ、「諸事極めて厳しい指導」になった。[16] また、生徒監も生徒たちに向かって保育主義の欠点について話したりしている。[17] こうした教育方針の再転換は、陸幼廃止論が陸軍内部でも叫ばれるような風潮になってきたのに対して教育の引き締めが必要と感じられたという意味もあっただろうし、時代風潮の反映でもあったであろう。いずれにせよ、昭和の初期には再び厳格な教育へと変化していった。とはいえまだ保育主義的な雰囲気は残っており、

「昔ノ士風ハ武愚ニ陥リシモ今ハ文弱ニ流レ何ゾ歎ハシキ、「スパルタ」士風ソノモノト思ヒシ予ノ入校前ノ考トハ全然異ナレリ[18]」といった感想を一九三二（昭和七）年に生徒が書いている。

こうした時期的な変化を頭においたうえで、以下、何がどう教えられたのかを細かく見ていくことにしよう。

2 『軍人精神訓』から

本項では、大正中期に陸軍中央幼年学校が発行していた『軍人精神訓』と題する本の内容を検討する。同書は陸軍教授牧瀬五一郎と教授嘱託古川義天が一九〇七（明治四〇）年にまとめたものである。私の手元にあるのは、一九一九年四月に発行された第三版のものである（以下、同書からの引用は本文中に頁数を示す）。

同書の緒論では、以下で詳述されている軍人精神論の要点と同書のねらいとが論じられている。すなわち、まず、「開闢以還、万世一系ノ天皇ヲ戴キ、金甌無欠ノ国家ヲ保チ、赫々トシテ光輝ヲ海ノ内外ニ放ツモノハ、独リ我ガ大日本帝国アルノミ。帝国ノ軍人ハ即チ斯ノ皇室ノ藩屏トナリ、斯ノ国家ノ干城トナリ、一旦緩急アレバ義勇公ニ奉ジ、忠誠身ヲ致サヾルベカラズ」（一頁）と、国体の尊厳や軍人の務めが語られている。そして、軍人勅諭と教育勅語がそうした軍人精神を「垂示シ給ヒタルモノ」（同）であり、戦闘を勝利に導くものは、この「軍人精神ノ旺盛ナルニ由ラザルハナ」い。しかし「当今帝国ノ思想界ニ於テハ、古今東西ノ学説雑然トシテ称道セラレ、其ノ間、邪説偏見ノ混在セルモノ」が少なくなく、「思想未ダ堅実ナラザル徒ハ、往々ニシテ奇矯ノ言辞ニ眩惑」されがちである。それゆえ、「本書ハ、本論トシテ帝国軍人ノ精神トスベキ所ヲ解説シ、其ノ心得ヲ説示シ、付録トシテ現時ノ思想界ニ於ケル極端ナル主義主張、特ニ軍人ノ精神ト矛盾衝突スルモノヲ挙ゲテ、批判ヲ加ヘ惑ヲ解カントス。庶幾ハクハ帝国軍人ガ皇室ノ藩屛・国家ノ干城タル真意義ヲ益々彰明較著ナラシメ、併セテ彼ノ不健全思想ノ誘惑ヲ防遏スルコトヲ得ン」(二一〜三頁)と述べられている。

すなわち、「皇室ノ藩屛」「国家ノ干城」として忠誠を尽くすのが軍人としての務めであり、軍人精神は軍人勅諭と教育勅語に示されている。ところがさまざまな思潮の錯綜により、思想的に誤る将校生徒も出てきかねなくなったので、あらためて軍人精神とは何かを明らかにし、当時流行のさまざまな思潮を批判的に解説しようというのが、この本のねらいであった。

文官教官によって編纂されたこの本が、どのように利用されたかは、残念ながら定かではない。ただ、何度も版を重ねていることから、正規の授業で使われたか、あるいは少なくとも生徒に配付されて彼らが読んだことは確かであろう。いずれにせよ、「軍人精神」とはどういうものかを体系的に論じている同書は、大正中期における将校養成教育によっ

表1・1 『軍人精神訓』（陸軍中央幼年学校刊、1919年）の目次

第1章	緒論
第2章	国体ノ尊厳
第3章	祖先ノ尊崇及ビ祭祀
第4章	君国一致・君民一致・忠孝一致
第5章	軍人ノ起原（ママ）及ビ地位
第6章	忠節・礼儀・誠心
第7章	武勇及ビ雅量
第8章	信義及ビ温和
第9章	威厳・慈愛・及ビ率先躬行
第10章	軍紀・風紀及ビ賞罰
第11章	死生・名誉・質素及ビ家庭
第12章	心身ノ修養・趣味及ビ宗教
第13章	武士道
付録	
緒論	
第1章	緒論
第2章	極端ナル自由主義
第3章	極端ナル平等主義及ビ社会主義
第4章	極端ナル博愛主義
第5章	極端ナル平和主義

て涵養されるべき「軍人精神」像の論理構造を理解するために、格好の史料であるということができるであろう。同書の目次を掲げると表1・1のようである。

大まかな論理を把握するために、簡単に内容をたどっておこう。

第二章では、「我ガ国体ノ宇内ニ冠絶シ、列国ニ卓越セル条項ヲ挙ゲ、以テ軍人ノ擁護スベキ帝国ノ体性ヲ明ラカニ」しようと努めている。具体的には、「肇国ノ宏遠ナルコト」

「皇統ノ万世一系ナルコト」「君臣ノ分、初ヨリ定マレルコト」「皇室ト臣民トハ宗家支家ノ関係アリテ、父子ノ情誼ヲ兼ヌルコト」「国体ノ不変ナルコト」「肇国以来国家ノ独立ヲ失ハザルコト」という六つの項目をそれぞれ古人の和歌や著作で例証する、というロジックをとっている。

第三章では、「家庭ニ於ケル祖先崇拝」「郷村ニ於ケル祖先崇拝」「皇室及ビ国家ノ祖先崇拝」の三種の祖先崇拝について論じた後、「一家ニ於テモ、郷村ニ於テモ、国家ニ於テモ、其ノ始祖ヲ尊崇スルコト鄭重ヲ極ムルヲ以テ、……小ニシテハ一家一郷、大ニシテハ君国ニ尽ス心情ノ厚キヲ致セリ。是レ他ノ国家ニ於テ見ルベカラザル所ニシテ、日本帝国ノ基礎ノ鞏固ナル所以モ主トシテ此ノ点ニ基ケルモノナリト謂フベシ」(二四～二五頁)と述べている。

第四章では、君国一致・臣民一致が国体のさらにもう一つの特徴として示され、そこから忠孝一致がわが国独自の道徳思想であると語られている。忠孝一致についての記述を挙げれば、たとえば「我等ノ祖先及ビ父母ハ、肇国以来皇国ニ生長シ、皇室ニ事へ、歴世皇恩ニ浴シタル者ナレバ、其ノ志トスル所ハ、皇室ニ忠ヲ尽シ皇恩ノ万分ノ一ニ報ユルニアリ。サレバ我等ガ祖先及ビ父母ノ跡ヲ継ギ皇室ニ忠ヲ尽スコトハ、取リモ直サズ祖先及ビ父母ノ志ヲ継グ所以ニシテ自ラ(オノヅカ)孝道ニ合ヘリ。又祖先及ビ父母ノ志ヲ継ギ孝道ヲ全ウセント欲セバ、君ニ忠ヲ尽サザルベカラズ」(三二頁)と、論じられている。

第五章では軍人の起源を、遠く大伴・久米・物部の三氏の軍職に求め、「今日ノ軍人ハ、其ノ古武士ノ跡ヲ継ギテ武士道ヲ伝承セル者ナリ。皇威ヲ発揚シ国家ヲ保護スルノ責任ヲ有スル者ナリ」と論じている。また、「朕は汝等を股肱と頼み」云々という軍人勅諭の一節が示すように軍人の地位は高いのだと、また、軍人が他の官職の者よりも皇室の優遇を受けているのだと述べている。

第六章から第一三章までは、章名に掲げられている諸徳目が、軍人勅諭を下敷きにしつつ、さまざまな例話を交えて論じられ、それらが軍人に必要な徳目であることを理解させようとしている。たとえば、第八章「信義及ビ温和」をとりあげてみよう。

同章では、まず軍人勅諭の「信とは己か言を践行ひ、義とは己か分を尽をいふなり」という一節が引用される。そして、世の中においても信義が重要であるが、特に軍人の場合には「同僚ハ戦友」であり、「寝食相共ニシ、勤労相分チ、危急相救フモノ」であるがゆえに、一層重要であると述べ、文禄の役の際の加藤清正の事例を紹介している。

さらに、橋本左内の『啓発録』と井沢蟠龍子の『武士訓』の引用から、苦言を敢えてしてくれる良友とつき合うべきこと、水戸烈公『告示篇』を引用して「公私ニ亙リテ善悪相励ミ相誡メ、共同一致シテ事ニ当」るべきことが示されている。また、職務上のことで意見が対立したりすることもあろうが、一たびいずれかの意見に決定された時には、対立したことをさっぱりと忘れて決定に従えと述べ、「折々はものあらそふも中々にへだてぬ友の心ならまし」（大橋高美）等の詩歌が添えてある。

最後に「温和」の徳目に触れて、軍人勅諭からの引用で「温和を第一とし諸人の愛敬を得むと心掛」けよと述べ、『論語』から「門を出ては大賓を見るが如く、民を使ふことは大祭に承るが如し」の一節を引用している。

結論の章では二〜一三章の議論が要約された後、すべては軍人勅諭と教育勅語に盛り込まれており、その根本精神はただ一つ、誠心（マゴコロ）である、とまとめられている。

このように内容をたどってみて、三つの注目すべき点を指摘しておきたい。

まず第一に、論理や論証の厳密さよりも、むしろさまざまな事例を通して情緒的に共感させようとする内容であったということである。各章では、さまざまな文献が雑多に取り込まれて、論理を裏づけたり例示したりするために用いられている。まるで中村正直が翻訳したスマイルズの『西国立志編』のように、古今東西の人物の事例や著作が、個々の徳目や命題を正当化するために手当たり次第に並べられているような印象を与える。いくつかの章について、論述の素材として取り上げられている和歌の作者や引用の典拠が明記されているもの、具体的な人物の事例が紹介されているものを表にして掲げると、表1・2のようになっている。軍事学的な原理（たとえばさまざまなリーダーシップの類型の考察のような）からではなく、古人の和歌を数多く引用して「国体ノ尊厳」を訴えたり、漢籍からの断片的な引用によって軍人の徳目を論拠づけたりしているのである。その意味で、

表1・2 『軍人精神訓』中に引用された人物・文献

和歌		著作の一節	人物の事例
第2章 「国体ノ尊厳」			
前関白左大臣家平	井上正鉄	延喜式	
明治天皇(7種)	左中将基綱	大日本帝国憲法	
後鳥羽天皇	昭憲皇太后	大窪詩仏	
後醍醐天皇	福住正兄	会沢正志斎	
孝明天皇	加藤千蔭		
西行	三条実美		
高山正之	八田知紀		
第4章 「君国一致・君民一致・忠孝一致」			
明治天皇		加藤弘之	楠木正成
		吉田松陰	一兵卒とその母(日清戦争)
		礼記	
第6章 「忠節・礼儀・誠心」			
源頼朝		孝経	楠木正成
逍遥院内大臣実隆		礼記	
宗良親皇		列女伝	
明治天皇(2種)			
第9章 「威厳・慈愛・及ビ率先躬行」			
徳川光圀		左伝	立花宗茂
		黒田家譜	ナポレオン
		安積信	板倉重矩
		武士訓	アレキサンダー
		六韜	F・シドニー
		三略	
		尉繚子	

古今東西の文献からの数多い引用は、生徒に「もっともらしさ」を情緒的に訴えるための修辞的な粉飾以上の意味を持つものではなかった。

第二に、基本的には徳目間の矛盾が想定されていないということである。たとえば、結論部は、次のようにしめくくられている。「此ノ心（誠心）ヲ以テ君ニ事ヘ国ニ尽セバ忠節トナリ、義勇（武勇）トナリ、遵法トナリ、此ノ心ヲ以テ父母ニ事フレバ孝トナリ、此ノ心ヲ以テ兄弟ニ処スレバ友トナリ、此ノ心ヲ以テ夫婦ニ処スレバ和トナリ、此ノ心ヲ以テ身ヲ処スレバ恭倹（質素）トナリ、此ノ心ヲ以テ人ニ接スレバ信義トナリ、礼儀トナリ、之ヲ推セバ公益トナリ、博愛トナル。帝国軍人タル者ハ二六時中、此ノ誠心（マゴコロ）ヲ精神トシ、行住坐臥之レヲ実行ニ現ハシ努力励精スベシ」（二一四頁）。「誠心」さえ心掛けておれば、すべての徳目は実現されるというのである。そこには、すべての徳目がお互いを侵害せずに共存しうる、無矛盾の世界が描かれている。しかし、実際の社会においては諸徳目の間に矛盾が生じることはしばしばある。そうした、諸徳目間の緊張関係については、ただ一ヶ所、「忠孝一致」の箇所の事例で触れられているだけである。それは、「老母従軍の子に忠を励ます」の小見出しで掲げられている、日清戦争で召集されたある青年とその母のエピソードである。それは次のような話である。召集の命令を受けとったある青年が、「家に止まらば不義の奴となるべく、戦に赴かば母を養ふこと能はず」と養い手のいない老母の身を気づかって、出発を躊躇していた。「忠と孝との二道に心一つを決しかね」ていたのである。ところが、そうした彼に向かって母親は、「『皇国(みくに)に忠を尽してこそ母にも孝なれ。君に不忠の子は子とは思はじ。かくても行かずや。さらば不孝の誠に。』と箒、手に執り丁々と打ちすゑ」て、息子を叱りつけた。さらに別れの際に息子が一日も早く帰ると挨拶したのに対して、「母は「いかで帰るを楽みに待たん。一旦家を出でし上は、屍を戦場にさらすべし。帰る勿れ。かへりなせそ。」と膝下より掃き出」(三五頁)した。

この実話か創作かわからない話の中では、子供に「忠を尽くすことこそ孝である」と母親自身の口から語らせることによって、忠と孝との対立が止揚されていた。ここでは忠が孝に優先し、国家への献身こそが孝であると語られているわけである。

第三に注目すべきは、功名心等の私的な欲求が否定されているということである。「一身ヲ君国ノ為メニ捧ゲタル軍人ハ、上将帥ヨリ下一卒ニ至ルマデ、一身ヲ顧ミズシテ軍務ニ従事スベキハ勿論ナリ」(一一三頁)というように、全篇を通して「無私の献身」が繰り返し語られている。「名誉ハ軍人ノ究極ノ目的ニアラズ。又名誉ハ己レヨリ求ムルベキモノニアラズ。若シ徒ラニ功名心ニ駆ラレテ名声ノ赫々タルヲ望マバ、是レ名利ヲ貪ルノ賊ナリ」(一二二頁)と、軍人としての名誉は強調されていたけれども、私的な野心すなわち功名心を持つことは厳しく戒められていたのである。

以上のように、(1)論理よりも感情に訴えるイデオロギーの教え込み、(2)さまざまな徳目の予定調和、(3)功名心のような私的欲求の否定——そういった特徴を、「軍人精神」に関する公的なテキストの中に見出すことができるわけである。

第三節　カリキュラム

1　倫理科の構造

一八九七（明治三〇）年に定められた地方および中央幼年学校の倫理の教育内容は、表1・3のようになっていた。木下秀明は、ここから「天皇中心の倫理体系であることは自明であるが、〝人民〟を〝国民〟に教化するところまでが地幼の使命であ」り、「〝国民〟を〝軍人〟に仕上げることが中幼倫理の使命だった」[19]と述べている。確かに、軍人勅諭と教育勅語を倫理の基礎とすることや、「道徳ノ本源」の具体的説明が「皇祖ハ我帝国ノ開祖ニシテ我祖先ノ君父ナリ天皇ハ皇祖皇宗ノ正統ニシテ吾人天皇ノ臣民ハ又其支流余裔ナリ国民心身ヲ致シテ忠誠ヲ尽スハ列聖覆載ノ恩ニ報シ併セテ祖先ニ事フル所以ノ道ナリ」となっており、忠孝一致の論理による皇室への報恩が論じられているという点で、前節でみた大正中期の『軍人精神訓』の論理とほぼ同じものがすでに教えられていたことになる。ただし、「保身」以下の徳目に関しては、軍人勅諭や教育勅語の中の徳目との関連が明らかではなく、首尾一貫した「天皇中心の倫理体系」として講義されていたのかどうかについては疑問が残る。

この点は、一八九九（明治三二）年の「倫理教授ノ大綱」[20]では、かなり変更が加えられ

表1・3　1897年制定「倫理科教授細目」

地方幼年学校	中央幼年学校
道徳ノ本源	自省
保身	戒慎
力行	節操
存心	剛毅
恭倹	知命
堅志	処死
敬礼	謙譲
孝敬	信義
友愛	忠信
祖先	至誠
交道	度量
長上	廉潔
博愛	公平
尊皇	義勇
愛国	武徳
敬神	

＊『名古屋陸軍幼年学校史』より作成。

た。地方幼年学校では、入学直後に「本校生徒ノ本領及心得」を説示した後は、一・二年生の間は、抽象的な徳目に沿って説明するのではなく、さまざまな人物例（菅原道真、楠木正成、加藤清正、中江藤樹、徳川光圀、新井君美、伊能忠敬、上杉治憲、松平定信、二宮尊徳の名が例示されていた）についての講話を通して、さまざまな徳行を解説するよう定められていた。三年生になると、軍人勅諭での叙述の順序に沿って、諸徳目について講話される。中央幼年学校一年では、教育勅語の叙述の順序に沿って、諸徳目について講話され、二年生には「倫理学ノ要旨」が教えられた。地方幼年学校三年以上で教えられた細目を表にすれば、表1・4のようになっていた。少なくとも、一八九九（明治三二）年以降は、倫理科の内容が「天皇中心の倫理体系」として首尾一貫した構造を持って生徒に教え込まれたということができるであろう。

次に大きな変更が実施されたのは、大正デモクラシーに対応した、一九二二（大正一一）年に定められた「陸幼倫理教授法綱要」であった（表1・5）。

木下は、陸幼の倫理内容を中学の修身と比較して、次の三点の特徴を挙げている。(1)中学校の修身の内容が、陸幼では教授部の倫理と訓育部の訓誨学科とに区分されている、(2)陸幼の倫理の徳目が、個人→家→社会→国家・天皇→軍人という順で展開している、(3)大正デモクラシーへの対応が迅速かつ柔軟であった、という三点である。[21]

特に重要な(2)の点について、表1・5をもう少し具体的に見てみよう。入校直後「本校生徒ノ本領及心得」、すなわち将校生徒と

表1・4　1899年制定「倫理科教授細目」

地幼第三学年	中幼第一学年	中幼第二学年
国体及兵制	建国ノ体制	倫理学ノ定義
忠節・報国・学芸・本分・節操・名誉	忠孝ノ大義	正邪ノ区別
礼儀・服従・威厳・慈愛・一致	父母ニ対スル道	善悪ノ区別
武勇・胆力・思慮・温和	兄弟ニ対スル道	時ト処トニ依リ倫理的観念ノ変動
信義・順逆理非	夫婦ノ道	徳ノ総説
質素・廉潔	朋友ノ道	徳ノ節目
誠心・人倫	個人ノ道	行ノ総説
	社会ニ対スル道	個人的ノ行
	国家ニ対スル道	社会的ノ行
	皇室及祖先ニ対スル道	国家的ノ行
		万象的ノ行
		行ノ取捨応変
		実践ノ方法
		修行ノ方法

＊『名古屋陸軍幼年学校史』より作成。

表1・5　陸軍幼年学校の倫理のカリキュラム（1922年規定）

陸軍幼年学校倫理教授細目						
学年別	第1学年		第2学年		第3学年	
題目之回数	題　　目	回数	題　　目	回数	題　　目	回数
期別						
前期	入学ノ始ニ於ケル諸般ノ注意	1	反省	1	国体	3
	本校生徒ノ本領及心得	3	朋友ニ対スル心得	2	忠節	1
	立志	1	剛毅	1	報国	1
	孝悌	2	志気	1	節操	1
	師長ニ対スル心得	1	改過	1	名誉	2
	教育勅語衍儀	2	大行ト細瑾	1	其他臨時事項	6
	其他臨時事項	4	常識	1		
			読書ニ関スル注意	1		
			其他臨時事項	5		
	計	14	計	14	計	14
中期	習慣	1	戊申詔書衍儀　忠実，自彊，醇厚ノ俗国運発展	4	礼儀	2
	進取	1	社会ニ対スル心得	1	服従	1
	自治	1	心身ノ鍛錬	1	威厳	1
	遵法	1	理想	1	慈愛	1
	公徳	1	犠牲	1	一致	1
	快活	1	恭敬	1	武勇	1
	天長節祝日ニ就テ	1	単独ト群衆	1	胆力	1
	正直	1	人格ノ尊重	1	思慮	1
	同情	1	青年期ノ注意	1	温和	1
	節制	1	其他臨時事項	3	信義	1
	其他臨時事項	5			其他臨時事項	4
	計	15	計	15	計	15
後期	自奮	1	制裁	1	質素	1
	趣味	1	責任	1	廉潔	1
	堅忍	1	自重	1	誠心	1
	慎独	1	度量	1	大正元年七月三十一日陸海軍人ニ賜リタル勅語衍儀	2
	紀元節ニ就テ	1	報恩	1	武力ト平和	1
	気質	1	熱誠	1	其他臨時事項	3
	其他臨時事項	3	其他臨時事項	3		
	計	9	計	9	計	9
備考　以上ノ細目ハ時宜ニヨリ取捨変更スルコトアルベシ						

*『教育総監部第二課歴史』より。

しての名誉と責任の自覚から始まり、次いで「立志」「孝悌」といった、個人や家に関する徳目が並べられている。次いで、中期・後期になると「進取」「快活」などの個人的な徳目とならんで、「自治」「遵法」「公徳」というような団体生活や社会のルールに関する徳目が教えられる。同時に、天長節や紀元節になると、それらの祝日に関する教授がなされる。第二学年になると、「剛毅」「志気」「犠牲」「報恩」といった、特に軍人として重要な諸徳目が教えられる。同時に「読書ニ関スル注意」「社会ニ対スル心得」といった、思想問題への配慮がなされる。第三学年になると、「団体」「忠節」「報国」「節操」「名誉」など、国や天皇を中心に据えた価値軸の中に、軍人としての徳目が位置づけられることになる。こうした、個人↓家↓社会↓国家・天皇という、個人を中心とした同心円的拡大の論理展開は、次章以降の分析の際の重要なポイントであるので、ここであらためて強調しておきたい。

次に、同じ一九二二(大正一一)年の、陸士予科の倫理の内容を掲げる(表1・6)。予科では、最初に国民道徳が七回講義され、中期には、祖先・親・兄弟に対する道徳が教えられる。後期には長上や部下に対する心得が出てくる。二年になると、軍人としての「修養」が説かれる。陸幼の倫理においても「常識」とか、「人格の尊重」など、時代の影響が見られたが、陸士予科でも「精神的独立」「意志ノ自由」「人格」「自由ト平和」といった、自由主義的風潮へ対応した内容が見られる。しかしながら、これは自由主義や個人主義を生徒に教え込もうというものではなく、「生徒ヲシテ実際問題ニ対スル批判力ヲ養ハシムルコト」[22]をめざしたものであった。従来のような隔離—注入主義的な教育方針では、生徒の思想形成に十分な効果を挙げえないこと、また、将来任官した後、一般兵卒の教育にあたって現代の思潮にぶつからざるをえないという反省のうえに立って、生徒の自覚と批判力の形成に期待した一連の改革の一つであった。

2 その他の普通学科

その他の普通学科のカリキュラムについても若干触れておく。陸幼のカリキュラムを詳細に検討した木下秀明の研究によれば、国語・漢文・数学・図画・唱歌は、陸幼独自の編纂による教程（教科書）が一貫して使用された。外国語・本邦史は当初市販のものが使用されたが、一九一七（大正六）年以降は、独自に編纂したものが使われた[23]。

大正中期から昭和初期にかけての陸士予科の国史の教科書をとりあげて、内容を綿密に分析した鈴木健一によれば[24]、一九三五（昭和一〇）年頃までは、「国史教育においても……史実を重視しての比較的客観的な国史教育が行われ、国史教育を精神教育・思想教育の具として利用・展開していこうとする意図は希薄であった」。すなわち、一九三〇年代前半までは、社会のエリートとして必要な深い学識教養を身につけさせるために、ある程度客観的な歴史教育がなされていたのである。

とはいえ、一八九八（明治三一）年の「陸軍幼年学校教育綱領」[25]では、「地方幼年学校ニ於テ授クル本邦歴史ハ主要ナル事実ヲ簡単ニ説明シ中央幼年学校ニ於テハ制度文物ノ発達ヲ明カニシ又皇室ノ尊厳国体ノ優美祖先ノ宏業人情ノ淳厚等ハ務メテ之ヲ外国歴史ニ対照説述センコトヲ要ス」と本邦史教育の要旨が示されており、低学年（地方幼年学校）では事実に即した歴史教育に重点をおき、高学年（中央幼年学校）では国体観念の涵養に配

表1・6　士官学校予科の倫理のカリキュラム（1922年規定）

陸軍士官学校予科倫理教授細目				
学年別	第1学年		第2学年	
題目／期別	題目	回数	題目	回数
前期	入学ノ始ニ於ケル注意	1	知ノ修養	2
	国民道徳	7	情ノ修養	4
	外来思潮	1	意志ノ修養	2
	臨時事項	5	性格ノ修養	1
			臨時事項	5
	計	14	計	14
中期	自覚	1	倫理学ニ就テ	1
	祖先ニ対スル道	1	良心	2
	親ニ対スル道	1	意志ノ自由	1
	兄弟ニ対スル道	1	品性ト行為	1
	「ユーゼニックス」ト		人格	1
	「ユーテニックス」	1	動機ト結果	1
	社会ト個人	1	自由ト平等	1
	公正	1	権力説	1
	社会運動	1	直覚説	1
	職業ト道徳	1	合理説	1
	青年心理上ノ注意	1	快楽説	1
	臨時事項	5	自我実現説	2
			臨時事項	1
	計	15	計	15
後期	長上ニ対スル心得	1	道徳ト宗教	1
	部下ニ対スル心得	1	楽天ト厭世	1
	財産	1	道徳的生活	1
	事ノ大小本末	1	本務及ビ徳	2
	精神的独立	1	卒業後ノ心得	1
	文化ノ建設	1	臨時事項	3
	臨時事項	3		
	計	9	計	9

*『教育総監部第二課歴史』より。

慮するよう明示されていたから、イデオロギー的な志向性はないわけではなかったようである。

国語については福地重孝が一九三八年の陸幼の教科書を分析している。[26] それによれば、その内容は、戦史の学識を養うようなものであり、また、日清・日露両戦争の輝かしい勝利の面のみを強調したものが多く、「社会、経済乃至政治に関する教材は極めて少なく、国際的理解に関するものはほとんど皆無」であった。たとえば、「巻一前篇」を見ると、「東西武士道の比較」で始まり、「国史へ帰れ」（徳富蘇峰）、「春郊」（大町桂月）、「勿来関」（熊田葦城）、「花の若武者」（柴野栗山）、「名将の文事」（芳賀矢一）……と続く。「巻二前篇」では、「我が国体」（北畠親房）、「尊王論の起因」（落合直文）、「桜」（前田曙山）、「奈良の旧都」（藤岡東圃）……といった教材が並んでいる。総じて、中古戦記物語や、軍人・武将に関する文が多く、「源氏物語」や「枕草子」など、いわゆる貴族・王朝文学の類は収録されていない。また、しばしば出てくる人物として、明治天皇、乃木将軍、西郷隆盛、楠木正成、正行父子といった人物が挙げられる。国語教育も、軍人精神の涵養に向けて配慮された教材が並んでいたわけである。木下によれば、こうした国語の内容は、教程が編纂された一九〇一（明治三四）年から大きな変化はなかったという。[27]

3 訓育部のカリキュラム

こうした普通学科と並んで、あるいはそれ以上に重要だったのは、武官教官による訓育学科や術科である。

陸軍士官学校では、一八九八（明治三一）年の陸軍士官学校条例により、生徒隊長（中少佐）が「生徒隊ヲ統ヘ生徒ノ訓育ヲ監督」し、生徒隊の中隊長（大尉）が「中隊生徒ノ訓育ヲ担任シ」、各生徒隊附士官（中尉）が「生徒訓育ノ諸科目ヲ分担シ日常生徒ノ躬行ヲ監視」するように定められていた。[28] 大正初めの士官学校の場合、「生徒は生徒隊に編入され、……若干中隊に分けらる。中隊長は皆歩兵の大尉で、其の下に区隊長たる各兵科の中尉と数名の下士が隷属されて居」[29] り、「一ケ中隊は六区隊に分けられ、……一区隊には各兵科の生徒を混合して配属せられるので、其人員は三十名許りであ」った。[30] 幼年学校では生徒は語学班や生徒舎別に編成され（時期によって変化）、彼らの訓育にあたる武官教官は「生徒監」と呼ばれた。

一八九八（明治三一）年に改正された教育綱領によると、幼年学校の訓育の方針は、「訓育ハ主トシテ生徒ノ身体ヲ錬修スルト倶ニ其良智ト意志トヲ調和シ軍人ノ精神ヲ涵養シ其課業ハ軍隊初歩ノ諸勤務ニ必須ナルモノヲ修得セシムルモノトス」と規定されていた。[31] 一九一六年の『熊本地方陸軍幼年学校一覧』では「訓育ハ主トシテ生徒ニ軍隊初歩ノ教育ヲ施シ殊ニ健全ナル身体ノ育成堅確ナル軍人精神ノ涵養ヲ為スモノトス」となっており、いずれにせよ、軍事訓練の初歩と軍人精神の涵養がめざされていたことがわかる。その具体的内容は、地方幼年学校については、訓育科目は「教練初歩、体操・遊泳、軍隊内務一般ノ訓誨」から成り立っており、一週間の授業時数三〇～三一時間中三時間を占めていた。中央幼年学校では「教練初歩、射撃初歩、体操・遊泳及剣術初歩、馬術初歩、諸勤務訓誨」から成り立っており、一週間の授業時数三五～三七時間中七ないし八時間が訓育にあてられていた。[32]

一九〇二年の「訓育部課程細目概表」から地方幼年学校の訓育の細目をたどれば、[33]生徒はまず第一学年で、学科として「勅語・勅諭及読法」「軍隊内務」「陸海軍武官ノ階級、同服制及陸軍礼式」「校則」を学んだ。第二学年ではそれらを繰り返し学ぶほか「勲章及記章」「徽章及旗章」を新たに学ぶ。第三学年は同じ内容を繰り返した。一九一六年の課程細目表を掲げておくが（表1・7）、三年間に学ぶ内容には大きな変化はない。術科としては、普段の授業として行なう敬礼法・教練・柔軟体操・器械体操のほかに、遊泳演習や随意科として剣術や柔術が定められていた。[34]

木下秀明は、地方陸軍幼年学校のこうした課程細目表や、訓育学科の教科書や生徒のノートを丹念に検討して「要するに、訓育学科では、軍人勅諭から説き起した軍人精神、軍紀に関する未来の将校のための心構えと、軍事全般についての常識を与えること、および、教練を主とする術科についての理解を深めることを目的としていたのである」と結論づけている。[35]

一九二〇（大正九）年の制度改正で発足した陸軍士官学校予科は、幼年学校生徒と中学第四学年修了者とを入校させて、基本的には普通学を中心としたカリキュラムを教える学校であったが、当然のことながらかなりの時間を訓育にも費やしていた。そこで次に、一九二二（大正一一）年度の「第一学年訓育部学術科予定表」から、陸士予科での訓育の実態を検討してみよう。表1・8は、前期（四～七月）、中期（九～一二月）、後期（一～三月）の訓育部のそれぞれの授業時数の予定を分に換算して示したものである。

まず、学科よりも術科の方に大きな時間が割かれていたことがわかる。入校してしばらくは、体操（器械体操や徒手体操など）に力点が置かれ、中期・後期になると各個教練・敬礼や射撃予行演習・狭窄射撃のような軍事訓練に多くの時間が費やされるようになる。両手軍刀術・柔道の授業はコンスタントに実施され、後期になって馬術が加わる。いずれにせよ、配分時間から見れば、実際に身体を動かして習得していく術科が、訓育の中心であったことがわかる。

第二に、学科の中では精神訓話が大きな比重を占めていたことがわかる。学科の時間の二七％が精神訓話に当てられており、特に入校直後（前期）には、学科の約三分の一が精神訓話であった。入校直後の生徒はまず、生徒心得と「陸軍礼式ノ摘講」を教わる。それ以降、「被服保存要領」「軍隊内務書」のような実務的な各科目を教わりながら、二週間に一回ずつ位の割合で精神訓話を聞かされた。その精神訓話は、ほとんど中隊長が担当して

表1・7　陸軍中央幼年学校予科及地方幼年学校訓育部課程細目表（1916年）

<table>
<tr><td>学年</td><td colspan="4">第一学年</td><td colspan="4">第二学年</td><td colspan="4">第三学年</td><td rowspan="4">総計</td></tr>
<tr><td>学期</td><td colspan="2">前期</td><td colspan="2">後期</td><td colspan="2">前期</td><td colspan="2">後期</td><td colspan="2">前期</td><td colspan="2">後期</td></tr>
<tr><td>授業</td><td>一週</td><td>一期</td><td>一週</td><td>一期</td><td>一週</td><td>一期</td><td>一週</td><td>一期</td><td>一週</td><td>一期</td><td>一週</td><td>一期</td></tr>
<tr><td>回数</td><td>5</td><td>75</td><td>5</td><td>110</td><td>6</td><td>90</td><td>6</td><td>132</td><td>6</td><td>90</td><td>6</td><td>132</td></tr>
<tr><td>科目</td><td colspan="4"></td><td colspan="4"></td><td colspan="4"></td><td>629</td></tr>
<tr><td>訓誨学科</td><td colspan="4">勅語、勅諭及ヒ読法　趣旨ヲ了解セシメ精神訓話ヲナス
軍隊内務書　服従、敬称及ヒ称呼其ノ他生徒ニ必要ノ事項ヲ摘講シ其ノ概要ヲ了得セシム
軍人ノ階級及ヒ服制、陸軍礼式　実際ノ必要ヲ量リ其ノ大要ヲ知ラシム
勲章、記章、徽章及ヒ旗章種類及ヒ起因ヲ説示シ其ノ大要ヲ了得セシム
諸規則及ヒ一般心得　生徒心得、生徒罰則、礼法一斑其ノ他生徒トシテ必要ナル事項ヲ説示シ其ノ要旨ヲ了得セシム</td><td colspan="4">前学年ノ科目　其ノ程度ヲ拡充シ補修セシメ能ク其ノ義ヲ明ニセシム</td><td colspan="4">前学年ノ科目　更ニ其ノ程度ヲ拡充シ補修セシメテ一層之ヲ詳悉セシム</td><td></td></tr>
<tr><td>術科</td><td colspan="4">敬礼　軍人ノ敬礼ニ略ホ習熟セシム
徒手各個教練　不動ノ姿勢ハ略ホ習熟ノ域ニ達セシメ其ノ他ハ概ネ要領ヲ知ラシム
基本体操　大部
応用体操　器械ニ依ル運動ノ初歩並ニ駈歩ノ初歩
剣術　両手軍刀術ノ基本ニ熟シ試合ノ教習ヲ実施セシム</td><td colspan="4">敬礼　前学年ノ課目ヲ復行シ且ツ必要ナル軍隊ノ敬礼ヲ知ラシム
徒手各個教練　前学年ノ課目ヲ復行シ不動ノ姿勢及ヒ速歩行進ハ略ホ完全ノ域ニ達セシム
基本体操　全部
応用体操　器械ニ依ル運動ノ大部並ニ駈歩
剣術　前学年ノ課目ヲ復行シ概ネ試合ニ習熟セシム
柔道　乱捕ヲ実施セシム</td><td colspan="4">敬礼　前学年ノ課目ヲ復行シ完全ナラシム
徒手各個教練　前学年ノ課目ヲ復行シ略ホ之ニ習熟セシメ殊ニ不動ノ姿勢及ヒ速歩行進ハ完全ノ域ニ達セシム
伍、分隊ノ教練　徒手ノ密集教練ニ略ホ習熟セシム
基本体操　前部
応用体操　器械ニ依ル運動ノ全部並ニ駈歩
剣術　前学年ノ課目ヲ復行シ試合ニ習熟セシム
柔道　概ネ乱捕ニ習熟セシム</td><td></td></tr>
<tr><td>備考</td><td colspan="13">一、術科ハ各学年ニ於テ教授スヘキ課目及ヒ程度ヲ本表ノ如ク定ムト雖モ日常必要ナル部隊ノ動作ハ第一学年ヨリ其ノ要領ヲ知ラシム
二、第一学年ニ於テハ教練、体操、訓誨学科ハ毎週各々一回、剣術ハ毎週二回トシ第二、第三学年ニ於テハ教練、剣術、柔道ハ二週ニ各々三回、体操ハ毎週一回、訓誨学科ハ二週ニ一回ヲ標準トス
三、授業時間ハ一回概ネ五十分トス
四、喇叭聴習、号令調声ハ適宜ノ時間ニ於テ之ヲ行ハシム
五、游泳演習ハ第一、第二学年生徒ニ之ヲ行ハシム
六、執銃各個教練ハ第三学年後期ニ於テ立銃ニ於ケル不動ノ姿勢、右（左）向、半右（左）向及ヒ後向、担銃、捧銃、行進ノ諸課目ヲ実施シ略ホ其ノ要領ヲ知ラシム</td></tr>
</table>

*『熊本陸軍地方幼年学校一覧　大正五年十月調』より。

表1・8 1922年度「陸士予科第1学年訓育部学科授業時間」(分)

	前期	中期	後期	計(%)
精神訓話	450	350	250	1,050 (27.2)
歩兵操典	100	100	100	300 (7.8)
生徒心得	175	—	—	175 (4.5)
被服保存要領	50	50	50	150 (3.9)
陣中要務令	50	50	200	300 (7.8)
兵器保存要領	50	150	50	250 (6.5)
陸軍礼式	125	100	—	225 (5.8)
軍隊内務書	100	50	—	150 (3.9)
補習又ハ復習	50	50	250	350 (9.1)
衛生講話	50	50	50	150 (3.9)
勲章記章起因種類	50	—	—	50 (1.3)
武官ノ階級及服制	100	—	—	100 (2.6)
測図学	50	—	—	50 (1.3)
体操教範	100	50	—	150 (3.9)
射撃教範	—	150	50	200 (5.2)
剣術教範	—	100	—	100 (2.6)
陸軍刑法	—	—	50	50 (1.3)
陸軍懲罰令	—	—	50	50 (1.3)
小　計	1,500	1,250	1,100	3,850 (99.9)
各個教練　敬礼	650	750	1,000	2,400
射撃予行演習	—	330	450	780
体操	2,050	950	500	3,500
両手軍刀術	650	800	500	1,950
柔道 (後期は柔道・馬術)	650	800	900	2,350
計	5,500	4,880	4,450	14,830
陣中勤務 見学 運動会	5日半	8日半	5日と 3時間	

表1・9　1922年度「陸士予科訓育部精神訓話予定」

前　期	中　期	後　期
勅諭（全般ニ就テ）	勅諭（信義ニ就テ）	勅諭
我国体ノ自覚	御歴代ノ御聖徳	我カ建国ノ本義ト外国トノ比較
勅諭（前文）	戊申詔書及勅諭（質素ニ就テ）	軍旗ニ就テ†
読法†	教育勅語ト国民道徳	皇室ト軍人特ニ本校トノ関係
我国体ノ精華	明治天皇御聖徳†	
学校歴史ニ就テ†	勅諭（忠節ニ就テ）	
勅諭（礼儀ニ就テ）	勅諭（武勇ニ就テ）	
現代思想ト将校生徒ノ覚悟	我国体ノ特長	
大正元年勅諭		

＊†を付したもの以外は、中隊長が担当。陸軍士官学校予科「大正十一年度予科第一学校訓育部学術科予定表」より作成。

いた。具体的には表1・9のような内容であった。勅諭の解説を中心にして、国体の尊厳を教え込んだり、軍人の名誉や責任感を自覚させようとしたりするものであったことがわかる。また、「祝祭日ニ際シテ中隊長若クハ区隊長ハ適宜訓諭ヲ与フルモノトス」「精神上ノ教育ハ本表ニ示ス訓話ノ外時機ヲ失セス常ニ行フモノトス」という備考がつけられており、カリキュラム表に規定されていなくても、「日常生徒の起居動作上に現はれた精神上の欠点に就ては其都度訓戒され[36]」た。

また、「時としては徳望世に高い人々を聘して、其講話を生徒に聞かしめることもあ[37]」った。たとえば、大正末の陸士本科では、大島正徳東京帝大教授（「国民道徳批判」）・石黒忠悳元軍医総監（「乃木将軍に就て」「明治天皇御聖徳に就て」）や井上哲次郎東京帝大教授（「哲学上より見たる国体観念」）が、課外講演を行なっている。[38] もちろん、陸海軍の高級将校が視察に来校し、生徒に訓示や講演を行なうこともしばしばであった。あるいは、大正初年の陸士では「世界無比ナル国体道義ノ大本ヲ詳述」した書を著した語学教官と、義士の研究に精通する漢文教官とを交互に毎週講演させたこともあった。[39]

4　日課

今見てきたような倫理やその他の普通学、精神訓話や軍事知識の学習、さらには教練や運動のほかに、もう一つ、生徒が軍人精神を涵養するために重要な教育の側面があった。それは、日常生活の起居動作を通した精神教育という側面である。

ここでは大正中期から昭和初年の陸幼の平均的な一日の様子を描いてみよう。[40] 起床は五時半ないし六時半である（季節によって異なる）。起床ラッパと同時に皆口々に「起床！」と叫びながら飛び起きて、急いで着替える。すぐに生徒舎前または自習室で点呼が行なわれる。大正半ばから昭和初期の数年間は強制されなかったが、一九二八（昭和三）年には遥拝に行くことが義務づけられるようになっていた。[41]

慌ただしい朝の行事が済み、朝食を食べると、服装検査があり、授業が始まる。夏季は七時、冬季は八時から開始である。教室での作法は細かく規定されていた。生徒心得（一九二八年）[42] では、「教場内ニ於ケル書籍及ビ物品ノ配置ニ就テハ付図第三（省略）ニ拠リ常ニ整頓シ置クベシ」「教場ニ於テ書籍ヲ講読スルトキハ両手ヲ以テ書籍ノ左右両下端ヲ持チ両肘ヲ張ルコトナク之レヲ保持シ眼ト書籍トヲ適宜（一尺二寸ヲ標準トス）離隔スベシ」というふうに、書籍や文具、帽子等の置き方から、本を読む時の姿勢や質問の際の挙手の仕方まで細かく決められていた。また、随時生徒監が授業を見学して回ったりして文官教官や生徒に必要な注意を与えたりもした。

午後は訓育部授業や自習時間、それが終わると随意運動の時間となる。生徒たちはさまざまな武技や球技に励んだ。随意運動から夕食までのわずかな時間に物品の手入れや洗濯等の用事を片付ける。夕食後はしばらく休憩時間となる。この時間には「努メテ号令調声ヲ行フベシ」と号令調声の自主的な練習が奨励されていた。七時ないし七時半から再び自習時間となる「自習時間ハ濫リニ席ヲ離ルベカラズ」と決められていた。自習時間の最後、日夕点呼前に日記をつけ、点呼・消灯となる。日記は生徒監に時々提出して、朱筆を入れて返された（日記の検閲がなかった時期もある）。

かなり忙しい、しかもかなり細かい点まで厳格に規制された生活である。大正末の一時期を除いて、休み時間ですら寝台に横になってはいけないというほど、将校生徒の生活は細かく規制されていた。武官教官は生徒の「日常生徒の起居動作上に現はれた精神上の欠点」を細かく観察し指導することになっていた。生徒は厳格な型にはまった生活に慣れていき、生徒隊附士官はそうした彼らに四六時中接する中で、問題のある生徒を叱責したり、優秀な生徒をいっそう励ましたりしてこまめに指導した。元将校生徒の回想を読むと、生徒監や区隊長が自分に対して発した一言で、いかに感激したり反省させられたりしたかを書いている者が多い。いわば、軍人としての在り方を「将校生徒としての生活の仕方」の次元で教えられていったわけである。

実際、学校側も、学校生活の厳格な統制を、精神教育の効果的な方法と見なしていた。「学校の規則が厳しく、生徒の起居動作も頗る難渋であるとは能く人の云ふことである。……此の規則の厳しいとか云ふことは、決して生徒を虐待する為めではない。即ち教育と云ふ上から見ると、生徒は知らず識らず自分の精神を鍛練し得ることになるのである」[43]というように。

第四節　小　括

本章は、将校生徒の精神教育の目的やカリキュラムについて検討してきた。単に軍事学を習得することに重点が置かれていたわけではなく、「軍人精神の涵養」が教育の大きな目的の一つであったことは確認できよう。また、その「軍人精神」とは、天皇や国体に関するイデオロギーと切り離すことのできないものであり、文官教官が担当する普通学においても、武官が担当する訓育においても、さらには日常の規則や日課においても、軍人精神の涵養に向けた編成がなされていたことがわかる。要するに、最初に引用したような、軍人精軍人精神を体現した「良き将校」「良き将校生徒」の形成を目的として、将校生徒の教育は組織されていたのである。一般社会から隔絶され、精神教育を強力に進める濃密な教育空間――陸士や陸幼はそうした場であった。

おそらく、ここで見てきたような教育は、われわれが戦前期の陸軍将校に対してもっている一般的なイメージ（ステレオタイプとしての「将校」像）に、よく当てはまるものではないだろうか。天皇への忠誠を誓い、国体の冠絶を信じ、禁欲的で厳格で正直だが、その代わりイデオロギー的に凝り固まった狂信的愛国主義者というイメージ。本章で見てきたような教育から、それは二・二六事件の決起将校のようなタイプの将校を続々と作り上げた教育だった、と断言してしまいたい気がするかもしれない。

しかしながら、速断してはいけない。序論で述べたように、「公的に何が教えられるべきとされたか」と、実際にどう教えられ、どう受けとめられたのかとの間にはズレがありうるからである。そこで、次章以降は、その具体的な教育の実際の様子に踏み込んでいくことにしよう。

第二章　教育者と被教育者

第一節　はじめに

本章では、陸士・陸幼の日常的な教育・学習行為のレベルにおいて、イデオロギーがどう扱われていたのかを見ることにする。具体的には、訓話と作文を手掛りにしながら、イデオロギーの教え込みがどのような論理でなされていたのか、また、生徒がどういう作文を書いて教官に提出していたのかを検討していく。「軍人精神の涵養」という教育目標には、必然的に「国体」に関するイデオロギーや「尽忠報国」といった価値規範の教え込みが内包されていたことは、前章で見てきた通りである。問題は、それがそのままの形で伝えられたのか、あるいは伝えられたものがどう受けとめられていたのか、ということである。

さて、将校生徒の教育の中で行なわれた訓示や訓話が、そのままの形で史料として残されたものは余り多くない。そうした中から、「軍人精神の涵養」を目標にした精神訓話に注目して検討してみることにする。「軍人精神」の具体的な内容は、軍人勅諭と教育勅語に盛り込まれた世界観と諸徳目であったり、端的に軍人勅諭の五ヶ条の徳目であったりしたことは、すでに前章で見てきた。また、陸士予科の訓育学科では軍人勅諭の解説を中心とした「精神訓話」が中隊長によってなされていたことを見てきた。

実際、勅諭・勅語が軍人精神の涵養をめざした訓示・訓話の基本になっていたことは確かである。一九二二年に教育総監部が各陸幼に頒布した「陸軍幼年学校訓育法綱要草案」では、「勅語、勅諭ノ御趣旨ヲ貫徹スル」ための方法の一つとして、「倫理科並ニ訓育部ノ授業ニ於ケル訓話ハ成ル可ク勅語、勅諭ノ語句ニ関連セシムヘシ」という指示が盛り込まれていた。[1] 実際の訓示・訓話を見ても、たとえば、ある地方幼年学校で上級生による下級生の殴打事件が問題になった場合、視察に来校した教育総監部本部長が行なった訓示は、軍人勅諭の五ヶ条の徳目の一つ一つを引用し、「諸子ノ行動ハ果シテ能ク此ノ聖旨ニ副ヘリヤ否ヤ」と問うことによって、将校生徒の反省をうながすものであった。[2] あるいは、五・一五事件の直後に陸士本科を卒業した第四四期生に校長が与えた訓示で強調されていたのは、何よりもまず、「勅諭ノ御趣旨ヲ奉体シ軍人ノ本分ニ邁進スルコト」であった。[3]

こうした訓示・訓話のすべてが、果たして勅諭・勅語に盛り込まれた内容を、そのまま生徒に内面化させるものであったのだろうか。訓示・訓話の形でフォーマルな教育目標が生徒たちに伝達される際には、ズレや歪みが存在してはいなかったであろうか。この点を本章の第二・第三節で考察する。

もう一つ、陸士・陸幼の日常的な教育・学習行為のレベルでの、イデオロギーの扱われ方を見る手掛りは、生徒が書いた作文である。生徒が書いた作文は、教官に提出されるものであるかぎり、彼らの率直な意識や心理を表明したものではない可能性がある。しかしながら、もしその作文の記述が、フォーマルなイデオロギーとはズレていたとすると、それ自体は生徒の意識や心理を率直にあらわしているものと見なすことができる。ここで見ていくのは、そうしたズレがあったかどうかということである。また、フォーマルなイデオロギーとの間にズレがある作文が、もし教育する側で問題にされることがなかったとしたら、そのズレは、日常的な教育・学習行為のレベルでは許容されていたことになる。第四・五節ではこうした問題を考察することにする。

第二節　形式化・形骸化した訓話

まず、一九三六（昭和一一）年の陸士本科でなされた、生徒の文章に対する講評を通して、「軍人精神」涵養をめざした一つの訓話を見ていくことにする。

第五〇期生が隊附勤務を終えて陸士本科に入校してきた時、本科生徒隊長加藤年雄歩兵少佐[4]はいくつかの問題を与えて文章を書かせた。その問題は、「軍人ノ本分ヲ簡単ニ記述スヘシ」「外国軍隊ト比較シ皇軍団結ノ特長」「将来如何ナル将校タラントスルヤ」「将校生徒トシテ特ニ尚フ点及恥ツヘキ行為」などであった。そして、その生徒の答案を講評しながら、訓話を与えている。ここでは第一の問題（軍人の本分）について、生徒がどういう答案を書き、生徒隊長がどう批評しているのかを検討する。

まず、「軍人ノ本分ヲ簡単ニ記述スヘシ」という問題に関し、軍人勅諭で軍人は忠節を本分とすべしと明示してあるのに、これに言及していない者があるのはけしからん、と述べる。そして以下、さまざまな答案例を挙げて、それらは士官候補生の答案としては適当ではないと叱る。

最初に彼は「職務ニ勉励ス」という答案を取りあげた。彼は、「之ハ根本観念トシテハ不十分テ忠節ヲ尽スト云フ根本カラ生シタ一表面的現象テアル又極端ニ言フナラ忠節ヲ尽スト云フ観念ナクトモ職務ニ勉励スルコトモ出来ル　更ニ辛辣ニ言エハ全ク利己以外ノ観念ノ無イ者ニテモ自己ノ栄達或ハ金儲ケノ為寝食ヲ忘レテ職務ニ勉励スル者モ有リ得ルノテアル」と批判している。「忠節」に言及していないからダメだというのである。

次に、「軍ノ本義ヲ達成スル為ニ十分ナル軍人タルコトカ軍人ノ本分ナリ」「皇軍ノ一員トシテ恥シカラサル人格識得ヲ養成スルニ在リ」という二つの答案を取りあげた。この二つの答案は、「語ヲ換ヘテ言ヘハ完全無欠ノ軍人タルコトカ本分タト云フノヲ何等反駁ノ余地ハナイカ反面カラ見レハ何モ言ハナイト同シ様ナ茫漠タルモノテアル」と評されている。

「軍人ノ本分ハ戦時ニ在リテハ戦勝ノ獲得ニ努メ平時ニ在リテハ忠節ヲ尽スニアリ」と書いた答案については、戦時のことを詳しく述べたとみればさしつかえないが、前段と後段とを対照的に見ているのではないかという疑念を感じさせる、と批評されている。「直接ニ陛下ヲ御守リ申上ク」という答案については、「消極的ナ感シヲ与ヘ」「軍人ノミノ陛下テアラセラルルト云フ様ナ気持ヲ起シ」、昔の宮中の武人のようなものだから不適当だという評が与えられている。

さらに、軍人勅諭を引用して記述したものの中で、次のような例を挙げて、これらは適切ではないと述べている。「特ニ軍人ハ股肱ト頼ミト仰セラレテ居ルカラ忠節ヲ尽ササルヘカラス」。隊長に言わせれば、この表現は「折角ノ情愛ヲ台ナシニ〔シ〕」、交換条件で忠節を尽くすという感じを与えるからよくない。軍人勅諭の五ヶ条を羅列してそれを「軍人ノ本分」と答えたものについては、「聖諭心読ノ度カ到ツテ居ナイト言ハナケレハナラ〔ず〕」ず、「只文句ヲ暗誦スルノミニテハ生臭坊主ト同様テアル又個々ノ文意ヲ理解シアルタケテハ一般ノ国学者ノ亜流タルニ過キナイ」。また、「五カ条ハ総テ忠節ニ含マルルモノナリト記述セル者」に対しては、このような勅諭理解は誤りである、と隊長は述べる。忠節を尽くすためには五ヶ条のどれに反しても不可であるが、その個々の徳目がそれぞれ重要であって、全部忠節に包含されるものと片付けてしまうのは適当ではない、というのである。

このようにいろいろと「誤答」の例を挙げて批判した後、加藤は、「諸士ノ答解ノ殆ント全部ハ以上何レカニ含マレテ居ル」と、将校生徒の答案のほとんどが不適切であると断じる。さらに、「軍人ハ天皇親率ノ下ニ皇基ヲ恢弘シ国威ヲ宣揚スルヲ本義トス」と解答した者がかなりいたが、「勅諭ヲ生命トシ軍人精神トスル軍人ハ斯ノ如キ問題ニ対シテハ先ツ第一ニ之ニ依拠シテ答フヘキモノテアル」と、軍人勅諭を引用しないで答えるのは不可であることを重ねて強調する。そして模範解答として、「誠心ヲ以テ礼儀ヲ正シクシ忠節ヲ尽スヲ本分トス」と答えればよろしい、と述べている。

以下は省略するが、他の問題についても、似たような講評と「模範解答」が示されている。

私が見るところ、これは、訓話を通して精神教育を行なうことの困難さがよくあらわれている事例である。すなわち、ここでは、単なる軍人勅諭の暗記・暗唱などによる機械的・形式的な答えを求めるのではなく、勅諭の十分な理解と考察とを要求している。しかし、適切な表現を要求する余り、かえってそれが形式化・形骸化するという結果に陥っているのである。勅諭以外の答えを書いては不適切だし、勅諭の各項目を列挙しただけでもダメだとされる。勅諭から適当な語句を抜いてきて、あたりさわりのない文章にしたものが「模範解答」とされているのである。いわば、将校生徒に自覚と理解を求めようとして、かえって表現の巧拙にこだわった「作文」添削以上のものになっていないのである。それゆえ、軍人勅諭の文言やそれに関連するさまざまなキイ・ワードの運用という作文技術の習得という意味では、こういう学習は非常に効果があったであろうが、イデオロギー的なものを内面化する契機としては、明らかに効果の薄いものであったように思われるのである。

もちろん訓示・訓話の技術の巧拙は、人によっても、題材によってもさまざまであったろう。今見た事例は、たまたま不出来な訓話であったかもしれない。しかし、重要なことは、フォーマルな教育目標として掲げられたイデオロギーが、現場で必ずしも効果的に伝えられていたとは限らないことを、この事例が示しているということである。

第三節　国家我と立身出世

もっと形式主義的でない訓育の例として、次に、陸士の中隊長である北原一視歩兵大尉[6]が著した、『己れとは』（一九二一年、陸軍士官学校研究会発行）と題する本の内容を検討してみよう。「本書は余が生徒に訓話せし教案の一部を整理せるものなり」と自序で書いてある通り、制度改正直前の陸士において、北原自身が中隊訓話として生徒に述べたものをまとめたものである。ただし同書の序文によれば、一方的なお説教にならないように、また、読みやすさを考えて、甲乙丙の三生徒の問答という形式で書かれている。

北原は、いわゆる「思想問題」や「科学物質万能主義」や「利己主義」の風潮に染まるのは、〈自己〉なるもののとらえ方に問題があるからであると考え、そのため彼は「己れとは」というテーマについて考察し、つとめて訓話してきたという。彼はもう一方で国体・国民道徳・歴史等についても訓話をしたが、それについて述べるのは「主要論点を錯雑ならしむる」し、「かくの如きは、他に良参考書あること故」省略し、本書ではもっぱら〈自己〉のとらえかたについて述べたことをまとめた、という。

　このようにこの本は、(1)大正デモクラシーやいわゆる個人主義的風潮への対応として、将校生徒たちに自己探究の方向を提示し、それによって自発的な〈軍人精神〉の涵養をめざすものであり、(2)国体等の理論を展開したものではなく、軍人としての自己意識の形成に問題を限定して論じている点に特色がある。それは大正中期の若手将校の一つの自己意識を示していると同時に、陸士における訓育内容の具体的な一つの例でもある。

　北原の論理をたどってみよう。まず彼は、忠義を尽くす理由がわからないという兵隊がいることを問題とし、そもそも精神的修養は論ずべきものではなく、実行すべきものであるが、同時に、理屈で説明し、納得させる論理も必要だ、と述べている（同書第一章、以下、同書からの引用は本文中に章・頁を示す）。しかもそれが、「自己」との関わりで論じられなければ、真に自発的な忠義は出てこない、と述べる。「（これまでは）外圧的に、とでもいふのか、単に『何々するべし、何々なるべし、何々の筈なり』――といふ様に、説いて居つた様に思ふね。例えば国体の特長、皇恩の鴻大無辺なる事等を説いても、それが『自己』なるものとの関係に迄、今一歩踏み込んで説かなかつたのは、誤りであると思ふよ。それだから『「忠」を押売する』なんて、生意気な事をいふ不届な奴も出来ると思ふ」（同書、一三頁）。

このように、この訓話の背後には、自由主義・民本主義の思潮の台頭の中で、軍人勅諭の諸徳目の機械的注入、上からの世界観の押しつけが、かならずしも受け手の側がそれらを内面化することにつながっていないという、当時の一般兵卒の教育が抱えていた困難があったようである。[7] それゆえ北原は、将校生徒の教育にあたっても、「自己とは何か」という内省的な問いを軍人勅諭とを接合させることで、自発的な忠誠心や責任感を論理的に導きだそうとして、論理を組み立てたのである。その意味では、前章でみた『軍人精神訓』よりも実際的であり、論理的にもしっかりしたものになっている。

北原は、「自己」を個人主義的観点から離れた地点で根拠づけようとする。まず、個人と家族との関係について次のようにいう。「家族より、離れたる「我」を、見出すこと能はず。又「我」を離れて、家族もなし」「家族と我とは二にして一、又一にして二なるもの」「家族と、我との間には、一体普遍の生命があるものだ」。そして図2・1、2・2のように、過去から未来への家族の時間的な連続体の中に〈自己〉を位置づけることで、〈自己〉は家族なしには存在しえない「家族我」であるとする（第二章）。次いでその比喩的拡大によって、自我は民族の歴史的な連続体の中に位置づけられて、「国家我」であると述べられる。

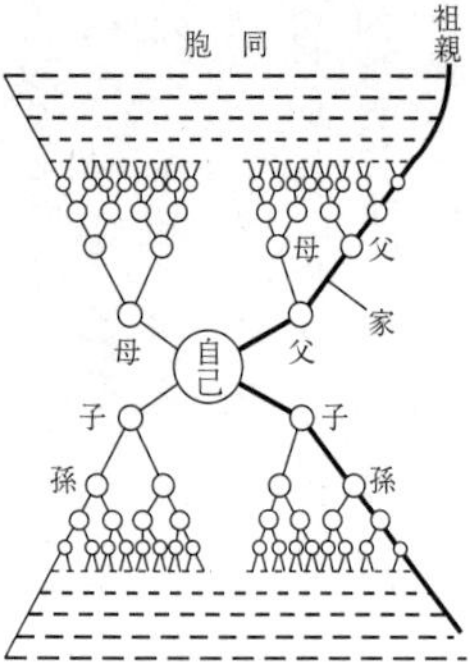

図2・1（右）　自己の位置についての説明図
図2・2（左）　生命の連続性についての説明図
＊ともに北原『己れとは』15頁より。

甲「僕は考へたよ、「生」とは「生命なり」、――即ち生命を、親から貰つた、と丈けしか考へないのは抑て未だ修養が到らぬのだ。――「国家我」という見地からして、――「自我」の内容をなせる、此の生命は、実に単なる自分の肉体にのみ、単独的に、存在して居るものでない。一体普遍なる、大和民族の、大生命と共通往来して居るものなのだ。」（二二二頁）

そして、民族の連続体の一員としての「自己」は、日本人を疑似家族視することで、容易に国家・皇室と結びつけられる。「（我々は）生まれるとから、日本人として、生命を貰つたのだ。そこで、日本人といふものは只だ漠然と、群がり集まつて居るのではない。日本人即ち、皇室を中心として、家族的組織の団体である。即ち国より、生命を貰つたのである」（二二三頁、傍点原文）と。

すなわち北原の論は、個人↓家族↓民族↓社会組織（国体）という自我の拡大を、一方で家族と同様の国体の連続性に、他方で国家の家族主義的形態によって正当づけ、「「国家我」を離れて「自我」なく、又「自我」を離れて「国家我」もない」（二六頁）と述べるのである。こうして自我が「国家我」とされることによって、個人愛は家族愛を経て国家愛へと拡大されるし（第六章）、家族・社会・国家との一体意識によって「一種の熱情」として「誠」の感情が湧いてくる、とされる（第七章）。

さらに当時の時代状況を反映して、権利義務や自由・平等についての解釈がなされる。「団体と一体意識となつて其幸福、其発達に努力するのが真の道徳的自由であ」（一一〇頁）り、人格の平等は、「人格価値の多寡」による差別と両立する。また、「必ず行動せねばならぬとする、自己内心の感じ」（＝「本務」）を実行しようとするのが「道徳意志」であり、その意志の自由を認めたものが人格の道徳的権利である。そこでは「権利即ち義務であ」（一二〇頁）る。

かくして、忠節を尽くすことは日本人の本務であり、「忠君報国は即ち吾人の生命であ」（一三二頁）るから、自己の自然の感情として忠誠心が湧き上がってくるのだ、という。こうした、自己↓家族↓国家という論理の展開は、前章で見た倫理のカリキュラムと酷似しているようにみえる。

しかしながら、ここには注目すべき大きな違いが一つある。その同じ論理を逆向きにたどって、「国家我」としての自己が自然な自発性から献身努力するかぎり、個人の立身出世は肯定されているという点である。

……自己の発達は即ち国家の発達であるのだ。これと反対に、吾人は一寸病んでもだ、——それは指先丈けの問題ではなく、吾人全体がなんとなく気持ちが悪いのだ。（中略）国家と国民に於けるもその通りだ。国民が、小部分でも腐敗し始むれば、夫れは国家の恨事であるのだ。国家の大生命を、自我の生命として、国家と、一体意識になつて居るならば、夫れ等の事はすぐ解る。自己の立身、出世を考へる。——単なる自我の為しか、考へなければ、それは、私利、私欲である。然しながら、立身、出世は何の為にするのか。それ丈け国家に貢献するのである。自分をよく発展せしむる事は、即ち、国家の発展となるのだ。とかく考へて奮励すれば立派なものだ。……そうなくてはならぬ（四八～四九頁、傍点原文）。

北原大尉の訓話では、個人の立身出世は肯定されているのである。「自我」が「国家我」とされ、個人の集団への献身が強調される論理は、逆向きの論理をたどることで、すなわち、自我の自然な「至誠」の感情の発露が、国家への貢献に向かうと努力して位置づけられるかぎり、立身出世は否定されるどころか、むしろ称揚されている。自己の発展が国家の発展になると考えて奮励すること――単なる自己の立身出世のみを目的としない限りににおいての立身出世の動機によって生徒たちが努力・修養することは、ここでは肯定されているのである。

第四節　生徒の作文から（その1）

次に生徒の書いた作文の中から学校が模範として選びだし、編集したものを手掛りに、生徒の意識とそれに対する学校側の対応について考察していこう。ここでは昭和期の陸士予科（一九三七年以降は予科士官学校）が毎年発行した『生徒文集』[8]を取り上げて検討する。この文集は、普段の作文の時間などに生徒が書いた作文の中から優秀なものを選びだして収録したもので、「本書ハ之レヲ本校生徒ニ頒チテ学習ニ資セシム」と書かれている通り、作文の参考にさせたものである。収録された作文は毎年約三〇編ぐらいずつである。

なお、入手できた作文集は一九二六（大正一五）年卒業生のものから一九四三（昭和一八）年までの各年度のものであり、参考までに一九二六、三四、四三年の生徒文集に収録されている作文の題を挙げておくと、表2・1のようになる。戦時はもちろん、平時においても、将校の養成という目的に密接に関連した課題が多く出されていることがわかる。

ここで取り上げるのは主として、戦争がまだ緊迫の度を強めていなかった一九三五年頃までのものである。

表2・1　各年度士官学校予科（予科士官学校）卒業生の作文の題

1926年卒	1934年卒	1943年卒
余ガ文章経歴	新ニ入校セル友ヲ迎ヘテ	武窓ノ一箇月
新入生ヲ迎ヘテ	未来	戦友
新緑	荒木陸軍大臣閣下ノ訓話ヲ聴キテ	故郷ノ一日
我ガ郷ノ誇	休暇中ノ収穫	野営演習記
我ガ学校	楠公ヲ懐フ	夜間演習
野営演習記	払暁戦	家訓
馬ノ乗リ方	非常呼集	我ガ家ノ伝統
新聞紙ヲ論ズ	静思余録	恩師ノ風丰
北条時宗論	日新	郷土ノ偉人真木和泉守
訪欧飛行士帰朝歓迎会ニ於ケル祝辞	兵科決定	将校生徒
休暇ヲ顧ミテ	論語ヲ読ム	団結
心	弔辞	科学技術ト我等ノ覚悟
文稿自序	昭和九年ヲ迎フ	恩師に近況を報ずる文
入営志望につき弟の相談に答ふる文	文字	先輩に近況を報ずる文
日常生活の模様を父母に報ずる文	大勇小勇ヲ論ズ	隊附の先輩に
遠洋航海の途に上らんとする友に	作文学習ノ回顧	紹介を依頼する文
友人の負傷を見舞ふ文	靖国神社参拝後家庭への通信	野営演習を終へて父兄に
負傷せる部下の父兄を慰むる文	在隊士官候補生に近況を報ず	
兵科決定後の覚悟を父母に述ぶる文	母校短艇部の優勝を祝ふ	
	航空科体格検査の状況を父母に報ず	
	入院中の弟に	
	旅先にて世話になりし人に	

*『生徒文集』各年度版より作成。

生徒の作文が忠君愛国精神にあふれているのは、教官に提出されたものの中から学校側が傑作として選びだした作文である以上、当然のことであろう。しかしながら、注意深く読んでいくと、軍紀について論じ、国民精神の悪化を憂い、皇室行事への参加の感激を語る時と、自分の生き方や生命観や夢を論ずる時との間には、微妙なズレがあることに気がつく。それは、前者においては、紋切り型の口調で国家や天皇への無私の献身だけが語られているのに対し、後者においては、まったく代償のない献身や「尽忠報国ノ至誠」と割り切れないもの、特に、強烈な野心や立身を通した孝行がしばしば登場し、それが奉公と重ね合わせて語られたということである。

一九二七（昭和二）年卒業生の作文には、「敬神崇祖」と題した作文が四篇収録されているが、それらは次のようである。

ア、特ニ余等ノ如ク、将来国軍ノ楨幹トナリ、国家ヲ担ヒテ立ツベキ壮丁ノ訓練ニ当ルモノニ於テハ、鞏固ナル国軍ヲ作ルタメ、善良ナル国民ヲ育成センガタメ、益々敬神崇祖ノ念ヲ涵養セザルベカラズ。（M・I）

イ、父母ヲ敬愛シ、而シテソノ進ムベキ路ニ猛進スルハ、即チ孝行ニシテ、即チ崇祖ナリト余ハ信ズ。理窟モナク、理由モナシ。只父母ヲ敬愛シ、自己ノ本分ヲ尽セバ足ル。コノ点ニ於テ、余ハ崇祖ノ相当ニ能ク行ヒツツアルモノナリト思惟ス。

ウ、我等ノ祖先ハ、其ノ父祖ノ死スルヤ、之ヲ神トシテ祀レリ。ソハ死者ノ霊ヲ畏レシガ故ニアラズ。父祖ヲ敬愛シ、コレヲ慕フノ誠ヨリ出ヅ。カクシテ最モ小サク近キ血族団体タル一家ハ此ノ精神的血液ニヨリテ益々繁栄シ、延イテハ郷土ニ於ケル氏神、産土神ノ崇敬トナリテ一村栄エ、更ニ国家的敬神崇祖ニヨリテ益々発展セシメ、金甌無欠ノ国体ヲシテ愈々光輝アラシメタリ。(中略)吾人ハ敬神崇祖ニヨリテ益々人格ノ完成ニ努メ、神ニ近ヅキ、以テ天職ヲ尽シ、報国ノ誠ヲ効サザルベカラズ。是レ吾人ノ永遠ニ生クル道ナリ。(H・S)

(S・G)

エ、一家ノ祖先ヲ崇拝スルモノハ、軈テ其ノ大宗家タル皇室ノ御先祖即チ皇祖皇宗ヲ崇敬シ奉リ、入リテハ則チ一家ノ為メ、出デテハ即チ国家ノ為メニ其本分ヲ尽シ、自己並ニ祖先ノ名誉ヲ掲グル為メニハ、身命モ惜マザルニ至ル。(中略)一人身ヲ誤リ、家ヲ誤ラバ、一国衰頽ニ赴キ、一人身ヲ立テ家ヲ興サバ、一国隆盛ニ赴ク。(S・T)

四者四様に「敬神崇祖」の題に沿って想念をめぐらせているが、こうして四つ並べてみると、一般的な将校生徒の意識の全体像が浮かんでくるようである。

アの作文は、率直な心情の吐露というよりも、将校生徒の作文としてはオリジナリティに欠ける紋切り型の表現に近いものであるといえるかもしれないが、将校という職業の職責の自覚が敬神崇祖と結びつけられている。彼は「家族制度ノ我ガ国ニ於テハ、祖先ヲ崇拝スルコトハ、自然ノ衷情ヨリ生ズル真心ナリ」と述べ、敬神崇祖はわが国に固有で自然なものだと考える。それゆえ、「敬神崇祖ハ余ノ唯一ノ修養ナリ」と将校として必要な精神修養だと論じている。これは、神社参拝を題材にした将校生徒の作文によく見られる考え方であるが、家族→国家・天皇という拡大で軍人精神の涵養をめざす訓育者の意向に沿ったものということができよう。

父母への孝行がすなわち崇祖であるという、イの作文のような考え方はあまり一般的ではないが、自己の本分を果たすこと、すなわち将校生徒として努力することが、〈孝行〉であるという考えは、他の題の作文でもよく見られる考え方である。

ウの作文では、日本人の宗教的特性である神人合一観に基づいて、人格の完成を神に近づくことと見なすとともに、「人格ノ完成」と「天職ヲ尽」くすことや「報国ノ誠」につとめることがスムーズに結びつけられ、それによって永遠の生命がえられると考えている。「人間は必ず死ぬ」という現実の中で、何らかの形で自己の永遠性をえたいという衝動は普遍的に見られるものであるが[9]、特に軍人という職業は死の危険性を伴うものであるだけに、将校生徒の作文にはしばしば〈永遠の生命〉というテーマが登場した。

そこでは多くの場合、「我ガ明治維新ノ際ニハ幾百千ノ忠臣義士活躍シタリ。然レドモ維新史上一人ノ西郷南洲無クンバ如何。米国五百年ノ歴史ハ忘却ストモ、唯一人、ワシントンハ忘ルベカラズ。蓋シ英雄ノ生命ハ不朽ニシテ、英雄ノ人格、英雄ノ偉業ハ、永遠ニ吾人ノ脳裡ニ生キ、吾人ニ希望ヲ与へ、吾人ヲ激励鞭撻シテ止マザレバナリ」（T・A「英雄」一九三一年卒）とか、「吉田松陰ハ三十二ニシテ死セリト雖モ、日本人ノ存スル限リ松陰ノ生命ハ存スルナリ」（M・T「長命術」一九三〇年卒）というように、英雄になること、不朽の名声をえることで不死性＝自己の永遠性を獲得する、という考え方がなされていた。キイ・ワードは「英雄」や「偉業」や「名声」であった。西郷隆盛のような生前にすでに高位高官に昇り詰めていた「英雄」はもちろんのこと、死後にえられる、あるいは死と引き換えにえられる名声も、神人合一観に立つかぎり、死後も享受しうる社会的資源であり、その意味では、彼らが表明する〈永遠の生命〉は、世俗的な欲望の一変種と見なすこともできる。

　四つの作文のうち、最も注目すべきはエの作文である。エでは、家意識が「大宗家」たる天皇と結びつけられて、「自分のため＝家のため」と「国家のため」が一致している。「入リテハ則チ一家ノ為メ、出デテハ即チ国家ノ為」に本分を尽くし、生命を惜しまない決意は「自己並ニ祖先ノ名誉」のためである。「我日本国人も今より学問に志し気力を慥にして先づ一身の独立を謀り、随て一国の富強を致すことあらば、何ぞ西洋人の力を恐るゝに足らん」と論じた福沢諭吉の『学問のすゝめ』と同様に、国家と個人との予定調和的な関係が考えられていたわけである。この例では、個人と国家の間に家というもう一つの要素が、やはり同様に予定調和の関係として位置づけられているが、こうした論理自体は、『学問のすゝめ』や『西国立志編』の読者であった明治前半の少年たちの作文に共通するものであった。[11]

これらの作文から浮かんでくる生徒たちの考えは、(1)個人的達成の野心や家族の期待に応えることといったものが、「報国」と同値化されており、(2)その個人的達成は必ずしも階級の上昇に限られたものではなく、英雄になることや、不朽の名声がえられることまでを含んでおり、(3)訓育者の意図に沿った形で、自己↓家↓国・天皇という論理を内面化している、といったものであろうか。

もう少し作文を見てゆくことにしよう。「予ノ本校卒業ヲ母上イタク悦ビ給フ。是又予ガ最大ノ悦ビナリ。冀クハ益々奮励興起、陛下股肱ノ名誉ヲ担ウテ奉公ノ実ヲ挙ゲ以テ家名ヲ挽回セン」(K・H「我ガ生立」一九四二年卒)というふうに「奉公」を通じて家名の回復をはかろうと考える者もいた。また、偉くなるという大望や、手の届く範囲で英雄たらんとする野心を持ち続ける者もいた。

……我ハ、朝早クカラ、半バ肉体的ニ相当ノ労働ヲシタ。其ノ為ニ当時ハ周囲ノ労働者ヲ見テ、我モ斯クナルノダト信ジテヰタ。不図シタ幸福カラ、我ハ中学ニ入ルコトガ出来タ。ソコデ又理想ガ変ツタ、「俺ハ偉イ人ニナラウ」。斯ウ考ヘタ。斯クテ段々年ガ経ツニ従ツテ、一層我ヲ考ヘタ。（中略）サウシテ、今ヤ其ノ目的ノ第一段階ニ足ヲカケテヰル。（中略）偉人ト雖モ凡人ヲ磨イタモノデアル以上我モ亦イツマデ凡人タルニ満足ハシテヰナイ。心ノ中ニハ燃ユルガ如キ大望ガ潜ンデヰル。ダガ、マダ本当ニ判然タル我ハ捉ヘルコトガ出来ナイ。

（K・U「我」一九三一年卒）

慈母ノ懐ニ抱カレシ時ノ理想ハ桃太郎ナリキ。小学校時代ヨリ中学ヲ卒業スル時マデニハ、後藤又兵衛ヨリ、東郷大将ナポレオンニ至ル変化ノ径路ヲ踏ミタリキ。今ニシテ思ヘバ、人生ノ英雄タルヤ、各人ノ境遇ニヨリテ一様ナラズ。種々ナル階級ニ種々ナル形式ヲ取レル大小ノ英雄ハ殆ド無数ニ存スルナリ。各団体各社会ノ衆望ヲ負ヘル者然リ。（中略）故ニ吾人若シ英雄タラント欲セバ、之ヲ為スコト甚ダ容易ナリ。唯英雄ノ大小高下ニ因リテ努力ニ比例ヲ生ズルノミ。現代英雄ナシ。英雄タランコト不可能ナリト失望落胆スルノ愚ヲ止メヨ。英雄ノ位置ハ、英雄ノ資格ハ、各人ノ眼前、手ノ届ク範囲内ニ在ルナリ。

（I・K「英雄」一九三一年卒）

自己の栄達等の野心を達成するためには、平時においては、官僚制のハイアラーキーを上昇するための形をとる。その競争は、たとえば次に見るように「奉公の多寡」として正当化され、利己的なものとは見なされていなかった。

余ハ今幸ニ陸軍大学ヲ了ヘテ奉公ノ道ヲ尽シツツアリ。是レ偏ニ多年ニ亙ル努力修養ノ結果ニ外ナラズ。人ニ優ラント欲セバ、人ヨリモ多ク努力セザルベカラズ。万人ニ優ラント欲セバ、万人ノ何レヨリモ多ク努力セザルベカラズ。

（K・M「恩師某大尉ヲ訪フ」一九二七年卒）

これはこの生徒が陸幼時代の恩師に言われた言葉である。これと同様の考え方は、陸士でも陸幼でも広く見られた。「予、今迄程々ニ思ヘド、勉強ノ方面所謂真呼吸方面モ皆将来ノ大任務遂行ノ為メ報恩ノ資料タルガ為ナルヲ思ヘバ意自ラ明ラカナリ、コツル（コツコツ勉強する）方ハ大切ナリ、況ヤ精神的ヲヤ」と、将来の奉公のためにもっと勉強や修養に励まねば、と生徒が日記で決意を述べると、生徒監が「報恩ノ念良シ報国万難ヲ突破ス」とコメントを付けるというふうに。[12] つまり、陸幼や陸士で各生徒が努力し、修養するのは、軍人の資質を身につけて、より有益な奉公をするためであるとされていたのである。

自分の生き方に関わる題の作文では、「無報酬の献身」を誓う者は、あまりいなかった。むしろ、自己の栄達、家族への孝行といった、個人的な欲望充足が「奉公」に伴っている場合が多かった。立身出世や個人的達成の野心に基づく努力は、「よりよく奉公するための努力」という意味づけに読み換えられた。それは野心を否定・冷却するものではなく、野心を献身に重ね合わせるものであったと言うことができるであろう。ここでみてきた『生徒文集』が、後輩の生徒の参考書として印刷・配付されていたと考えると、教育現場のレベルでは、生徒の立身出世や栄達を求める野心を否定・冷却するような方向で、指導が行なわれてはいなかったように思われる。

最後にもう一つだけ作文を引用しておこう。「既ニ何ヲ得タルカ。又何ヲ以テ自己ノ将来ヲ多望ナラシメントスルカ。是レ実ニ現在ニ於ケル自己ノ境遇能力功名心ノ如何ニ依ッテ判定スルヲ得ベシ」(Y・S「回顧ト前進」一九三〇年卒)。ここには、前章でみた『軍人精神訓』では否定されていた「功名心」が、あからさまに表現されている。強烈な野心――彼は、『西国立志編』[13]や『学問のすゝめ』を読み、あるいは『成功』を読んで立身出世のために奮闘した明治青年と何ら変わるところがなかったといえる。

第五節　生徒の作文から(その2)

本節では、一人の将校生徒が東京陸軍幼年学校に在学した三年間の間に書きためた作文(東幼会所蔵)を検討する。作文の著者は、一九二四(大正一三)年に入校し、一九二七(昭和二)年に卒業した生徒のものである。彼は軍人の父をもち、東京青山で生まれ、麻布中学校を経て幼年学校に合格し入校した。[14]

作文綴りに残された作文は全部で六二本あるが、一つ一つはそれほど長いものではない。また、日付の入ったものとそうでないものとがある。それぞれの作文には教官による添削がなされており、誤字の訂正にとどまらず、表現も随所で修正されている。と同時に、「末段ノ一句宜シ」などと短評が書かれているものもある。[15] 第一・第三学年に彼が書いた作文の題を列挙すれば表2・2のようになっている。

入校後最初の作文で、彼は両親について述べた後、「今ヨリ後ハ我身ヲバ陛下ノ股肱ト思ヒ、一身国家ニ尽スコソ我ガ父母ニ対スル最大ノ孝ナレ」と書いている（「我ガ家庭」）。こうした忠孝一致、特に天皇や国家への無私の献身を誓う記述は、その後も繰り返し登場する。たとえば、将校生徒の本分を論じた作文では次のように書かれている。

> 将校生徒ノ本分ハ即チ将校タルベキ素地ヲ養成スルニアリ然ラバ即チ第一ニ確固不抜ノ志操ナカルベカラズ。若シコノ志操ナカランカ何事ヲナスニモ意志薄弱ニシテ国家ノ大事ヲ担ヒテ立ツコト難カルベシ。軍人精神ノ経典タル教育勅語並ビニ軍人勅諭、五箇条ノ教、常ニ身ヲ離サズ君国ノ為ニハ水火ノ中モ厭ハザル覚悟ヲ有セザルベカラズ。長上ノ命令ハソノ事ノ如何ヲ問ハズ直チニコレニ服従セヨトハ軍人読法ニ教フル所ナリ。長上ノ薫陶ヲ仰ギ、反省以テ我ガ身ヲヲサメザルベカラズ。軍人ハ殊ニ名ヲ重ンズルモノナルガ故ニ、卑劣ノ行為ヲ斥ケ、サレバトテ誤レル名誉心ニトラハレズ、

表2・2　ある陸幼生徒の作文の題

第1学年	第2学年	第3学年
1　我ガ家庭	20　新入生ヲ迎フ	42　新学年ニ於ケル我等ノ覚悟
2　初夏	21　春ノ郊外	43　運動競技ニ就テ
3　暑中日記ノ一節	22　問合せの文	44　青年
4　就学旅行記	23　忠告の文	45　初夏ノ校庭
5　秋	24　乃木大将伝	46　弟の世話なりしを謝する文
6　写真ヲ見テ	25　孔子伝	47　駒とめて袖打払ふかげもなし佐野のわたりの雪の夕暮
7　故郷ノ山水	26　休暇前郷友へ	48　梅雨中ノ一日
8　旧師に送る文	27　自己ノ経歴	49　和魂洋才
9　友に与ふる文	28　遊泳演習中ノ一快時（鋸山附近見学ノ記）	50　水泳地より父兄におくる文
10　両親に近況を報ずる文	29　日章旗	51　夏期休暇中ノ見聞記
11　所沢見学記	30　路問へば一里一里と秋の暮	52　将校生徒ノ本分
12　靖国神社参拝ノ記	31　旅行前旅行地の友に送る文	53　終日野外散歩ノ記
13　郊外散歩ノ記	32　海外にある叔父に寄する文	54　旅行記ノ一節（第七日）
14　スキー練習日記（第一日）	33　乃木会	55　観兵式拝観記
15　新聞社見学の状況を報ずる文	34　揚子江	56　軍人ノ服従
16　雪	35　唐崎ノ松	57　友人ノ失意ヲ慰ムル文
17　日記ノ一節	36　社会	58　諒闇中ノ新年
18　角力ヲ観ル記	37　一年ノ計ハ春ニアリ	59　起床ヨリ始業マデ
19　一年末ノ所感	38　冬	60　寒夜ノ自習
	39　鍛練	61　轜車奉送記
	40　近況を述べて郷友に送る文	62　校門ヲ辞スルニ臨ンデ所感ヲ述ブ
	41　卒業生諸君を送る	

礼儀ヲツクシ、校風ヲ盛ンナラシメ、志気健康ノ増進ヲ計ルベシ。心身不健全ナレバ忠誠ヲ表ハスコト能ハズ且聖恩ノ万分ノ一ヲモ報ヒ奉ルコトヲ得ザルベシ。志ノ立ツル所ニ従ヒ、着実ナル実行ニヨリ遠大ナル目的ヘ一歩々々進メ熱心ニアラユル困難ニ打勝ツ覚悟アルヲ要ス。天真爛漫、至誠一貫、学術科ヲ修メ健全ナル身体ト文化ニ資スルノ知識ヲ養成スベキナリ。

以上述ブル所皆将校ノ予備教育ヲ受クルニアリ。将校タラントスルモノ一日モ以上ノ本分ヲ忘レズ、以テ大元帥陛下、皇恩ノ万分ノ一ヲモ報イ奉ラザルベカラズ。

（「将校生徒ノ本分」三年生）

教育勅語や軍人勅諭、五箇条の御誓文、軍人読法等を引き合いに出しながら、軍人勅諭の五つの徳目や、陸軍幼年学校の教育綱領（前章参照）の諸徳目に沿って「生徒の本分」が語られ、そして最終的には、「大元帥陛下、皇恩ノ万分ノ一ヲモ報イ奉」ることが誓われている。

卒業を前にして書かれた作文では、彼は入校以来のさまざまな思い出を書きつらね、学校にいることがまるで家にいるような心地になったこと、そこを離れるのがなごり惜しいことを述べた後、次のように「君ノ為」とか「国ノ為」、師への「報恩」などの語句を並べてしめくくっている。

サレド目的ハ遠シ。今此ノ校ニ執著(ママ)セリトテ君ノ為、国ノ為ニナルニハアラズ。ヨシ起タン袂分ツガ如何ニ辛ク𪜈(トモ)。ヤガテ茶褐ノ服ヲ身ニ纏ヒ、而シテ遠大ナル目的ニ進マン。コレ亦師ニ対スル最大ナル報恩𪜈ナリヌベシ。行カン。努メン。サラバ母校ヨ。

（「校門ヲ辞スルニ臨ンデ所感ヲ述ブ」三年生の最後）

このように見ると、天皇や国家への無私の献身こそが、彼の心意気であったように思われるかもしれない。[16] しかしながら、さきに引用した作文で「遠大ナル目的」と述べられたものが何であるかを見ていくと、必ずしもそれは代償なき献身ではなかったことがわかってくる。たとえば、休みに帰宅した際に、中学校の入学試験のために撮った写真がでてきたことを綴った作文では、「必ズヤ今ヨリ十数年後ノ予ノ写真ニハ輝ク勲章ヲ佩ビ、光ル軍刀ヲ帯セル軍人ノ写真ナルベシ。嗚呼希望ニ燃ル我ガ前途哉」（「写真ヲ見テ」）と書いている。[17] 彼の将来についてのイメージは、勲章で飾られた英雄像であった。

第一学年の終わりに書いた「一年末ノ所感」という作文では、彼の努力の源泉がどのあたりにあったかが、もっと率直に表明されている。それは次のようである。

朝床より号音と共に直ちに起き出ること難く、夜点呼の号音の待遠きことあり。学科を厭い、術科を嫌ひ、自習を好まずして唯一時の楽を貪らんとせし事往々あり。成功せんと欲せば努力せざるべからず。

過去は未来の予言者なり。未来は過去を父母として生まる。未来の成功を希はゞ過去の自己を反省するに如くものあらざるべし。過てば則ち改むるに憚ること無ければ可なり。

この引用部の直前でも、彼は「成功せんと欲せば努力せざるべからず」と書いていた。「未来の成功」こそが、彼にさらなる努力を決意させる源泉であった。この作文の添削を見ると、誤字や表現の修正のほかに、「過去は未来の予言者なり」の箇所に、教官による同意の印であろうか、傍点が付されている。しかし、「利己的にならぬように」とか「奉公の意義をもっと考えよ」といった指導はなされた形跡がない。生徒の努力の源泉が個人的な成功であっても、別段問題視されなかったことがわかる。

二年生の時の自分を語った作文では、「予不幸ニシテ凡人ニ生ル麟児ニモアラス鳳雛ニモアラス唯ノ一平民ニ過ギズ、サレバ予ハ成長セシ後、名ヲ天下ニ輝シ得ベカラサルカ果シテ如何」(「自己ノ経歴」二年生)と述べている。さらに次のようにも述べている。「人ハスベテ欠点ヲ有ス、予ニ於テ殊ニ甚ダシ。自ラヨク其ノ身ヲ顧ミテ、短所ヲ滅ジ(ママ)、長所ヲ加ヘン。烏兎ハ匆匆トシテ早ケレバヨリ時間ヲ善用シ健全ナル身体ヲ作リテ、本校ノ生徒ノ本分ニ違ハザルコト此レ予ガ第一ノ務ナルベシ。斯クセバ即チ名ヲ天下ニ輝スガ如キコト何ノ事カ此レアラン」(「自己ノ経歴」二年生)、と。

卒業にあたって彼が「遠大ナル目的」と書いたものがいったい何であったかは、もはや明らかであろう。名誉と名声――社会的成功こそが、彼の「目的」であったわけである。

以上の通り、本節では一人の将校生徒の作文を検討してみたが、前節で複数の生徒たちの作文集でみたのと同様に、献身イデオロギーと個人的な野心とが同時に併存していたこと、また、そうした野心に対して、教育する側が否定したり冷却したりした形跡が見られなかったことが確認できるであろう。

第六節　小　括

教育綱領や教科書のような、フォーマルな教育目標やカリキュラムをみる限り、天皇への忠誠・国体の尊厳など、「無私の献身」を要求するイデオロギーに満ちあふれていたことは前章でみた通りである。また、功名心や名声の追求は望ましくないものとして否定されていた。しかしながら、本章の検討で明らかになってきたのは、日常の訓話や作文指導のような、教育者と被教育者の相互行為のレベルで見ていくと、生徒の個人的な野心が必ずしも否定・冷却されていたわけではないことである。

軍人勅諭の理解と考察を要求するような教育者の努力が、勅諭の文言のキイ・ワードを運用する能力を養成するうえでは効果があったとしても、イデオロギーを内面化させるには不十分なものでしかなかった例をわれわれは見てきた。また、国家への貢献に向かうかぎりで立身出世を肯定する訓話を生徒たちに与えていた例もあった。一方、生徒たちは、栄達や功名を希求する自らの野心を率直に作文の中で語っていたし、学校側も、とりたててそれを問題にしたりはしなかったことも見てきたのである。

もちろん、本章で扱ったのは、厳密にいえば、教育者と被教育者の相互行為そのものではない。それゆえ、もっと日常生活の次元に踏み込んで、生徒の意識の実態をたどっていくことが必要かもしれない。また、全寮制の学校における教育作用を訓話や作文のレベルでのみ考察するのは明らかに不十分である。そこで、次章では生徒の側の視点により密着して、彼らの日常生活の中におけるイデオロギーと意識との関わりを考察することにしよう。

この点に関連して、前節でみた生徒の作文の中から興味深い記述を一つ引用しておこう。これは、最上級生になった時の決意を述べた作文である。

己ノミ善ケレバ他人ハ如何様ニモナル𪜈差支ヘナシトイフハ余リニ利己主義ニ過ギタルナリ。我々ハ将来ノ将校ナリ。此学校ニ我等ト同シク生活スル下級生モ将来ノ将校ナリ。国家ハ我々ノ成長ヲ待チテ一人ニテモ多ク国家ヲ双肩ニ担フベキ干城タルコトヲ嘱望ス。年々本校ニ入ル者五十、国家ハ一日モ早ク其等ノ人ガ有為ノ将校トナルコトヲ望メリ。家庭ニアリテ子アリ学校ニ職員アリ生徒アリ、職員ヲ親トセバ生徒ハ子ナリ。子ニ兄ト弟トアリ、生徒ニ上級生ト下級生トアリ、上級生ヲ兄トセバ下級生ハ弟ナリ。職員ガ生徒ヲ教育スルハ親ガ其子ヲ養育スルニ似タリ、上級生ガ下級生ヲ指導スルハ、兄ガ弟ヲ指導スルニ似タリ。サレド家ニハ数人ノ子ニ対シテ二人ノ親アリ、学校ニハ数人ノ職員ニ対シテ百五十人ノ生徒アリ。サレバ子ニ対スル親ヨリハ、生徒ニ対スル職員ノ数少シ。然モ家庭ハ子ヲ生育セシムルニ止マル。学校ハ生徒ヲ皆国家ニ柱石、有為ノ将校トナス所ナリ。サレバ弟ヲ導ク兄ノ責任ハ重カルベシ。下級生ヲ導ク上級生ノ責任ハ決シテ軽カラザルナリ。

（「新学年ニ於ケル我等ノ覚悟」三年生）

学校でも職員と生徒の関係は親と子のようなものであり、上級生と下級生は兄と弟のようなものであるとされる。そして「子ニ対スル親ヨリハ、生徒ニ対スル職員ノ数」が少ないうえに、本校は「皆国家ニ柱石、有為ノ将校トナス所」という重要な意義を持っているので、上級生が下級生を責任もって指導しなければならない、というのである。

このように、生徒たちは上級生になった時に下級生を指導することを、自分たちの務めであると認識していた。彼らは、下級生の時には上級生を見習い、上級生になった時には自負と責任感をもって下級生を指導していたのである。この作文はそうした上級生の自負を典型的な形で示している。

外出の時間もごく限られた閉じた空間の中では、授業や訓話よりも、もっと生徒の精神形成に大きな影響を与えたものがさまざまに存在していたはずである。今見た上級生の指導もその一つであったであろう。彼らの日常生活の中で意識や態度の形成に大きく作用したものはいったいどのようなものだったのであろうか。次章ではこの点を考えていくことにしよう。

註

〈序論〉 課題と枠組み

1　たとえば、『講座　日本教育史5』第一法規、一九八四年、第五章「近代Ⅱ」（執筆者寛田知義）、第七章「現代Ⅰ」（同久木幸男）等を参照。

2　この機能は、従来の日本教育史研究ではあまり注目されていないが、近代社会における学校の機能としては見落とすことができない。たとえば、英国についてではあるが、一九世紀後半の民衆初等教育の興隆を、街頭にあふれた少年たちを収容し、一定の年齢まで社会から隔離しておく装置としての学校という側面から説明するものも存在している（Rose, L., *The Erosion of Childhood*, Routledge, London, 1991）。

3　広田照幸「教育社会学における歴史的・社会史的研究の反省と展望」『教育社会学研究』第四七集、一九九〇年。

4　丸山眞男『増補版　現代政治の思想と行動』未來社、一九六四年、一一頁。

5　同前、一六二～一六三頁。

6　同前、一六三頁。

7　同前、一六四頁。

8　この点は最近、大嶽秀夫があらためて指摘している（大嶽『戦後政治と政治学』東京大学出版会、一九九四年、第四章）。

9　石田雄『明治政治思想史研究』未來社、一九五四年、二一三頁。

10　久野収・鶴見俊輔『現代日本の思想』岩波書店、一九五六年、一三二頁。

11　見田宗介『現代日本の心情と論理』筑摩書房、一九七一年。竹内洋『選抜社会』リクルート出版、一九八八年。

12　作田啓一『価値の社会学』岩波書店、一九七二年。

13　同前、六頁および一一頁注四。

14　佐藤秀夫「わが国小学校における祝日大祭日儀式の形成過程」『教育学研究』第三〇巻第三号、一九六三年、五一頁。

15　山本信良・今野敏彦『近代教育の天皇制イデオロギー』新泉社、一九七三年。同『大正・昭和教育の天皇制イデオロギー　Ⅰ・Ⅱ』新泉社、一九七六・七七年。

16　寺崎昌男他編『総力戦体制と教育』東京大学出版会、一九八七年。戸田金一『昭和戦争期の国民学校』吉川弘文館、一九九三年、等。

17　奥田真丈・河野重男監修『現代学校教育大事典』第五巻、ぎょうせい、一九九三年、二四一頁。

18　本山幸彦「明治国家の教育思想」池田進・本山幸彦『大正の教育』第一法規、一九七八年。尾崎ムゲン『日本資本主義の教育像』世界思想社、一九九一年、等。

19　本山前掲論文、一四三頁。

20　同前、一四六頁。
21　斉藤利彦『競争と管理の学校史』東京大学出版会、一九九五年。佐藤秀夫「近代日本の学校観再考」『教育学研究』第五八巻第三号、一九九一年九月。
22　斉藤前掲書、九〜一一頁。
23　同前、第二部。
24　佐藤前掲「近代日本の学校観再考」八頁。
25　同前、六頁。
26　同前。
27　久野収・鶴見俊輔『現代日本の思想』岩波書店、一九五六年、一三二頁。
28　同前。
29　梅溪昇『明治前期政治史の研究』未來社、一九六三年、二二二〜二二三頁。
30　同前、二二三頁。
31　浅野和生『大正デモクラシーと陸軍』慶応通信、一九九四年、七七頁。
32　同前、第三章・五章。
33　同前、第一章。
34　今西英造『昭和陸軍派閥抗争史』伝統と現代社、一九七五年。
35　古川隆久「革新官僚の思想と行動」『史学雑誌』第九九編第四号、一九九〇年。
36　深谷昌志『学歴主義の系譜』黎明書房、一九六九年。大野郁夫『教育と選抜』第一法規、一九八二年。同『試験の社会史』東京大学出版会、一九八三年。同『学歴の社会史』新潮社、一九九二年。E・H・

キンモンス『立身出世の社会史』玉川大学出版部、一九九五年、等。

37 石光真人編著『ある明治人の記録』中央公論社、一九七一年、一二一頁。

38 広田照幸「学校文化と生徒の意識」天野郁夫編『学歴主義の社会史』有信堂、一九九一年、第Ⅱ部第四章。

39 安丸良夫『近代天皇像の形成』岩波書店、一九九二年。

40 同前、二八頁。

41 B・アンダーソン『想像の共同体』白石隆・白石さや訳、リブロポート、一九八七年、一五頁。

〈第Ⅰ部〉 進路としての軍人

第一章 陸士・陸幼の採用制度の変遷と競争の概観

1 なお、兵科将校ではない主計や軍医のような「将校相当官」は、陸軍経理学校や陸軍軍医学校のような別の養成機関が作られて、生徒を召募していった。

2 熊谷光久『旧陸海軍将校の選抜と育成』防衛研修所研究資料、一九八〇年。同『日本軍の人的制度と問題点の研究』国書刊行会、一九九四年、第二章。

3 東幼史編集委員会編『東京陸軍幼年学校史 わが武寮』東幼会、一九八二年、第一章第五節・第六節。

4 遠藤芳信「士官候補生制度の形成と中学校観」『軍事史学』第一三巻第四号、一九七八年。および、同『近代日本軍隊教育史研究』青木書店、一九九四年。

5 石光真人編著『ある明治人の記録』中央公論社、一九七一年、第一部。

6　上原勇作伝記刊行会編『元帥 上原勇作伝（上）』一九三七年、四二〜七三頁。
7　大谷深造工兵大佐『橘中佐』一九一三年、四〜一〇頁。
8　石光真清『城下の人』中央公論社、一九七八年、一九〜二〇二頁。
9　植野徳太郎『自叙伝』一九六六年。
10　井上幾太郎伝刊行会『井上幾太郎伝』一九六六年、三〜一八頁。
11　岩倉渡辺大将顕彰会編『郷土の偉人 渡辺錠太郎』、一九七七年。
12　『官報』一八八六年七月二三日。この点については、第Ⅰ部第四章第二節を参照。
13　以下本章で引用・言及する法令はことわりのない限り、『法令全書』による。
14　遠藤前掲論文、五二頁。
15　一八八三年陸軍省達第二八号により、一四歳以上一七歳以下に改められ、さらに、一八八七年陸軍省令第一三号により一五歳以上に改められた。
16　一八八七年七月の「幼年生徒入学志願者心得」（陸軍省告示第一号）では、「学科ノ検査ヲナスハ幼年学校条例第九条ニ示ス如ク高等小学卒業証書ヲ所持セサル者ニ限ルト雖モ明治十九年五月二十五日文部省令第八号ヲ以テ制定ノ小学校ノ学科及ヒ其程度ニ依リ授業ヲ受ケ其卒業証書ヲ所持スル者ニアラサレハ卒業証書ヲ所持セサル者同様検査ヲ為ス」とされている。すなわち、八六年四月の小学校令による高等小学校発足に伴って出された同年五月の「小学校ノ学科及其程度」に示されたカリキュラムに沿って授業を受け、卒業した者しか無試験採用はしないというのである。
　しかし、この無試験採用規定が実施に移されたかどうかは疑問である。翌八八年二月の陸幼生徒の召募の際は、高等小学校卒業生を別扱いする規定はなく、志願者は必ず学科試験を受けるよう定められており（陸軍省告示第一号）、八九年六月に陸軍幼年学校条例が改正され（勅令第八二号）、七月に陸軍幼年学校生徒召募条例（勅令第九〇号）が出された際には、高小卒業生の無試験採用規定は姿を消してしまった。

この間、高等小学校発足以前の小学校中等科・高等科のカリキュラムを途中まで履修し、その後発足した高等小学校で勉学を続けて卒業した場合、無試験入学が認められるようなことがあったかどうかは明らかではない。しかし少なくとも、八一年の「小学教則綱領」（文部省達第一二号）に示されたカリキュラムと、同年五月の「小学校ノ学科及其程度」に示されたそれとの間にズレがあったことを考えれば、無試験入学規定はこの間の受験者には適用されなかったのではないかと推測できる。もしそうであれば、八七年六月の士官学校条例で定められた尋常中学卒業生の陸士への無試験入学規定が、実際には適用されず、翌年二月の勅令第九号で「陸軍士官候補生志願者ハ当分ノ間総テ検査ノ上採用ス」ることになったように、陸幼に関しても実際に高等小学校のカリキュラムを履修した卒業生が出てくる以前に、高小卒業生の無試験採用規定は廃止されてしまったわけである。

17　八七年七月陸軍省告示第二号、八八年二月陸軍省告示第一号。

18　九〇年一〇月陸軍省告示第一七号、九一年一〇月陸軍省告示第一〇号。

19　九三年一〇月陸軍省告示第七号。

20　陸幼や陸士の年限や接続、校名の変遷については、山崎正男「陸軍将校養成制度の変遷と陸軍士官学校の教育」毎日出版企画室編『別冊1億人の昭和史 陸士・陸幼』毎日新聞社、一九八一年、が簡潔に概説している。また、熊谷前掲書にはより詳しく説明されている。

21　上原憲一「軍人教育機関」『歴史公論』第七八号、一九八二年、五八頁。

22　教育史編纂会編『明治以降教育制度発達史』第四巻、一九三八年、七八一頁。
23　同前、第五巻、二二七頁。
24　熊谷光久「海軍兵学校教育が軍部外から受けた影響について」『軍事史学』第一五巻第三号、一九七九年、五三頁。
25　一八八三年陸軍省達甲第一四号、八四年陸軍省達甲第七号、八五年一月陸軍省達甲第二号。および同年一二月陸軍省達甲第五一号中「士官生徒入学志願者心得」。
26　同前。
27　石光真人編著、前掲書、一〇三～一〇六頁。
28　木下秀明「納金と特待生」東幼会『わが武寮』一九八二年、五七頁。
29　一八八三年陸軍省達甲第三二号、一八八六年一二月陸軍省達甲第五一号中「幼年生徒入学志願者心得」等を参照。
30　『陸軍中央幼年学校歴史』(防衛研究所図書館所蔵)。
31　一八八四年陸軍省達甲第三〇号。
32　石光真清、前掲書、二〇五頁。
33　注(30)の『陸軍中央幼年学校歴史』で定期大試験ごとに、納金を半免あるいは免除された者の数を見ていくと、この比率はかなり実態を示している。
34　ただし現役の少佐以上非職の大佐以上及びそれに相当する高等官で「既ニ仕官シアル児子」を持つ場合には、減免措置を受けることができない、とも定められている。この規定は一八八九年の幼年学校条例(勅令第八二号)にも受け継がれている。なお八九年の規定で変更されたのは、(1)官費・半官費・自費生の区別は監軍が行なうことになった点と、(2)顧慮されるべき将校および相当官の児子の範囲について、①少佐以下の在職将校の児子、②大佐以下の休職将校の児子、③大佐以下の予備後備退職将校の児子、④死亡した将校及び同相当官の児子、⑤在職中の少佐相当官以下の児子及び休職中の大佐相当官以下の児子、とその範囲が拡大された点との二つであった。後者については、さらに、一八九三（明治二六）年に若干の変更があった（勅令第二三四号）。

35 『法令全書』中、各年の「士官候補生幼年学校生徒一年志願兵志願者心得並取扱手続」（陸軍省告示）を参照。なお、初年度被服料徴収は陸軍地方幼年学校に受け継がれ、廃止されたのは一九〇九（明治四二）年である。この点については、木下秀明「納金と特待生」東幼会『わが武寮』一九八二年、五七頁参照。

36 『陸軍省統計年報』から算出。

37 なお、学年別にみても大きな比率の差はないので、入校時から納金の半額免除が適用されたものと考えられる。

38 前掲『東京陸軍幼年学校史 わが武寮』第一章第六節。

39 深谷昌志『学歴主義の系譜』黎明書房、一九六九年、三四八頁の第一三八表参照。

40 総理府統計局監修『日本長期統計総覧』第四巻、日本統計協会、一九八八年、表一六-五-b参照。

41 石戸谷哲夫『日本教員史研究』講談社、一九六七年、二七八頁の表を参照。

42 『教育総監部第二課歴史』（防衛研究所図書館所蔵）。

43 川上清康他編『九十四年の人生』一九七九年。なお、一九一八年一一月に東京・本郷区の小学校で行なわれた職業希望調査でも、概して学年が低いほど軍人希望が多く、一年生では七八・八％にものぼっている（三田谷啓「職業に関する児童の理想」『心理研究』第八六号、一九一九年二月）。

44　E・H・キンモンス『立身出世の社会史』広田照幸他訳、玉川大学出版部、一九九五年、一四三〜一四六頁。

45　東京府立第七中学校調査部「中学生の職業希望調査」『中等教育』第八〇号、一九三五年一二月、四一頁。また、一九四〇年萩中学校の志願調査でもほぼ同じ傾向が出ている（山口県立萩中学校『学統を受けついで――萩高一〇〇年の歩み』一九七〇年、二九頁）。

46　伊藤忍軒編『陸海軍の士官になるまで』光文社、一九一四年、二頁。

47　吉田陣蔵『中学小学卒業生志望確立 学問之選定』保成堂、一九〇五年、二頁。

48　洞口北涯『中学校卒業者成効案内』海文社、一九〇九年、三八頁。

49　著者不明『陸軍士官学校案内』一九二三年、二九〜三〇頁。

50　門馬伝四郎歩兵大尉「在隊間ニ於ケル士官候補生ノ訓育方案」『偕行社記事』第四二二号、一九一〇年一二月。

51　新井勲『日本を震撼させた四日間』文藝春秋新社、一九四九年、一五〜二三頁。

52　名幼会編『名幼校史』一九七四年、二五四〜二五五頁。

53　飯塚浩二『日本の軍隊』東大協同組合出版部、一九五〇年、二四頁。

54　ともに『伸来記』二六頁。

55　名幼会編『名幼校史』一九七四年、一九二頁。

56　谷田富次「師ノ教」予科士官学校編『作文集』偕行社蔵。

57　比留間弘『士官学校よもやま物語』光人社、一九八三年、一三頁。

58 天野隆雄「戦時下における児童の将来への希望」『軍事史学』第一六巻第二号、一九八〇年九月。
59 比留間弘『士官学校よもやま物語』光人社、一九八三年、八頁。
60 黒崎貞明『恋闕』日刊工業新聞社、一九八〇年。
61 『三神峰』（仙台幼年学校四九期第一訓育班の文集）一九四五年入校者。
62 樺山友義『林銑十郎伝』北斗書房、一九三七年、三四～四三頁。
63 大越兼吉「将校生徒募集ニ就テ」『偕行社記事』第三二四号、一九〇三年五月。
64 栗野重義「我が八十年を顧みて」『二十九期生会誌』第二一号、一九七六年、三一頁。
65 石波郁「回想記」同前、一八六頁。
66 森修三「八十年の足跡」同前、二〇八頁。
67 実際には、採用数が増加したにもかかわらず、進路としての評価や採用される者の質は下がっている、と危惧する文書が一九〇九（明治四二）年に第三師団長から出されている（〈陸軍省大日記〉『明治四十二年自四月至六月密大日記』中、雑第一五号「将校生徒募集法ニ就テノ研究書進達」）。量（志願者数）の増加は必ずしも進路としての評価の上昇を単純に意味するわけではないのである。この点については、第I部第3章で詳しく論じる。
68 将校生徒試験常置委員主事「将校生徒志願者の現況並指導ニ就テ」『偕行社記事』第五六九号付録（特号）、一九二二年一月。ただし(a)～(d)・①～⑤の数字は広田が付けた。
69 歩兵大佐真崎甚三郎「将校生徒ノ召募ニ就テ」『偕行社記事』第五三三号、一九一八年一二月。
70 「将校志望者の払底」『太陽』一九二〇年四月一日号。
71 稲垣伸太郎「軍人の不人気は何故ぞ」『日本及日本人』一九一八年五月一日号。

72　水野廣徳「軍人攻撃と軍人呪咀」『日本及日本人』一九一八年九月一五日号。
73　天野郁夫『教育と選抜』第一法規、一九八二年、第八・九章。同『試験の社会史』東京大学出版会、一九八三年、第八章。
74　米田俊彦『近代日本中学校制度の確立』東京大学出版会、一九九二年。
75　遠藤前掲論文。
76　『文部省年報』による。
77　遠藤前掲論文、五七頁。
78　同前、六〇～六二頁。
79　『文部省年報』各年度版による。
80　熊谷前掲書、および遠藤前掲論文参照。
81　『文部省年報』による。
82　望田幸男『軍服を着る市民たち』有斐閣、一九八三年、第三章。中村好寿『二十一世紀への軍隊と社会』時潮社、一九八四年、第二・三章。
83　遠藤前掲論文、五七頁。

第二章　下士から将校への道

1　ゴ・コ・生「下士ニ良材ヲ得ヘキ方法ヲ論ス」『偕行社記事』第三〇一号、一九〇二年一一月。
2　なお、軍隊組織には歩兵・騎兵・砲兵等の各兵科と会計部・軍医部等の非戦闘関連の各部門とが二元的な組織として存在していた。記述の繁雑さを避けて問題の焦点を明確にするために、ここでは兵科の将校や下士官のみを扱うことにする。兵科と各部を含めた下士官の制度の全体像については、永井和が明快に整理している（「人員統計を通じてみた明治期日本陸軍(2)」『富山大学教養部紀要（人文・社会科学篇）』第一九巻二号、一九八六年）。

3　山崎正男編『陸軍士官学校』秋元書房、一九六九年。および『陸軍教育史　明治別記第一八巻　陸軍教導団之部』（防衛研究所図書館所蔵）。

4　七二年兵部省達第六二（以下、法令類に関しては、特にことわらない限り、『法令全書』からの引用である）。ただし実際には平民も出願が許されたのか、一八七二（明治五）年団者七三二名中には一三名の平民が含まれていた（前掲『陸軍教育史　陸軍教導団之部』付表「自明治五年仝三十二年教導団生徒志願者細区分統計表」）。

5　一八七四年七月一五日陸軍省達布第二七九号。

6　同前。また、同年七月二五日の「陸軍上下士官生徒入学概則」（陸軍省達布第二八五号）でもほぼ同様に規定されている。

7　『陸軍教育史　明治別記第一二巻　陸軍戸山学校之部』（防衛研究所図書館所蔵）第四章「教育概況」。

8　下士生徒から士官生徒へ転ずる道は、七四年一二月の教導団条例において、「卒業ノ上其学術秀逸ニシテ殊ニ行状方正ノ者ハ之ヲ選抜シ更ニ士官学校ニ転入セシメ将校ノ学科ヲ教授ス」（陸軍省達布第三九四号）と改められた。士官学校への転入時期が教導団に在団中ではなく卒業後になったこと、学術の成績だけでなく「行状方正」という人物評価が加えられたことが大きな改正点であった。

9　西岡香織「建軍期陸軍士官速成に関する一考察」『軍事史学』第九七号、一九八九年、一一七〜一一八頁。

10　後掲する表2・1を参照。

11　『陸軍省第二年報』中、「諸兵総員表」から算出。

12　前掲『陸軍教育史　陸軍戸山学校之部』。その内訳は大尉三、少尉五、少尉試補三九、軍曹一〇、伍長四二人である。

13　前掲『陸軍教育史　陸軍教導団之部』付表。一八七八年が一人、七九・八〇年が各二人である。なお、同史料によると八一年以降は廃団になる九九年まで華族出身者は一人も入団していないが、『陸軍省第二回統計年報』では八八年の教導団生徒に華族が一人含まれている。

14　桜井忠温編『類聚伝記大日本史　第一四巻　陸軍篇』雄山閣、一九三五年、引用部は二三四頁（復刻版は一九八一年）。

15　山田寅吉『六十六年の経過及その曲折』（稿本、偕行社図書室所蔵）。

16　社説「陸軍下士諸君ニ告ク」『内外兵事新聞』第三八七号、一八八三年一月一四日。

17　社説「陸軍下士諸君ニ告ク」『内外兵事新聞』第三九一号、一八八三年二月一一日。

18　内閣記録局編『明治職官沿革表　別冊付録』原書房、一九七八年参照。

19　一八八七年勅令第八三号、一八九〇年勅令第八六号、一八九五年勅令第一四七号等を参照。

20　一九二二年に一八八七年規定を廃止して、文官採用資格を拡張した「陸軍准士官下士ヲ判任文官ニ任用ニ関スル件」（勅令第四三二号）が新たに作成された時、人事局補任課は次のように述べている。「従来陸軍以外ノ官庁ニ於テ判任文官ヲ任用スルニハ少クモ五人ニ付一人ハ陸軍准士官下士ノ文官請願者ヲ以テスヘキコトヲ規定シアリト雖モ多年ノ経験上実際ニ於テハ其効果ヲ認ムルニ由ナシ即チ他官庁ニ向テ之ヲ強制スルコトハ縦令理由ノ存スルコトアリト雖聊カ無理ナル要求ト謂フヲ得ヘク又他官庁ニ於テハ或ハ婉曲ナル言辞ヲ以テ一時ヲ糊塗シ又ハ之カ制限ヲ免ルルニ便ナル解釈ヲ試ムル等却テ准士官下士採用上ノ障碍ヲ呈スルノ感アリシ」（「陸軍准士官下士ヲ判任文官ニ任用ニ関スル件」〈陸軍省大日記〉『大正十一年大日記甲輯第二類』防衛研究所図書館所蔵）。規定通りの比率で文官に採用されていたのではなかったわけである。

21　いずれも一八八一年四月陸軍省達甲第一二号「陸軍下士文官志願手続」による。

22　社説「陸軍下士諸君ニ告ク」『内外兵事新聞』第三九一号、一八八三年二月一一日。

23　秋庭守信「下士ヲ待遇スル制度ノ変更ヲ望ム」『内外兵事新聞』第三八六号、一八八三年一月七日。

24　「士官生徒ハ下士官ヲ以テ之ニ充テラレン〻ヲ望ム」『内外兵事新聞』第四〇〇号、一八八三年四月一五日。なお、士官生徒を下士や教導団からのみ採用するよう訴えた投書は、早くも一八七八年に登場している。そこでの論拠は、読書や算術の学力を測る召募試験は将校としての資質を測るものではない、むしろ軍務に従事して統率や実戦に熟達した下士こそが、将校たるにふさわしいというものであった。おそらくその背景には、その頃正規の士官学校が卒業生を出し始めたことに対する下士の側の警戒心と、七七年五月入校の士官生徒第三期生において陸軍外部からの採用者が二八人いたのに対して、下士出身者が一人も含まれなかったこと（教導団生徒は七名）についての下士の不安感とがあったであろう。「数年前のようにもっと下士から将校への間口を広げよ」という主張であったわけである（根津一「投書」『内外兵事新聞』第一三五号、一八七八年三月一七日、森川幸次「士官生徒府県下ヨリ募ルハ不可ナルノ説」同第一三九号、同四月一四日）。私の印象では八〇年代の投書は、より深刻で切実な感じを強めている。

25　一八八四年陸軍省達甲第一七号。

26　一八八五年陸軍省達乙第一二三号。

27 『内外兵事新聞』第四〇一号、一八八三年四月二二日、一〇～一一頁。
28 永井前掲論文、第三表による。
29 一八四八年末の将校及び同相当官の内訳を見ると七割以上が兵科将校であった（『陸軍省第一〇年報』中「武官族籍表」）。
30 『陸軍省第一〇年報』、『陸軍省第一一年報』、『陸軍省第一二年報』の「教育」の章および前掲『陸軍教育史 戸山学校之部』参照。ただし生徒入校の日付や人数について、史料間で、あるいは表と本文の間で少しズレがみられる。ここでは『陸軍省年報』の本文中の数字に従った。なお、八七年には曹長四四人が「臨時学生」として士官学校と戸山学校に入校・卒業しているが、彼らが将校に任ぜられたかどうかは確認できなかった。
31 伊藤博文編『秘書類纂一〇 兵政関係資料』原書房、一九七〇年、八頁。
32 同前。
33 遠藤芳信「1900年前後における陸軍下士制度改革と教育観」『教育学研究』第四三巻第一号、一九七六年、四九頁。
34 永井前掲論文、第三表による。
35 八七年の条例から引用した。八九年には「当分士官候補生ヲ志願スルコトヲ得」となっている。
36 前掲『陸軍教育史 陸軍教導団之部』明治二十三年の節。
37 「明治十六年陸軍士官学校生徒志願者人員表」『内外兵事新聞』第四二五号、一八八三年一〇月七日、および同第四二一号、一八八三年九月九日の記事中より算出。
38 『陸軍省第二回統計年報』による。

39 『陸軍省統計年報』各年版より算出。

40 陸軍省軍務局「明治二十五、二十六年一年志願兵成績表」『偕行社記事』第五六号、一八九四年八月。

41 『陸軍省第七回統計年報』による。

42 前掲『陸軍教育史 陸軍教導団之部』。

43 同前、付表。

44 前掲『陸軍教育史 陸軍教導団之部』。

45 遠藤前掲論文、四五〜四六頁。永井前掲論文、一一二〜一一三頁。

46 遠藤前掲論文。

47 ただし、戦争中は特別な措置として、特務曹長から少尉への昇進の道が開かれた。たとえば日清戦争中には、古参の特務曹長に少尉昇進が認められ（九五年勅令第三号）、その結果、『陸軍省統計年報』中の「現役准士官以上増減」表から算出したところ、九五年には四五〇人もの准士官から士官への昇進者が生み出された。しかし戦後はすぐに元の「特例」に戻り、翌年は九人しか昇進していない。

48 山崎正男「陸軍将校養成制度の変遷と陸軍士官学校の教育」毎日出版企画室編『別冊1億人の昭和史 陸士・陸幼』毎日新聞社、一九八一年。

49 このことはたとえば、一九二三年に少尉候補者選抜範囲を広げる制度改革案を検討した陸軍省の見解によく示されている。すなわち、曹長にまで選抜範囲を広げる案に関しては、「少尉任官後在職年数長キニ失スルヲ以テ士官候補生出身者ノ進級ヲ妨害スルノ虞アリ」としりぞけられている。一方、少尉候補者たりうる実役停年上の制限の撤廃という案に関しては、伍長から特務曹長までの平均進級年数を算出した結果を踏まえて、「縦ヒ其小数ノ者ハ少佐ニ進級シ得ヘキモ士官候補生出身者ノ進級ヲ妨害スルカ如キコトナカルヘシ」と、この案が支持されている〈陸軍省大日記〉『大正十二年大日記甲輯 第二類』中「少尉候補者ノ選抜資格改正ニ関スル研究」)。少尉候補者制度は、「士官候補生出身者ノ進級ヲ妨害スル」ことがないよう配慮されていたわけである。

50 『陸軍省統計年報』および『教育総監部統計年報』各年版を参照。

51 遠藤芳信『近代日本軍隊教育史研究』青木書店、一九九四年、第Ⅱ部第1章「陸軍下士制度と初等教育」。同章は注33で挙げた遠藤の論文が大幅に書き直されたものであるが、加筆・修正によって、本章が扱った下士から将校への昇進の閉塞化の問題にも触れたものとなっているので参照されたい。

52 中流以上の出身が強調されたことについては、たとえば斉藤利彦「軍学校への進学」『日本の教育史学』第三二集、一九八九年、四四〜四七頁参照。また具体的に中流以下の者の採用が問題にされた史料としては、ある士官候補生採用者の身元が問題になって親が転業したという、〈陸軍省大日記〉『大正二年密大日記(四冊ノ内二)』人件第二号「士官候補生身上ニ関スル件」や、納金滞納者が問題になった一九一三年陸軍幼年学校校長会議での協議(『教育総監部第二課歴史』防衛研究所図書館所蔵)、等を参照。また、将校生徒の教育におけるエリート意識の問題に関しては、本論文第Ⅱ部第三章参照。

53 生田惇『日本陸軍史』教育社、一九八〇年、六九〜七一頁。

54 一九一四年の士官候補生召募から採用人数を削減した際の経緯は、次のようであった。「歩兵下級将校進級ノ状況ニ鑑ミ又砲兵平時編制ノ改正ヲ予期シ毎年ノ将校生徒募集人員ヲ別紙要領ニ基キ変更致度」と軍務局歩兵課が起案したものが、陸軍大臣を経由して参謀総長と教育総監に照会された。その案は、一五年度からの士官候補生採用数を削減し、歩砲中隊附中少尉の平時定員五名を四名に減らす、その代わりに各中隊に特務曹長もしくは曹長一名を増員するというものだった。参謀総長は「異存無シ」

と回答している。教育総監は、①中隊に増員するのは特務曹長のみとする、②在郷将校の教育を現役将校に準じる程度に充実させること、の二つの条件を付けたうえで「曲テ同意」している（〈陸軍省大日記〉『大正二年密大日記（四冊ノ内二）』中、「士官候補生召募人員減少ノ件」）。将校の過剰が問題になってきて、下士・准士官に実質的に尉官の代わりをさせる方向に改革が行なわれるとともに、士官候補生の召募人数が削減されたわけである。

55　下巻、第Ⅲ部第一章参照。

第三章　進学ルートとしての評価

1　本章で扱う中学卒業後の進学先については、一九二〇（大正九）年八月までは「陸軍士官学校」、一九三七（昭和一二）年八月までは「陸軍士官学校予科」、三七年からは「陸軍予科士官学校」というふうに名称を変更したが、ここでは「陸軍士官学校」「陸士」の名称で統一する。
　同じく、陸軍幼年学校も「幼年学校」「陸軍幼年学校」「陸軍地方幼年学校」「陸軍中央幼年学校予科」等、いくつもの名称があるが、「陸幼」と一括して論じる。将校養成制度の変化については、山崎正男「陸軍将校養成制度の変遷と陸軍士官学校の教育」（『別冊1億人の昭和史　陸士・陸幼』毎日新聞社、一九八一年）を参照されたい。

2　天野郁夫『旧制専門学校』日経新書、一九七八年、五三頁。

3　同前、七三頁。

4　天野郁夫『試験の社会史』東京大学出版会、一九八三年、第七章。

5　同前、一八七頁。

6　同前、二一八頁。

7　天野郁夫『高等教育の日本的構造』玉川大学出版部、一九八六年、一九〇頁。

8　前に述べたように、大正七年の大学令によって「帝大」以外の「大学」が発足した。また同時に、高校とならんで「大学予科」が大学へ接続する学校段階として設置された。あとの分析で述べる通り、本稿で陸士を中心に軍学校へ進む進路と比較するのは、これらを一括して大学へ進む進路としてである。以下の統計資料でもある時期からは大学予科入学者を含んでいるが――「高等学校及大学予科入学者」――繁雑なので区別して論じる必要のある時以外は「高校」という語を用いる。

9　山崎正男編著『陸軍士官学校』秋元書房、一九六九年、四一頁。

10　熊谷光久『旧陸海軍将校の選抜と育成』防衛研修所研究資料80RO―12H、一九八〇年、四五頁。

11　黒崎貞明『恋闕』日本工業新聞社、一九八〇年、二二頁。ただし、黒崎自身は合格した一高に未練があった、と述べている。

12　『済々黌百年史』同編集委員会、一九八二年、四三〇頁。

13　『成城　創立八〇周年記念号』一九六六年、八六頁。

14　筧田知義『旧制高等学校教育の成立』ミネルヴァ書房、一九七五年、二〇四～二〇七頁。

15　辰野隆編『落第読本』鱒書房、一九五五年、八九頁。ただし、筧田前掲書一三九頁より引用。

16　筧田前掲書、一三九頁。

17　熊谷光久「旧陸海軍兵科将校の教育人事」『新防衛論集』第八巻第三号、一九八〇年、五九頁。また、熊谷は別の機会にも軍諸学校生徒の学力水準を検討し「軍諸学校への進学者の質は、学力面では高校進学者とほとんど変わらないものであったろうと考えられる」と結論している（熊谷前掲『旧陸海軍将校の選抜と育成』四三頁)。

18 斉藤利彦「軍学校への進学」『日本の教育史学』第三二集、一九八九年。この他、木下秀明も幼年学校の学力レベルを検討している(木下秀明「陸軍幼年学校ありき」『東京陸軍幼年学校史 わが武寮』東幼会、一九八二年、五一~五二頁)。

19 藤原彰「総戦力段階における日本軍隊の矛盾」『思想』三九九号、一九五七年九月、三一頁。同様の趣旨のことを熊谷も述べている(熊谷直『軍学校・教育は死なず』光人社、一九八八年、一五二頁、直はペンネーム)。

20 河野仁「大正・昭和期における陸海軍将校の出身階層と地位達成」『大阪大学教育社会学・教育計画論研究集録』第七号、一九八九年。

21 「成城学校御在学時代の故久邇宮邦彦王殿下」及び大森狷之介「昔がたり」『成城』第七八号、一九三九年。

22 額田坦『秘録宇垣一成』芙蓉書房、一九七三年、二八一~二八五頁。

23 斎藤太郎「中等教育制度の形成」『日本近代教育百年史』第四巻、国立教育研究所、一九七四年、二五七~二六二頁。

24 『陸軍省統計年報』から算出した。在学した学校については「保証者」が東京の学校の校長である者の数を用いた。一九〇〇(明治三三)年については、「補充条例第二ニ関スル者」の数であって、学力認定による志願者を計算から除外した。

25 たとえば、熊谷前掲書、一〇四~一一〇頁。同「日本陸海軍と派閥」『政治経済史学』第一七二号、一九八〇年。

26　従来の研究では「出身地域」は藩閥の問題と結びつけて論じられることが多かった。そこでは将官の輩出地域とならんで将校生徒の出身地を検討して、次第に藩閥の影響が弱くなっていったことが指摘されている。「軍人県と言われる各県では志願者が多く、東北、沖縄など伝統的に志願者が少ない地方との差が将校の出身地域に、いくらかの偏奇をもたらした」ものの、「軍人県といっても、全将校生徒の一割以上を占めるようなことはな」く、「結果として、陸軍の要路に特定の地域出身将校を集めることは次第に不可能になって行ったのであって、ひいては藩閥をいつまでも維持することは不可能な状態にあったのが、大正期の陸軍であったと言えよう」（熊谷「日本陸海軍と派閥」八頁）という具合である。しかし、ここで掲げたデータは藩閥が消えていくまさにその時期に地域的な偏りが大きくなっていったことを示している。それゆえ、藩閥とは別の視角からの検討が必要なのである。

ただし、藩閥以外の視角から論じたものがまったく無いわけではない。たとえば、熊谷は明治二〇年代以降の軍学校入校者の府県別出身地を検討して「陸海いずれも時代が下るにつれて、広島、福岡両県からの入校者が増えているが軍人県という伝統以外に、軍都であるとか、人口の集中と文化程度などの条件が、後代になるほど影響しているのであろう」と述べている（熊谷前掲書、一〇五・一〇七頁）。また、寺崎昌男も「鹿児島の海軍、小倉・名古屋・松本・その他師団指令部所在地の陸軍といった地域的な差異が大きく影響し、地域出身者人脈と中学校卒業者の進学志向との間に他の専門教育機関と比較にならない程の有意な連関が存在したであろう」（寺崎昌男「日本における近代学校体系の整備と青年の進路」『教育学研究』第四四巻第二号、一九七七年、五二頁）と推測している。確かに熊谷や寺崎がいうように、個々の地方都市や個々の県の特殊事情はあるだろうが、ここで検討しているような県よりも大きい分析単位での差異の存在については、それら以外の要因で説明されねばならない。また、そもそもそも彼らの議論が推測の域を出ていないため、具体的な分析としては本稿がほとんど最初のものと言ってよかろう。

27 佐藤秀夫「日本における中等教育の展開」吉田昇他編『中等教育原理』有斐閣、一九八〇年、六一頁。

28 深谷昌志『学歴主義の系譜』黎明書房、一九六九年、三四四〜三四五頁。

29 同前、三五八頁。

30 麻生誠「大学令と新大学制度」『日本近代教育百年史』第五巻、一九七四年、四九三頁。

31 二見剛史「戦時体制下の大学予備教育」同前、一二六六頁の表参照。

32 海兵でも一九二九（昭和四）年卒業生の三二・三％が農業出身であった。熊谷『旧陸海軍将校の選抜と育成』一〇三頁。

33 麻生前掲論文、四九五頁。同様に天野郁夫も表10（陸士データを除く）をもとに、「学生の出身階層にみる旧中間層と新中間層の比率が、高等教育機会の拡大の過程で、急速に変化し、新中間層の増加が進行しつつあった」と述べている（天野「専門学校教育の展開」『日本近代教育百年史』第五巻、五八五頁）。

34 また、そうした上層出身の生徒が多い中学校では、「軍人よりも高校へ」という志向性が学校文化・生徒文化となり、中層以下の出身の生徒の進路選択にも影響を及ぼすことになったことも考えられる。

35 深谷前掲書、三四五頁。

36 「伊豆歩兵少佐の談話」『偕行社記事』第二九七号、一九〇二年九月。

37 曽我祐準「郡村の教員に望む」『大日本教育会雑誌』第一七二号、一八九五年一二月。

38 和田道『上級学校紹介及び受験対策』青雲堂書店、一九三六年。

39　念のために、軍学校の所在地が志願者の地理分布に影響したかどうかについて述べておこう。一九三七（昭和一二）年までは中学卒業生（四修生）を対象にした学校は、東京市ヶ谷の陸士・広島県江田島の海兵のほか、東京若松町に陸軍経理学校・東京京橋区に海軍経理学校・京都府の舞鶴に海軍機関学校があった。一九三六年でみると総募集人員八九〇人でそのうち東京にある学校の募集人員が五八〇人であった（和田前掲書から算出）。一九三七年に甲種飛行予科練習所が横須賀に作られたが、一九三八年で同様の計算をしてみると、総募集人員二六七〇人でそのうち東京にある学校の募集人員が一九二〇人であった（池田佐次馬編『全国上級学校大観』欧文社、一九三八年）。とすると、東京出身者にとって不利ではないどころか、むしろ距離の近さの点では最も有利な位置にあったといってよいだろう。

40　河野前掲論文。

41　ところで、一九二〇～三〇年代にかけての中等教育の拡大と質的変化（夜間中学の増加や入学者の階層的構造の変化）や、高等教育の構造変動がそれぞれの地域や学校でどのような影響を及ぼしたのかについてはこれまであまり明らかにされていない。筆者が試しに幾つかの府県を調べてみたところ、中学校数・中学卒業生数が急増した府県とそうでない県で卒業後の進路分化のパターンの変化にかなりの差が見られた。また、同時期に入学定員を増やした同一地域内の中学校でも、卒業後の進路分化のパターンへの影響は学校階層上の位置の違いによって異なっていたようである。いわゆる教育拡大は、全国一律にどこの学校でも同様の効果を伴って進行してきたのではなく、「ゆらぎ」と「偏り」を伴いつつ、学校の「地位形成機能」（天野郁夫）それ自体を変化させていったように思われる。こうした点については、いずれ別の機会に詳しく論じたい。

42　たとえば一九八九年度の防衛大学（横須賀にある）合格者一二五七人中、五人以上の合格者を輩出した高校五九校中、二八校が九州の高校である（『サンデー毎日』一九八九年二月二六日号）。

第四章　将校生徒の社会的背景

1　藤原彰『軍事史』東洋経済新報社、一九六一年。
2　飯塚浩二『日本の軍隊』東大協同組合出版部、一九五〇年。
3　S・ハンチントン『軍人と国家』（上）市川良一訳、原書房、一九七八年、一二五〜一三〇頁。
4　藤原彰『天皇制と軍隊』青木書店、一九七八年。
5　同前、一一〇〜一一四頁。
6　岡部牧夫「日本ファシズムの社会構造」日本現代史研究会編『日本ファシズム(1)』大月書店、一九八一年、五六頁。
7　たとえば、熊谷光久『旧陸海軍将校の選抜と育成』防衛研究所研究資料、一九八〇年。
8　S・ハンチントン『軍人と国家』（上・下）市川良一訳、原書房、一九七八年。ただし、このモデルは近年の研究では評判が芳しくない。たとえば、ハンチントンとウェーラーの所説の比較・検討を通して、軍のプロフェッショナリズムの進展が必ずしもハンチントンが論じるような政治への軍の不関与をもたらすわけではないことを、第二帝制期のドイツを例にとってあとづけた三宅正樹の論稿を参照（三宅正樹「ドイツ第二帝制の政軍関係」佐藤栄一編『政治と軍事』日本国際問題研究所、一九七八年）。
9　Janowitz, M., *The Professional Soldier*, Free Press, New York, 1960.
10　Harries-Jenkins, G. and Moskos Jnr, C. C., "Armed Forces and Society", *Current Sociology*, Vol. 29, No. 3, 1981, p. 111.

11 Ｇ・モスカ『支配する階級』志水速雄訳、ダイヤモンド社、一九七三年、二四六～二四七頁。

12 Ａ・ファークツ『ミリタリズムの歴史』望田幸男訳、福村出版、一九九四年、四一九頁。

13 Ｍ・ジャノビッツ『新興国と軍部』張明雄訳、世界思想社、一九六八年、八〇～八一頁。

14 同前、八一頁。

15 同前、七八頁。

16 同前、八一頁。

17 日本人研究者でも、たとえば、ペルーの軍部をとりあげた加茂雄三は、軍の将校グループと上流階級との出身背景のズレから、政軍関係の問題に言及している（加茂雄三「ラテンアメリカの政軍関係――ペルーの場合を中心に」佐藤栄一編『政治と軍事』（日本国際問題研究所、一九七八年）、一二一頁）。

18 Janowitz, M., "Armed Forces and Society: A. World Perspective", in J. Van Doorn ed., *Armed Forces and Society*, The Hague, Mouton, 1968, p. 26.; Otley, C. B., "The Militarism and the Social Affiliations of British Army Élite", in J. Van Doorn (ed.), *op. cit.*, pp. 104-105.

19 たとえば、Janowitz, M., *The Professional Soldier*, *op. cit.*; Van Doorn, J., "The Officer Corps", *The Europian Journal of Sociology*, vol. 6, 1965; von Friedeburg, L., "The Rearmament and Social Change", in J. Van Doorn (ed.), *op. cit.*; Otley, C.B., "The Educational Background of British Army Officers", *Sociology*, Vol. 7, 1973.

20 そこでの対立・葛藤は、望田幸男『軍服を着る市民たち』有斐閣、一九八三年、第三章、Ａ・ファークツ前掲書、一九四～二〇三頁。及び Correli Barnett, "The Education of Military Elites", *The Journal of Contemporary History*, Vol. 2, No. 7, 1967. に詳しい。

21　von Friedeburg, L., "The Rearmament and Social Change", in J. Van Doorn (ed.) *op. cit.*

22　A・ファークツ前掲書を参照。

23　Otley, C. B., *op. cit.*, Table 2-4. なお、アメリカは一九三五年の段階で下層中産階級出身者が将官クラスに二三%進出していた（Janowitz, M., *The Professional Soldier*, p. 90, Table 13.）。旧特権身分層の不在が機会の開放に影響していたといえる。

24　Janowitz, M., "Armed Forces and Society" *op. cit.*, p. 27.

25　たとえば戦後のスウェーデンを扱った、Abrahamsson, B., "The Ideology of an Elite", in J. Van Doorn (ed.), *op. cit.* 等。

26　Otley, C. B., "The Educational Background of British Army Officers", *Sociology*, Vol. 7, 1973.

27　Canton, D., "Military Interventions in Argentina 1900-1966", in Van Doorn, J., (ed.), *Military Profession and Military Regimes*, The Hague, Mouton, 1969.

28　Kourvetaris, G. A. & B. A. Dobratz, "Social Recuruitment and Political Orientations of the Officer Corps in a Comparative Perspective", in Kourvetaris, G. A. & B. A. Dobratz (eds.), *World Perspectives in the Sociology of the Military*, Transaction Books, New Brunswick, 1977, pp. 110-115.

29　中村好寿『二十一世紀への軍隊と社会』時潮社、一九八四年、第一編第三章。及び Byron, F., *For Queen and Country*, Allen Lane, London, 1981. 参照。

30　T・B・ボットモア『エリートと社会』綿貫譲治訳、岩波書店、一九六五年、一二九頁。

31　実際には一八七二（明治五）年の卒族整理により、下級武士である卒族の多くが「平民」へ編入されたり、一八七六（明治九）年の太政官布告により、士族の次三男以下の者も「平民」へ編入されることになったりして「武士」というカテゴリーと「士族」というカテゴリーとは、厳密にいえばズレの部分が存在する（園田英弘他『士族の歴史社会学的研究』名古屋大学出版会、一九九五年、第一章）。しかし、ここではこの族籍を、いちおう旧身分の指標とみなして分析に用いることにする。

32 同前書、序論および第Ⅰ部参照。

33 『陸軍省統計年報』による。

34 華族については、陸海軍人になることを奨励する御沙汰書が出されたり（渡辺幾治郎『基礎資料 皇軍建設史』照林堂、一九四四年、一九二頁）、特別なコースが作られた時期もあった（一八八四年一月陸軍士官学校付属予科生徒規則による。ただしまもなく廃止された。これについては『陸軍省第十一年報』ホ一六頁参照）。表で明らかなように、華族総数が少なかったためか、実際の志願状況が不振であったのか、将校生徒中の華族の比率はごくわずかであった。

35 菊池城司「近代日本における中等教育機会」『教育社会学研究』第二二集、一九六七年、第八表参照。

36 三谷博「明治後半期における東京帝国大学と社会移動（上）」『東京大学史紀要』第一号、一九七八年、第一図。

37 天野郁夫『教育と選抜』第一法規、一九八二年、一一四頁。

38 『日本近代教育百年史』第四巻、国立教育研究所、一二七三頁表8。

39 天野前掲書、一一五頁。

40 園田他前掲書、終章「明治維新、身分秩序と社会変動」参照。

41 本書第Ⅰ部第一章参照。

42 曽我祐準「郡村の教員に望む」『大日本教育会雑誌』第一七二号、一八九五年一二月。

43 「無職」が具体的にどういった社会的なグループであったのかを判定することは難しい。「失業者」というよりも、株式や債券等による金利生活者や土地・家作所有者であった可能性もあるし、恩給生活者や戸主が病気中であったり亡くなったりした事例も考えられる。また、日露戦争以前に多かった「無職」については、資産ストックで食いつないだり、戸主以外の家族成員の収入で生計をたてていた士族たちであった可能性もある。しかし、本文中で述べたように、ある時期以降の「無職」中のかなりの部分が、退職将校や死没将校の家庭であることは確かであろう。

44 『教育総監部第二課歴史』所収(防衛研究所図書館所蔵)。

45 実際の軍人の子弟数については、一九三七年が「陸幼概観」『偕行社記事』第七六四号、その他の年については東幼史編集委員会編『東京陸軍幼年学校史 わが武寮』東幼会、一九八二年、五三頁による。

46 たとえば大杉栄は、陸軍将校である父からピストルの撃ち方を教わったり、乗馬を習ったり、刀剣の見方を教わった。練兵場が普段の遊び場であったこと、土地に柔道の道場ができた時に、自分も含めて軍人の子はたいがいそこに入ったこと、などを記している(大杉栄『自叙伝 日本脱出記』岩波書店、一九七一年、二七~七三頁)。こうした雰囲気の中で、自然に軍人に憧れるようになるのは不思議なことではなかった。また、将校の子弟のみを集めて、軍隊的要素を取り入れた小学校も存在していた。大阪の偕行社附属小学校や、広島、名古屋にもそうした学校があった。それも将校の子弟の将校生徒化に大きな役割を果たしていたであろう。

47 菊池前掲論文参照。

48 『成城』創立八〇周年記念号、一九六六年、八六頁。

49 〈陸軍省大日記〉『大正十年密大日記(六冊ノ内第六)』中、「将校生徒志願者召募概況ノ件」(防衛研究所図書館所蔵）。

50　河野仁「大正・昭和期における陸海軍将校の出身階層と地位達成」『大阪大学教育社会学・教育計画論研究集録』第七号、一九八九年。

51　同前、表7。

52　水野廣徳海軍大佐「軍人攻撃と軍人呪咀」『日本及日本人』一九一八年九月一五日号、二七頁。

53　S少佐「思ひ付のまま――在郷将校の生活問題――」『偕行社記事』第五三九号、一九一九年七月。

54　石井忠利『戦後之日本将校』兵事雑誌社、一八九八年、四四頁。

55　同前、二八頁。なお、この砲兵大尉は、こうした点は現在の日本の国情を考えるとやむをえないものであり、「吾人モ遺憾ナカラ急激ノ改善ヲ唱道シ能ハサリシナリ」と述べている。

56　『陸軍中央幼年学校歴史』（防衛研究所図書館所蔵）。

57　天野前掲書、一五五～一五九頁。

58　園田英弘『西洋化の構造』思文閣、一九九一年、第Ⅱ部。

59　長谷川直敏「退職将校以下の身上に関する施設に就て」『偕行社記事』第五九六号、一九二四年五月、付表から算出。

60　望田前掲書、第三章。また、Barnett, C., *op. cit.* 参照。

61　この点は、広田「明治維新、身分秩序と社会変動」（園田英弘他『士族の歴史社会学的研究』名古屋大学出版会、一九九五年、所収）において日本の社会構造・社会移動の特質の問題として論じておいた。

62　Moskos, C. C. Jr., *Public Opinion and the Military Establishment*, Sage Publications, Beverly Hills, 1971.

〈第Ⅱ部〉 陸士・陸幼の教育

第一章 教育目的とカリキュラム

1 東京陸軍幼年学校『訓育提要』一九二七年、二五〜二六頁。
2 同前、二四頁。
3 日本の軍隊におけるイデオロギーとしての「軍人精神」が、どのように形成され、どのようなイデオロギー的特徴を持っていたかについては、以下のものを参照。大久保利謙「「忠節」という観念の成立過程」『日本歴史』第六五号、一九五三年一〇月、小松茂夫「「軍人精神」の形成過程」『思想』第三七一号、一九五五年五月。土方和雄「「軍人精神」の論理」『思想』第四〇〇号、一九五七年一〇月、梅渓昇『明治前期政治史の研究』未來社、一九六三年。佐藤徳太郎「軍人勅諭と命令服従」『軍事史学』第一一巻第一号、一九七五年、等。
4 陸軍士官学校編『陸軍士官学校一覧』兵事雑誌社、一九〇四年、一一一頁。
5 たとえば、一八九八(明治三一)年の陸軍幼年学校教育綱領では、地方幼年学校と中央幼年学校とで「脈絡貫通首尾回合シテ一体ヲ成シ」た教育であるべきことが、うたわれていた。あるいはまた、一九三二(昭和七)年の士官学校・士官学校予科の教育要綱で掲げられている教育目標は、「尊皇愛国ノ心情ヲ養成スルコト」「軍人タルノ志操ト元気トヲ養成スルコト」「健全ナル身体ヲ養成スルコト」「文化ニ資スル知識ヲ養成スルコト」(陸軍士官学校編『陸軍士官学校要覧』一九三二年一一月、二二頁)の四つであり、同時期の陸幼のそれとほとんど同じであった。
6 松下芳男編『山紫に水清き 仙台陸軍幼年学校史』仙幼会、一九七三年、三六頁から引用。

7 東京陸軍幼年学校『訓育提要』一九三一年。
8 東幼史編集委員会編『東京陸軍幼年学校史 わが武寮』東幼会、一九八二年、八二四頁。
9 仙台陸幼第三期生。前掲『山紫に水清き』六五頁。
10 前掲『わが武寮』二七三頁。
11 同前。
12 仙台陸幼第二六期生（一九二五年陸士予科入校）の回想。前掲『山紫に水清き』六三七〜六三八頁。
13 前掲『わが武寮』五〇一頁。
14 広島陸軍幼年学校の場合、一九一六、一七年には一・四％、二・九％の減耗率であったが、一九一八〜二〇年には、四・七〜四・八％にも達した（広幼会編『鯉城の稚桜 広島陸軍幼年学校史』一九七六年、二二二頁）。
15 『教育総監部第二課歴史』所収（資料綴、防衛研究所図書館所蔵）。
16 前掲『わが武寮』五八二頁。
17 小林友一日記、昭和四年七月一六日（東幼会所蔵）。
18 前掲『わが武寮』八二頁。
19 同前、一五〇〜一五一頁。
20 『名古屋陸軍幼年学校歴史』所収（稿本、防衛研究所図書館所蔵）。
21 前掲『わが武寮』一五三頁。
22 「陸軍幼年学校倫理教授法綱要」『教育総監部第二課歴史』所収。
23 前掲『わが武寮』第二章第三節。

24 鈴木健一「陸・海軍学校における国史教育」加藤章他編『講座・歴史教育1 歴史教育の歴史』弘文堂、一九八二年。
25 前掲『名古屋陸軍幼年学校歴史』所収。
26 福地重孝『軍国日本の形成』春秋社、一九五九年。
27 前掲『わが武寮』一五九頁。
28 前掲『陸軍士官学校一覧』。
29 陸軍士官学校編『陸軍士官学校の真相』一九一四年、四五〜四六頁。
30 同前、四六頁。
31 前掲『名古屋陸軍幼年学校歴史』所収。
32 熊本陸軍地方幼年学校編『熊本陸軍地方幼年学校一覧』一九一六年。
33 熊本陸軍地方幼年学校編『熊本陸軍地方幼年学校一覧』一九〇二年、付表第五。
34 同前。なお一九一六年には剣術も柔術も正課に加えられている。
35 『わが武寮』二〇九頁。
36 前掲『陸軍士官学校の真相』八〇頁。
37 同前。
38 『陸軍士官学校本科生徒課外講演』(国会図書館所蔵)。
39 陸士校長橋本少将の談話『偕行社記事』第四六四号、一九一五年八月。
40 時期的な変化の検討は、木下秀明「武寮の一日」(前掲『わが武寮』二六八〜二九九頁)が詳しい。
41 東京陸軍幼年学校『東京陸軍幼年学校生徒心得』一九二八年九月。

42　同前。

43　前掲『陸軍士官学校の真相』八五〜八六頁。

第二章　教育者と被教育者

1　『教育総監部第二課歴史』所収（資料綴、防衛研究所図書館所蔵）。

2　名古屋陸軍幼年学校生徒に対する本郷房太郎の訓話『名古屋陸軍幼年学校歴史』所収、一九一〇年の項（稿本、防衛研究所図書館所蔵）。

3　以下、第二に「統帥権ヲ尊重シ国軍上下ノ団結ヲ確保スルコト」、第三に「社会事象ノ認識ヲ正シクシ局部的現象ニ眩惑セラレ又ハ所謂右翼主義者ノ扇動ニ乗セラレサルコト」、第四に「率先躬行下士官兵ノ儀表トナリ又日進ノ学術ニ遅レサルコト」、最後に「健康ノ増進ニ努ムヘキコト」を求めている（陸軍士官学校本科第三中隊『訓示綴』偕行社所蔵）。

4　陸士三〇期、東京出身で、一九四二年大佐に昇進、四四年九月から熊本陸軍幼年学校校長（外山操編『陸海軍将官総攬（陸軍編）』芙蓉書房、一九八一年）。

5　「第五十期生徒入校時素養検査ニ際シ与ヘタル問題ノ中必要ノモノニ就キ訓話」前掲『訓示綴』所収。

6　陸士一七期、高知出身で、歩兵第七連隊長を務めた後、一九三六年八月に少将に進級待命になった（外山編前掲書）。一九三二年に上智大学で例の靖国神社参拝拒否事件が起きた時の学校配属将校であった（同事件については、久保義三編『天皇制と教育』三一書房、一九九一年、三一〜四七頁、上智大学史資料集編纂委員会編『上智大学史資料集　第3集』上智学院、一九八五年、七三〜一一四頁参照）。また、精神教育に関する論稿をしばしば『偕行社記事』に寄稿していたことを見ると（たとえば「「長上に対する親切」に就き論ず」『偕行社記事』第五九〇号、一九二三年一一月等)、精神教育についてのかなりの論客であったようである。

7　本書第Ⅱ部第五章参照。

8　陸軍士官学校予科および陸軍予科士官学校編『生徒文集』各年版(偕行社所蔵)。

9　加藤周一他『日本人の死生観(上)(下)』岩波書店、一九七七年、は「象徴的不死」という概念を手掛かりに、こうした側面を考察している。

10　福沢諭吉『学問のすゝめ』岩波書店、一九四二年、三〇頁。

11　H・パッシン『日本近代化と教育』国弘正雄訳、サイマル出版会、一九八〇年、八一頁。

12　小林友一日記、一九三〇(昭和五)年一月一〇日、東幼会所蔵。

13　E・キンモンス『立身出世の社会史』広田照幸他訳、玉川大学出版部、一九九五年、参照。

14　生徒作文「我ガ家庭」「写真ヲ見テ」による。なお作文綴りは東幼会に所蔵されているが、生徒の名は伏せておく。

15　ここでは、教官による添削か、本人による推敲かが、判別できない箇所があるため、以下では、明らかに執筆中の訂正と見なされる部分は除いて、生徒自身が最初に書いた文章を引用することにする。なお、句読点は読みやすいよう適宜改めた。

16　ここで考察する課題とは直接関係があるわけではないが、彼の作文の中から一つ興味深い記述を紹介しておこう。それは、大正末という時代的な背景もあったと思われるが、彼が労働争議や小作争議のような社会の対立を、かなり冷静な目で見ていたということである。

吾人ハ平等ノ資格ヲ有ス。人格ヲ有ス。サレド其ノ能力、品性ハ人ニヨリ皆異ナル。而シテソノ能力ハ肉体的ニモ精神的ニ於テモ千差万別ナレバ、地位・責任ニ相違ヲ生ズ。コノ相違ガ貧富、貴賤ヲ生ミ、社会問題ヲ生ゼシム。社会政策トハソノ貧富ノ差ヲ少カラシメンガ為政府ガ諸税ヲ課シ貧民救済ノ道ヲ講ズル等ヲイフ。又ソノ個人ニテナスヲ社会事業トイフ。

サレド、社会政策、社会事業ノミニテ貧富ノ差ヲ補ヒ得ルカトイフニ決シテ然ラズ。即チ意識ガ行動ニ変リテ社会運動トナル。現在社会運動ニハ労働問題、小作問題等種々アリ、資本家ハ己ガ資本ニテ成ルベク多クノ生産ヲ得ントシ、労働者ハ成ルベク短キ時間ニテ多クノ報酬ヲ得以テ健康ニ子弟ノ教育ヲ完全ニセントス。故ニ其処ニ衝突ヲ生ズルモ亦已ムヲ得ズ(「社会」二年生)。

社会の不平等が生じる理由を個人の能力差に求めるという点は、社会ダーウィニズムの影響を感じるけれども、少なくとも、明治末に定式化されていった家族国家観(石田雄)や、戦時期の宗教じみた国体観とも異なった、醒めた目で当時の社会運動や階級間葛藤が見られていたことがわかるし、労使の対立が不可避であると書いても、別段問題にもされなかったこともわかる。ただし彼の作文では、以下、「サレド生産力減少スルコトヲ思ヒテ双方普遍的ニ考フレバ調和的ニテ解決ス。又社会ニハ、社会主義、共産主義等、危険ナル思想アリ、吾人殊ニ年少ノモノハ宜シクカクノ如キ悪思想ニ染マザル様覚悟スルヲ必要トス」と論じられているから、思想的に問題がないとみなされたのかもしれない。こうした見方は授業で教わったのか、家庭や新聞等を通じて学んだのか、よくわからないが、いずれにせよ、当時の将校生徒が家族国家観にどっぷり染まった社会観をもっていたわけではないことには注目しておきたい。

17　一年生の一〇月のことである。

本書は、一九九七年に世織書房より刊行された。
文庫化にあたり上下巻とした。

ちくま学芸文庫

陸軍将校の教育社会史（上）
立身出世と天皇制

二〇二一年七月十日　第一刷発行

著者　広田照幸（ひろた・てるゆき）
発行者　喜入冬子
発行所　株式会社　筑摩書房
東京都台東区蔵前二―五―三　〒一一一―八七五五
電話番号　〇三―五六八七―二六〇一（代表）
装幀者　安野光雅
印刷所　株式会社精興社
製本所　加藤製本株式会社

ISBN978-4-480-51053-2 C0121